丛书主编　朱立元　曾繁仁
执行主编　李　钧

曾繁仁　著

文艺美学的生态拓展

Ecological Extending of Literary and Artistic Aesthetics

复旦大學出版社

总　序

受复旦大学出版社的委托，我们着手组织“当代中国文艺学研究文库”的编辑出版工作。一开始，我们就想起了十多年前由钱中文、童庆炳两位先生主编的“新时期文艺学建设丛书”。那套大型丛书先后出版了三十余位当代中国著名文艺理论家自选的论文集，可以说是对新时期以来中国文艺理论建设和发展的一次比较全面的总结和检阅。“丛书”从2000年第一辑（六本）出版起，已经过去了十五年。进入新世纪以来，中国社会的现代性转型又有了巨大的进展，文艺理论的建设也继续经历了激荡起伏的进程。现在再编辑一套文艺学研究丛书，可能历史和现实的语境已经有了相当大的变化。考虑到出版周期的原因，“文库”计划先期出版十二本。当前中国文艺理论界有成就、有影响的知名学者远超这个数字，所以我们只能优先考虑“三〇后”“四〇后”学者加盟这套“文库”，但即便如此，目前只能有十二位学者入选，还是难免挂一漏万，这是我们十分遗憾的，也期待在以后的时间里再能陆续出版。

入选“文库”的这十二位学者，基本上都是新时期三十多年来中国文艺理论、批评的全程参与者和见证者。他们的理论文集，记录着每一位作者所经历的风风雨雨，所走过的曲折道路，所感受到的深切体验，所获得的宝贵感悟，所留下的坚实脚印，以及靠着艰辛耕耘所取得的学术成就。虽然无法全面反映当代中国文艺学建设和发展的整体成果，但至少也可以折射出它的部分光影，勾勒出它的大致轨迹，对今后文艺学的建设和发展或有些许参照价值，这就是我们编辑、出版“当代中国文艺学研究文库”的缘由。

如果对新时期以来中国文艺学的发展作一个大致分期的话，我们认为，可以分为20世纪80年代、90年代和21世纪以来三个阶段。

20世纪80年代是令后来者怀想的年代。启蒙的激浪，保守的潮汐，新生的欢欣，怀旧的惆怅，都错综复杂地交织于“文革”结束、拨乱反正后我们这一代学人的心灵。70年代末、80年代初“为文学正名”“回归文学自身”的呼吁，冲破了长期以来文艺为政治服务、充当政治工具的禁锢，重新发现和肯定了文学的审美本性;学界学习马克思《巴黎手稿》引发的人道主义、人性和异化问题的大讨论,进一步解放了人们的思想,"文学是人学"的观念得以确立;声势浩大的"方法论热"和稍后的"文学主体性"问题全国大讨论,在文艺理论界产生了重大影响;对文学本质的重新思考先后形成了"审美反映论"和"审美意识形态论"的初步框架,为学科在90年代的发展完善奠定了基础。而贯穿上述种种理论探讨、展示时代气象的主线,则是传统文论与西方文论之间充满了争议的碰撞和交融。这一时期,文艺理论界的思想解放集中体现为观念方法的更新和思维空间的拓展。虽然当时及以后批评嘲讽之声不绝,但作为不可改变的事实和一代学人的亲身经历,它实际上塑造了文艺理论家们不同于以往的文化心理结构,这是较之于他们的具体理论成果更为重要的。

经过新时期前十年的理论积淀后,90年代的中国文艺理论界进入了一个多元发展的新阶段。随着西方现当代文论思想被积极引介到中国,一种迫切想与西方学界平等对话的现代性冲动也成为国内文艺理论家们挥之不去的情结。90年代初期,后现代主义同时以哲学和文论的名义登陆国内理论界,就是一个富于意味的信号。由此带来的研究格局也显得流派纷呈,思潮更迭,这是转型期中国在学术文化领域内的必然表征。90年代最值得关注的是1994年前后国内掀起的人文精神大讨论,其主阵地尽管不在文学理论领域,但最初发动是在文学界。由于当时商品经济大潮勃兴后通俗文化、大众文化对高雅文化、精英文化形成巨大冲击,造成文学创作中"人文精神失落"的现实危机,引发了理论界(包括文艺理论界)的广泛反思,由此才催生出新形势下知识分子的人文使命等一系列话题。经过这场大讨论,文艺理论界的研究探索在多个向度上向纵深发展:对文学本质的探讨有了新的进展,"审美意识形态论"获得了较为广泛的认同;现代性与后现代性的争论成为文学理论建构中深层次的思考;对当代西方文论的译介、研究以及批判性的吸纳始终在争议中前行;与此相关,当代中国文论"失语症"以及"中国古代文论的现代转换"的话题引起了广泛的讨论,产生了相当深远的影响,一直延伸到当今;90年代末,文艺理论界站在世纪之交的制高点上,对整个20世纪特别是新中国五十年文艺学的流变历史和经验得失进行了认真的总结和历史的反思,寻找继续前进的正确路径……整个90年代,中国文艺学在新的经济社会语境中闯出了多元发展的可喜局面,如心理学、生态学、接受理论、诸种现代语言学、人类学、比较文化学、精神分析学、结构主义和解构主义、哲学解释学、女性主义、新历史主义等理论学说和研究方法，特别是西方马克思主义文论和批评方法不断涌入，并与中国文学理论传统既相冲突又相融合，进而广泛应用于文学批评的实践，有力地促进了中国文论的多元化展开，有些研究方法还推动了文艺学新学科或学科新分支的建立，如文艺心理学、生态文艺学、文学修辞学、文学人类学、文学解释学、文学叙事学等，极大地丰富了文艺学理论话语和学科形态的建设，使之逐步走向成熟和完善。

时代终于进入 21 世纪。全球化进程在加快，现代性焦虑在趋深，中国文学理论又迎来一个充满生机的新发展阶段。文化研究蓬勃兴起，冲击着传统文学理论研究格局；全媒体时代的到来，视像文化的异军突起，“日常生活审美化”和“文艺学的文化研究转向”主张的提出，在短短几年里迅速转移着学界的注意力，成为新一轮文艺学关注和争鸣的兴奋点；与此相关，在后现代主义文论积极与消极的双重影响下，围绕文学本质问题，本质主义与反本质主义之争掀起新的波澜；在研究方法上，突破二元对立尤其是主客二分的思维方式成为越来越多的文艺理论家的自觉追求；对西方文论借鉴的态度比过去更加冷静和辩证，盲目崇拜、亦步亦趋的现象明显减少；“中国古代文论的现代转换”从 90 年代偏重于理论的探讨转向了务实的尝试和实践，在古代文论与基础理论研究者的共同努力下，做出了可喜的实绩；文学基本理论的创新建构和文艺学教材的建设取得了重要进展，标志着文艺理论界多数学者在一系列基本问题上达成了重要共识；网络文学的迅猛崛起，打破了原有的文学作品生成和传播的格局，向传统文学理论发起了挑战，成为当代文艺学无法回避的重要研究课题……比起 20 世纪 90 年代，21 世纪的文艺学发展显得更加沉稳，更加深入，更加扎实。

需要特别指出的是，新时期以来中国文艺学的创新发展，始终是在马克思主义文艺理论的指导下进行的，突出表现为马克思主义文艺理论中国化的自觉努力贯穿于这三个时期的始终。我国当代文艺理论批评的标准，从美学的和史学的，到人民的、美学的、历史的和艺术的，体现着马克思主义文艺理论中国化的新进展和最高成就。由此可见，新时期三十多年来中国文艺学的建设和发展，方向是正确的，主流是健康的。那种把当代文艺理论要么看得危机重重、漆黑一团，要么说成完全是始终跟在西方文论后面亦步亦趋、搞全盘西化那一套的观点，是以偏概全、不符合历史事实的。我们所编辑的这套“文库”中的十二本论文集完全可以证明这一点，当然，还远远不够充分。钱中文、童庆炳两位先生在其主编的“新时期文艺学建设丛书”的总序中曾经预言，“一个理论创新的新世纪已经来临”，收入丛书的众多论文集，“作为丰富的思想资料，它们无疑将汇入新世纪的新的理论创造之中”，21世纪的前十五年已经充分证实了这一点。我们编辑的“文库”，同样希望能够作为当代文艺学的一部分思想资料，“汇入新世纪的新的理论创造之中”，为后来者提供一些参照、启示和借鉴。

“当代中国文艺学研究文库”能够在我国人文学术著作出版困难重重的今天推出，实在是极为难得的。这里，我们必须专门介绍复旦大学出版社的总编辑孙晶博士。是她首先主动向我们提出建议，出一套文艺学研究丛书。她的远见、魄力和眼光令人敬佩。在此，我们代表“文库”的十二位作者，向孙晶总编及复旦大学出版社有关编辑们对中国文艺学建设的鼎力支持表示衷心的感谢！

最后，我们不能不为“文库”的作者之一、我们敬爱的童庆炳先生的猝然去世表示最深切的哀悼，并以他今年4月亲自编辑的论文集《文学：精神之鼎与诗意家园》的出版作为我们对他的纪念，以寄托我们的哀思。

朱立元　曾繁仁

2015年国庆节

目　录

辑三　中国生态美学之探索

辑四　西方生态美学之研究

文艺美学的生态拓展(代序)

“文艺美学的生态拓展”,这是本书的题目。这种拓展,已经是国际学术发展之趋势。1966 年,美国学者赫伯恩发表《当代美学及自然美的遗忘》一文,批判黑格尔有关“美学即艺术哲学”的观点,催生了西方环境美学的产生与发展。随后,美学领域即形成了艺术哲学的美学、生态环境的美学与日常生活的美学之三足鼎立之势。当然,本书着重论述文艺美学发展到生态美学之历史必然性。也许会有朋友表示不解,文艺美学与生态有什么关系呢?这就是本书要回答的问题。

文艺美学的生态拓展是时代之使然也。众所周知,人类社会从 1972 年斯德哥尔摩国际环境会议开始就迈过工业革命时代而进入生态文明时代。这样的时代跨越使得人们的经济社会生活、文化哲学与思维方式均发生巨大转变。经济发展由经济增长一个指标转变到经济增长与环境改善等多个综合指标,人与自然的关系由对立转变到共生。哲学与美学是时代精神的精华,必然随之发生根本性的转变。具体言之,就是由认识论发展到存在论,由主客二分对立思维模式发展到消解主客的现象学思维模式,由美的本质论发展到美的经验论,由传统的形式之美发展到生命之美,如此等等。这就是文艺美学的生态拓展的必由之途,也是文艺美学与生态美学的必然联系。

首先是认识论到存在论的转变。认识论是自然科学领域人类把握世界的方式,但工业革命时代将之普泛化到人类把握世界的一切方式,这就造成人文学科的诸多严重问题。主要是这种机械的认识论无法全面阐释无限丰富复杂的人与人性,更加无法阐释人的生存。因此,在人文学科领域由认识论发展到存在论,以“此在与世界”之关系代替“认识与被认识”之关系,就是一种历史的必然。

其次是由主客二分对立的思维模式到消解主客的现象学思维模式的转变。主客二分对立的思维模式是工业革命时代传统的思维模式,所谓“我思故我在”“人为自然立法”等等,导致人与自然的严重对立。而现象学则以著名的"悬搁"之法消解主客二分对立,将人与自然统一协调起来。因此,由主客二分对立的思维模式转变到消解主客的现象学思维模式也是历史之必然。

再次是由美的本质论到美的经验论之转变。美的本质论是传统美学惯有的路数,是一种将美与审美实体化的研究趋势。但审美是一种人与对象的特殊关系,不具任何实体性。任何美的实体性本质的探讨都是徒劳的,审美与美之区别本来也只有在哲学研究的角度看才有其意义,现实生活中根本就没有什么审美与美之区别,美的实体性本质是不存在的,审美只能是人的一种经验。

最后是由传统形式论美学到生命论美学的转变。形式论美学是传统美学的主要论题,无论是古希腊的"和谐之美"还是康德的"无目的之合目的性之美"均以静态的物质的形式之美为其主要内涵,但形式之美是一种物质之美,没有也不可能反映更加基本而重要的人的生活、生存与生命。因此,20世纪以降,由传统形式论美学转变到生命论美学就是学术发展之必然。

以上,我粗略地说明了"文艺美学的生态拓展"的必然趋势与四个转变的基本内涵。这里需要进一步说明的是,本人的文艺美学研究以"艺术的审美经验"作为文艺美学的对象,它不同于传统的美的本质论与审美活动论,而且是以现象学方法作为文艺美学的研究方法。这样,文艺美学与生态美学之间本来就有了必然联系,文艺美学的生态拓展是一种学术研究之必然。

本书所收入25篇文章就是本人近十多年来在这方面探索的成果。为了避免与此前出版的论著重复,有些更具代表性的文章未能收入。不过,这25篇文章仍然能基本反映本人的研究工作与本书的主题。此外,这25篇文章在收入本书之时,对正文和注释都略有修订和更正。

本书的写作,从2001年到2014年,恰是我所供职的山东大学文艺美学研究中心由成立到发展之时,在写作过程中得到了中心同仁的诸多支持,在些特致谢忱!本书的出版要感谢复旦大学出版社与朱立元教授,也要感谢我的助手祁海文教授。

曾繁仁
2014年11月27日

辑一　文艺美学之历史与发展

◎《文艺美学教程·导言》

◎ 中国文艺美学学科的产生及其发展

◎ 回顾与反思：文艺美学三十年

◎ 当代一次中西艺术对话所给予我们的启示

◎ 社会文化转型与文艺美学研究

◎ 当代生态美学的发展及美学的改造

◎ 胡经之教授与文艺美学学科

《文艺美学教程·导言》

文艺美学是20世纪70年代以后在我国兴起的一门新学科，充分反映了新时期文艺学、美学的发展趋势，揭示了文学艺术自身的审美规律，引起学术界的广泛重视。下面我们着重阐释文艺美学学科的产生与定位、研究对象、研究方法以及本教材的内在结构。

一、文艺美学学科的产生与定位

文艺美学这个学科的名称首先由我国台湾学者王梦鸥在台湾新风出版社1971年11月出版的《文艺美学》一书中提出，但文艺美学学科的发展及产生重大影响却是在改革开放之后的中国内地。1980年春，大陆学者胡经之在昆明召开的首届中华美学学会上提出：高等学校的文学、艺术学科的美学教学，不能只停留在讲授美学原理，而应开拓与发展文艺美学。学会的《简报》中摘登了胡经之有关建设文艺美学学科的建议。从此，由北京大学作为学术引领，文艺美学学科在我国蓬勃发展。历经二十多年的历史，目前文艺美学已经成为被广泛认同的文艺学、艺术学和美学的高层次人才培养和科学研究方向。

文艺美学学科的产生绝不是偶然的，而是长期以来特别是20世纪70代以来，中国和世界思想文化与美学、文艺学学科发展的必然结果。

首先，它是在我国改革开放新形势下，美学与文艺学领域“拨乱反正”的必然结果。从20世纪70年代后期以来，我国美学与文艺学领域受极“左”思潮影响日益严重，被极端化了的“文艺从属于政治”的口号占据绝对统治地位。发展到1966年以后开始的“文化大革命”，更是走向践踏一切优秀文化的地步，以所谓“政治”取代一切，几乎将一切美与艺术都宣布为“封、资、修”而予以扫荡。1976年以后，特别是1978年“改革开放”之后，随着政治领域的“拨乱反正”，美学与文艺学领域也相应地“拨乱反正”。这就是对“文化大革命"极"左"美学与文艺学思想的批判,对美与艺术应有地位的恢复。"文艺美学"是对美与文艺这一人类文明表征的应有尊重。如果说,20世纪50年代以来,我国美学与文艺学领域在研究方法上是对美学与艺术应有地位的严重偏离,那么,新时期之初"文艺美学"的提出则是对其应有地位的回归。

其次,文艺美学学科的产生也是中国学者长期思考如何总结中国古典美学经验,将其运用于现代并介绍到世界的一个重要成果。宗白华在20世纪60年代初就曾指出:"研究中国美学史的人应当打破过去的一些成见,而从中国极为丰富的艺术成就和艺人的艺术思想里,去考察中国美学思想的特点。这不仅是为了理解我们自己的文学艺术遗产,同时也将对世界的美学探讨做出贡献。现在,有许多人开始从多方面进行探索和整理,运用了集体和个人结合的力量,这一定会使中国的美学大放光彩。"[①]宗白华还谈到,在西方,美学是大哲学家思想体系的一部分,属于哲学史的内容,是哲学家的美学,但中国美学思想却是对艺术实践的总结,反过来影响艺术的发展,如公孙尼子的《乐记》、嵇康的《声无哀乐论》、谢赫的"六法"等。当然,还有他没有谈到的大量的文论、诗论、乐论、画论、园林建筑论等。因此,可以这样说,中国古代的确极少西方那样的哲学美学,但却有着极为丰富的文艺美学遗产。对于这些遗产的发掘、整理和当代运用一直是诸多美学家与文艺学家的强烈愿望。在新时期之初,在冲破各种藩篱的良好学术氛围中,文艺美学学科的提出恰恰反映了宗白华等广大中国美学家总结、弘扬中国古代特有的美学传统的强烈愿望,因而得到广泛的认同。

再次,文艺美学学科的产生也是我国美学与文艺学领域经历的由"外"到"内"转向的反映。20世纪40年代以来,我国美学与文艺学领域在研究方法上侧重于政治的社会的分析,出现政治标准高于艺术标准这样的明显倾向,后来干脆以政治标准取代艺术标准。1978年新时期以来,美学与文艺学领域开始纠正偏颇的美学与文艺学思想。随着不再继续提"文艺从属于政治"的口号,学术领域出现了明显地由"外"向"内"转向的趋势。这就是美学与文艺学的研究由侧重社会政治的外部研究转向侧重艺术与形式的内部研究。于是,20世纪50年代以来盛行于西方的新批评理论家韦勒克和沃伦的《文学理论》开始流行,学术界对文学艺术的内在的审美特性及其规律重新

① 宗白华:《宗白华全集》第3卷,安徽教育出版社2008年版,第393页。

重视。这也成为文艺美学得以产生的重要学术背景。

最后，从更宽广的世界思想文化与哲学背景来看，文艺美学的产生则同世界范围内由抽象的思辨哲学—美学到具体的人生美学的转变有关。众所周知，整个西方古典美学从柏拉图开始都侧重于“美本身”即美的本质的探讨，发展到德国古典哲学与美学更演化成脱离生活实际的有关美的本质(美的理念)的抽象逻辑探讨。1830 年黑格尔的逝世，宣告了德国古典哲学与美学的终结。从叔本华开始，直到 20 世纪初期的克罗齐、尼采，乃至此后的诸多美学家开始了对抽象思辨哲学美学及与其相关的主客二分思维模式的突破，从抽象的本质主义逐渐走向具体的艺术与人生。因此，整个西方 20 世纪的美学与文艺学主潮，抽象的美与艺术之本质主义探讨式微，而对于具体的审美与艺术的探讨成为不可阻挡的趋势。李泽厚在概括这一世界美学与艺术学趋势时指出：“他们很少研究‘美的本质’这种所谓‘形而上学’的问题，而主要集中在对艺术和审美的研究上，而审美的研究主要通过艺术(艺术品、艺术史)来验证和进行。”①文艺美学恰是对我国长期以来美学领域局限于本质研究的一种反拨。从 20 世纪五六十年代到 20 世纪七八十年代我国两次大的美学讨论，都存在脱离生活与艺术的严重缺陷，无论是客观派、主观派、主客观统一派，还是社会学派，都将自己的理论支点放到抽象的美与艺术本质的探讨之上，而对鲜活生动的文艺事实与实际生活较少顾及。文艺美学恰是对这种偏向的纠正。正如胡经之所说，“从我自己的体验出发，如果美学只停留在争论美是客观的还是主观的这样抽象的水平上，这并不能解决艺术实践中的复杂问题。审美现象，乃是一种特殊的社会现象。美学，要研究审美现象，实乃审美之学，必须揭示审美活动的奥妙。人类的审美活动产生于实践活动(生产、交往、生活等实践)，这审美活动又生发为艺术活动”②。

关于文艺美学的学科定位，目前有(1)文艺美学是美学的分支学科，(2)是美学与文艺学的中介学科，(3)是艺术哲学，(4)是美学文艺学与艺术学之边缘学科，(5)是美学学科的一个理论问题等多种界定，大约有七八种之多。当然，也有的学者完全否定文艺美学学科存在的合理性与必要性。但我们认为，文艺美学学科是 20 世纪 70 年代以来产生的一个新兴学科。它既不是美学与文艺学的分支，也不是两者之间的中介，更不同于传统的艺术

---

① 李泽厚：《美学三书》，安徽文艺出版社 1999 年版，第 547 页。

② 胡经之：《胡经之文丛》，作家出版社 2001 年版，第 41—42 页。

哲学，而是既同文艺学、美学、艺术学密切相关，但又同它们有着质的区别的新兴学科。主要表现在，文艺美学学科同以上学科相比拥有一系列崭新的内涵。

第一，文艺美学学科具有一种新的视角。传统的美学、文艺学与艺术学一般主要取哲学的视角，将美、文艺与艺术的哲学与社会学本质作为研究的出发点。而文艺美学学科则以马克思主义哲学与社会学作为学科发展的前提，将其放到学科基础的层面之上。作为学科本身则取美学的视角，对文学、艺术进行全方位的美学研究。这种视角的调整关系到文艺美学学科的发展方向，使其有别于我国传统的美学、文艺学和艺术学的纯理论研究，而主要面对鲜活生动的文学、艺术现实。首先应该立足于具体文艺作品，立足于对文艺作品的审美解读，从中提炼出极富价值的美学思想，犹如莱辛之读《拉奥孔》、王国维之读《红楼梦》。再就是以重要的审美艺术范畴为切入点，诸如西方的"艺术的审美经验"、中国的"意境说"等。这就为文艺美学学科注入了无穷的生命力与活力。

第二，文艺美学学科包含一种新的时代精神。文艺美学作为一门新兴学科，贯穿激荡着一种新的时代精神。这种时代精神就是人文主义、科学主义、实践精神和中华民族精神的高度统一。人类已经跨入新的世纪，社会取得巨大进步，但和平与发展仍是重大课题。而战争、贫穷、环境恶化、精神疾患蔓延仍对人类命运提出严重挑战。因此，对人类的人文关怀是新世纪的永恒主题，应成为文艺美学的思想基石。而信息时代的迅速到来，科技的快速发展，使得求实创新的科学精神成为人类前行的宝贵财富，理应贯穿于文艺美学学科之中。文艺美学产生于改革开放的新时期，以"实践是检验真理的标准"为其理论的动力。因此，它应该富有实践精神，摆脱传统的美学、文艺学和艺术学"经院式研究"的束缚，更多地关注现实生活，回应现实的要求，将丰富生动的文艺现实与正在勃兴的影视文化、大众文化纳入自己的视野。十分重要的是，21 世纪中华民族面临伟大复兴的时代课题，这是炎黄子孙一百多年来的理想。文艺美学学科作为人文学科应该激荡着这种民族振兴的精神。在科学研究的扎实基础上，力求将更多的中国古代优秀美学与文艺学遗产经过改造，吸收到文艺美学学科之中，并介绍到全世界。

第三，文艺美学学科的发展凭借着新的资源。我国当代的美学文艺学和艺术学从研究资源上各有其特点。美学主要借助西方的理论资源与近百年我国美学的研究成果。文艺学除了借助西方的理论资源，主要是以文学作品为其研究对象。艺术学的理论资源来源于西方理论，同时兼及各类部门艺术。而文艺美学学科在资源的利用上应包含以上三个学科的所有范围,因而更加宽泛,更加具有其独特性。也就是说,文艺美学学科所使用的资源包括西方理论成果、中国现当代理论成果、中国古代美学与文艺学优秀遗产以及各类部门艺术成果,特别是当前具有广泛影响的影视文艺与网络文艺的理论总结等。

第四,文艺美学学科的建设发展运用新的方法。文艺美学学科的发展有保留地突破思辨研究的方法。在马克思主义辩证唯物主义与历史唯物主义哲学方法的指导下,以美学的、特别是审美经验现象学的研究方法为基点,广泛吸收各种新的研究方法的有价值成分,使之呈现新的面貌。

第五,文艺美学学科将努力建立不同于传统美学、文艺学与艺术学的新的体系。文艺美学在理论体系上不同于以上三个学科,它不是以上三个学科的分支学科。例如,它不是传统美学学科的艺术部分,当然也不是传统的艺术哲学。关键在于文艺美学学科具有不同于以上三个学科的理论内涵。它的理论出发点不是艺术美的本质或者文艺的审美本质,而是艺术的审美经验,以此构建其特有的理论体系。

华勒斯坦认为,任何学科,"必须拥有一个有机的知识主体,各种独特的研究方法,一个对本研究领域的基本思想有着共识的学者群体"①。参照这样一个标准,文艺美学学科具有了上述五个方面新的要素,基本具备华勒斯坦对一个学科所提出的要求。因此,我们完全可以将其称为一个新兴的学科。

二、文艺美学学科的研究对象

文艺美学学科之所以能够成立,最重要的是因为它具有自己特有的研究对象,由此构成自己特有的理论体系。这个理论体系的重要表征就是它具有自己特有的理论出发点。这一点是非常重要的,因为否定文艺美学学科具有独立存在价值的最重要根据就是认为它没有自己特有的研究对象,因而构不成自己的理论体系。苏联美学家鲍列夫就明确提出不赞成"文艺美学"这一提法,其理由之一就是认为文艺美学没有自己特定的独有的对

① [美]华勒斯坦等:《学科·知识·权力》,刘健芝等编译,生活·读书·新知三联书店1999年版,第13页。

问题就没有存在的必要。这种看法颇具代表性。由此可见探索文艺美学特有研究对象的必要。

目前,在文艺美学学科的研究对象上可谓众说纷纭、异彩纷呈。有的将其仍然归结为文学、艺术审美本质的研究;有的从分析审美活动着手,剖析其艺术把握世界的方式;有的着重探索文艺主客体具体关系的存在方式,双重主客体的组合;有的从人类学这个视角考察和揭示文艺的审美性质和审美规律;有的从文艺本质入手,着重论证文艺的结构之"再理解—表现—媒介场"三个层次,等等。以上只是举其代表者介绍,不可能一一涉及。应该说这些探索均有其道理和价值。但我们认为最重要的是要符合文艺美学这一新兴学科提出的主旨,符合其产生的时代特征,要具有鲜明的时代感。

如前所述,文艺美学学科是在改革开放的新形势下,在世界和中国哲学—美学转型的背景下,突破极左思潮和主客二分思维模式,充分反映中国传统美学特点的产物。因此,文艺美学学科的研究对象就应放到这样的背景与前提下来思考。由此,我们将文艺美学学科的研究对象确定为文学艺术的审美经验。这个审美经验包含这样两个方面的内容:一个是直接经验,就是审美者对文学艺术作品直接的审美经验,也可以说就是英国美学史家鲍桑葵所说的"审美意识";另一方面的内容是间接经验,就是其他美学家和文艺鉴赏家对各种文学艺术作品的审美经验,这是属于他人的经验,特别是众多美学家的经验,具有很高的水平,也是非常重要的。但以往的美学、文艺学和艺术学只重视以理论形态出现的美学成果,忽视这些具有浓厚实践性的审美的与鉴赏的经验。文艺美学学科理所当然地将这些长期不受重视的重要美学资源作为其研究对象之一。当然,它也同样重视历史上的美学理论成果。文艺美学学科的这种极其重视直接审美经验的特点,就使美学研究直接面对作品,从中提炼出美学思想与审美意识,而不再是隔靴搔痒,从而使文艺美学学科具有了强烈的时代感、当代性与个性。这就要求美学工作者努力提高自己的理论水平与审美素养,从而使美学工作者的审美经验具有更多的社会历史内涵与时代意义。

我们之所以将文学艺术的审美经验作为文艺美学学科的研究对象,十分重要的原因是同当代哲学与美学的转型密切相关。前已说到,从19世纪以来,哲学与美学领域发生巨大的变化,即由思辨哲学到人生哲学,由对美的本质主义探讨到具体的审美经验研究的转型。诚如李斯托威尔在《近代美学史评述》中所说,"整个近代思想界,不管有多少派别,多少分歧,都至少有一点是共同的。这一点也使得近代的思想界鲜明地不同于它在上一个世纪的前驱。这一点就是近代思想界所采用的方法,因为这种方法不是从关于存在的最后本性的那种模糊的臆测出发,不是从形而上学的那种脆弱而又争论不休的某些假设出发,不是从任何种类的先天信仰出发,而是从人类实际的美感经验出发的,而美感经验又是从人类对艺术和自然的普遍欣赏中,从艺术家生动的创作活动中,以及从各种美的艺术和实用艺术长期而又变化多端的历史演变中表现出来"[①]。V.C.奥尔德里奇也认为,审美经验已成为当代"讨论艺术哲学诸基本要领的良好出发点"。[②] 托马斯·门罗更明确地指出,"美学作为一门经验科学",应该打破单一的哲学美学格局,使之走向实证化、经验化。[③] 可以说,西方现当代的主要美学流派都以审美经验作为其主要研究对象,只不过各种流派所说"经验"的内涵不同而已。

众所周知,审美经验论之发端是英国的经验主义美学。他们以审美经验作为其美学研究的出发点,以培根、休谟、柏克等为其代表,均将审美经验归结为以主体的体验为基础。即使是柏克对审美经验客观性的探求也是立足于人的主体感官的共同性。康德在《判断力批判》中将审美判断力作为"主观的合目的性",也是一种对于具有共通感的审美快感(经验)的判断。但黑格尔的"美是理念的感性显现"的命题,尽管考虑到审美的感性体验内容,但总体上却将审美界定在客观理念发展的一个阶段,从而由康德倒退到本质主义的美学探讨。黑格尔之后,叔本华的"生命意志",尼采的"酒神精神",尽管其审美内涵中包含着形而上的内容,但仍是以审美经验为其基础。从 20 世纪开始,绝大多数西方当代美学流派都立足于审美经验。克罗齐的直觉表现说可以说是开了将经验与情感表现相联系的当代美学之先河。此后,克莱夫·贝尔的审美是"有意味的形式"更同经验密切相关。而真正打出艺术的审美经验旗帜的则是杜威。1934 年,杜威出版《艺术即经验》一书,明确提出他的经验论,是一场哲学的改造,其艺术哲学的任务是恢复艺术经验与日常经验的延续关系。这标志着经验派美学逐步走向成熟。但只有法国现象学美学家杜夫海纳使经验论美学真正具有浓郁的哲学色彩与深刻的内涵。他于 1953 年出版了具有深远影响的重要论著《审美经验现象学》,将

---

① [美]李斯托威尔:《近代美学史评述》,蒋孔阳译,上海译文出版社 1980 年版,第 1 页。

② [美]V.C.奥尔德里奇:《艺术哲学》,程孟辉译,中国社会科学出版社 1987 年版,第 22 页。

③ 蒋孔扬、朱立元:《西方美学通史》第 6 卷,上海文艺出版社 1999 年版,第 687 页。

其研究的中心确定在“审美对象和审美知觉相互关联的情况”。[①] 此后,经验论美学即渗透于存在论、符号论与阐释学美学等各种新兴的美学理论形态之中。

我们以文艺的审美经验作为文艺美学学科的研究对象的另一个十分重要的理由是,这一点十分切合中国古代的文艺美学传统。中国古代有着悠久而丰厚的文艺美学遗产和传统,但中国的文艺美学传统同西方传统迥异。中国没有西方那样的有关美与艺术之本质的思辨性思考,大量的美学遗产都是体悟式的艺术审美经验的阐发。著名的“意境说”就是对作者之情景交融、物我一致的审美经验的阐发。正如王昌龄在《诗格》中所说,“意境”的创造,“张之于意而思之于心,则得其真矣”。而所谓“妙悟”,则是对审美经验的主体艺术想象特性所作的深刻描述。陆机在著名的《文赋》中对“妙悟”之艺术想象作了生动的描述:“其始也,皆收视反听,耽思傍讯,精骛八极,心游万仞。其致也,情曈昽而弥鲜,物昭晰而互进,倾群言之沥液,漱六艺之芳润,浮天渊以安流,濯下泉而潜浸。”这里,对于审美经验中艺术想象之描述可谓生动具体,绘声绘色。我国古代著名的“趣味”说则着重从审美欣赏的独特视角阐述审美经验。司空图在《与李生论诗书》一文中说道:“文之难,而诗之难尤难。古今之喻多矣,而愚以为,辨于味而后可以言诗也。”并提出“近而不浮,远而不尽,然后可以言韵外之致”的基本观点,都是对审美欣赏中经验的深刻体悟。我们认为,要想建设具有中国特色的文艺美学学科应该很好地总结中国传统美学这一丰厚的美学遗产。

关于文学艺术审美经验之具体内涵,我们想从九个关系的角度加以具体阐述。

第一,个人感悟性与社会共通性。这就是指文学艺术审美经验不是一种实体性内涵,而是一种关系性内涵,构成康德所说不凭借概念的个人感悟性与趋向于概念的社会共通性的二律背反。正如黑格尔所说,这是康德讲的“关于美的第一个合理的字眼”[②]。正因为审美经验具有这种独特的“二律背反”,才使其具有一种特殊的张力、魅力、模糊性和情感性。

第二,经验与社会实践。在西方美学理论中,文艺的审美经验完全是主体的产物,因而是唯心主义的。但我们却将文艺的审美经验奠定在马克思主义唯物实践观的基础之上。我们认为,从具体的审美过程来看,不一定能

---

① [法]米・杜夫海纳:《审美经验现象学》,韩树站译,文化艺术出版社1996年版,第22页。

② 鲍桑葵:《美学史》,张今译,商务印书馆1985年版,第344页。

明确看出社会实践之基础作用，但从总体上看，从社会存在决定社会意识的角度看，审美经验的基础只能是社会实践。当今西方哲学—美学在突破思辨哲学主客二分思维模式、突出主体作用之时，为了避免陷入唯我主义，也曾试图回归"生活世界"。但这种"回归"未免虚弱，而从哲学的彻底性来看，还是马克思主义的唯物实践论之社会实践观更能从根本上说清经验的来源与内涵。但唯物实践观的理论指导与社会实践的基础地位仍是在理论前提的位置之上，而不能代替具体的审美经验。只有这样才能避免过去以哲学代美学，以普遍代特殊的弊端。

第三，经验与主体。当代经验论美学的经验当然是以主体为主的，但又不是英国经验主义纯主体的经验，而是包含着消融了主客二分，包含着客体的经验。有的是通过行动（生活）来消解主客二分，如杜威实用主义的艺术经验论；有的是通过"意向性"来消融主客二分，如现象学美学；有的是通过主体的接受或阐释来消解主客二分，如阐释学美学。

第四，经验与想象。文艺的审美经验之发生是必须通过艺术想象之途径的。艺术想象犹如一个大熔炉，能将感性、知性、情感等熔于一炉，最后形成完整的审美经验，并使审美者进入一种特有的审美生存的境界。这是审美经验区别于日常经验的最重要途径。

第五，经验与表现。当代经验论美学的最重要特点是认为经验同情感之表现密切相关。例如，克罗齐的"直觉表现说"、阿恩海姆的"同形同构说"，杜威也强调审美经验之"情感特质"，杜夫海纳将"反思和情感阶段"作为审美知觉的重要过程之一。

第六，经验与快感。经验论在某种程度上是对鲍姆嘉通有关美学是"感性学"（Aestheticae）的一种恢复。因而，在相当的程度上肯定感觉、快感，并以其为基础。但当代经验论美学又不仅仅局限于快感、感觉。如果仅仅局限于快感，那就会脱离审美的轨道。康德曾在《判断力批判》中提出"判断先于快感"的命题，我们认为判断虽然重要但实际的审美经验应该是"判断与快感相伴"。许多美学家在承认快感的同时，也是强调对快感的超越的。例如，杜威提出审美经验的"完整性"与"理想性"，也是试图超越其生物性。杜夫海纳运用现象学"悬搁"的方法，更是强调通过对"此在"的超越走向形而上的审美存在。

第七，经验与接受。当代经验论美学同当代阐释学相结合，强调阐释的本体性。这样，所有的"经验"都是此时此地的，都是当下视域与历史视域、阐释者视域与文本视域的融合。这样,我们就将当代经验论美学与接受美学、新历史主义等结合了起来。

第八,经验论与心理学。经验论肯定有许多心理学内容,如感觉、想象、意向、情感等。但审美的经验论又不等同于心理学,如果等同的话,文艺美学就将走向纯粹的科学主义,从而完全抹杀了文艺美学特有的而且是十分重要的人文主义内涵,这是包括现象学美学在内的许多美学家特别忌讳的事情。所以在承认审美经验所必须包含的心理学内容时,还更应承认其具有拓展到社会的、哲学的与伦理学的深广层面。

第九,经验与真理。这是当代经验论美学同存在论美学紧密相连所必具的内容。当代存在论美学将审美活动同认识活动相分离,由此审美经验并不导向理性的提升,而是通过艺术想象实现对遮蔽之解蔽,走向真理敞开的澄明之境,从而获得人的"审美的生存""诗意的栖居"。所以,审美经验、艺术想象、真理的敞开、诗意的栖居都是同格的,这正是当代文艺美学所追求的目标。

以文学艺术的审美经验作为文艺美学学科的出发点,实际上是对当代美学与文艺学学科的一种改造。长期以来,我国美学与文艺学学科都在一种传统认识论哲学的指导之下,将美学与文艺学的任务确定为对美与文艺本质的认识。这就在一定程度上忽视了审美与文艺的情感与生命体验的特性,将其同科学相混淆,而且忽视其作为人的存在的重要方式,将其降低为浅层次的认识。以文学、艺术的审美经验作为理论出发点就既包含了审美和文艺的情感与生命体验的特点,同时又包含了它的由"此在"走向"存在"之生命与历史之深意。这是对传统的本质主义与认识论美学的一种反拨,也是对审美与文艺真正本源的一种回归,必将引起美学与文艺学学科的重要变革。

而且,以文学艺术的审美经验作为文艺美学学科的出发点也是对当代社会文化转型中正在蓬勃兴起的大众文化的一种理论总结与提升。从20世纪中期以来,以影视文化、大众文艺、文化产业为标志的大众文化方兴未艾,表明一种新的文化转型已经不可避免地来到我们面前。这是一种由纸质文化到电子文化、由精英文化到大众文化、由纯文化到文化产业的巨大转折。在这种大众文化的背景下,审美与文学艺术发生了日常生活审美化的巨大变化。唱片、光盘、广告、模特、网络文学……新的文学艺术生产与存在的样式纷至沓来,令人目不暇接。审美与生活、艺术与商品、文化与文艺、欣赏与快感之间的界限一下子变得模糊起来。于是从新世纪之初就出现了有关文学、艺术的边界，日常生活审美化的评价以及对文学的文化研究等问题的讨论与争辩。我们认为，这种讨论是非常有意义的。我们试图以文学、艺术的审美经验这一文艺美学学科的基本理论问题的探讨作为以上大众文化背景下各种文化现象的一种总结与提升，也以此对这次讨论提供一种也许是不成熟的见解。

我们认为，当代文艺美学的审美经验理论包括两个相关的有机部分。一个是审美的生活化，一个是生活的审美化，这是两个紧密相连、统一于一体的部分，都是对资本主义工业文明以来艺术与生活分裂、走向异化的严重问题的解决。所谓审美的生活化，是解决艺术与生活的脱离，承认并正视审美所必然包含的身体快感内容与文艺所必然包含的生活内容，使艺术走向生活与万千大众，成为人们休息娱乐的方式之一。同时也不可否认某些艺术产品具有商品的属性，并给人们带来某种经济效益。但这只是我们所说的审美经验理论所包含的一个方面的内容，也只是当前大众文化背景下文学艺术的一个方面的属性。另一方面，也是非常重要的方面，就是生活的审美化。也就是我们所说的审美经验不仅包含着原生态的生活，更要包含对这种生活的超越；不仅包含必不可少的快感，更要包含体现人类生存之精髓的意义。如果说审美的生活化是一种回归，那么生活的审美化则是一种提升。没有回归与提升的结合，那么真正的审美与文学艺术都将不复存在，而只有两者的统一才是审美与文学、艺术要旨之所在。因为没有前者，审美与文艺必将脱离大众与当代文化现实，而没有后者，审美与文艺又不免流于低俗与平庸。只有两者的有机结合才是审美与文艺发展的坦途，也才能为文艺美学学科建设奠定坚实的基础。在以上理论指导下面对当前“日常生活审美化”的现实，我们认为这是一种雅与俗、美与丑、健康与落后之间传统概念的消解。应该运用审美的理论支持其有利于人的美好生存、符合社会发展的一面，克服和引导其低俗落后的一面，使其走向健康发展之路。

以文学艺术的审美经验作为文艺美学学科的理论出发点，也是为中国传统美学在当代进一步发挥作用开辟广阔的空间。中国美学发展以20世纪初，特别是1919年五四运动为界发生了明显的断裂。此前是传统形态的美学，此后受到“西学东渐”的深刻影响，接受了西方美学理论话语。这前后两种美学形态尽管不可避免地有所联系，但在理论内涵、话语范畴和精神实质上均有明显区别，是一种明显的理论断裂。因此，有的学者认为，这两者“不可兼容”,而是“宿命的对立”。中国传统美学的现代价值问题被严峻地提到我们面前。而以文学艺术的审美经验作为理论出发点的文艺美学学科则为中国传统美学进一步发挥当代作用开辟了广阔的天地。因为,我国传统美学的确没有西方美学那样借以反映审美与艺术本质的概念、范畴,而主要以对创作与文本的体悟作为理论的基点,这恰是一种文学艺术的审美经验。从先秦时期的“兴观群怨说”,到汉魏时期的“言志说”“意象说”,到唐宋时期的“意境说”“妙悟说”“心物说”,到清代的“情景说”“性灵说”与“境界说”等,可谓一脉相承,都是对文艺审美经验的独特表现,反映出中国古代美学的特有精神,具有十分丰富的内涵与极其重要的价值。这些美学理论不仅赋予我国美学家以特有的民族精神,而且也给包括海德格尔在内的诸多西方美学家以理论的滋养。我们相信,文艺美学学科的发展,特别是我们以文艺的审美经验为其研究对象,并自觉地以之总结、弘扬中国传统美学理论,将有助于中国传统的美学理论在新时期发挥更加重要的作用。

三、文艺美学学科的研究方法与本教材的基本内容

列宁在《黑格尔辩证法(逻辑学)的纲要》一文中认为,在马克思的资本论中逻辑、辩证法和唯物主义的认识论是同一个东西。[①] 由此说明方法论与理论体系及世界观是一致的,从而彰显出方法论的重要作用。我们认为,文艺美学以文学艺术的审美经验作为研究对象,就决定了它必然在马克思主义的指导下采取审美经验现象学的研究方法。这是一种由具体的审美经验出发的研究方法,迥异于从抽象的本质或定义出发的传统研究方法。从而使研究对象由传统的理论文本扩充到鉴赏文本,进一步扩充到理论家自身对文艺作品的审美经验。这种研究方法更加全面,更加符合文艺美学学科的实际,也会更加彰显出理论家的理论个性。它是自下而上的研究方法与自上而下的研究方法的统一。因为,文学艺术的理论研究既要从具体的审美经验出发,也必须借助一定的具有共通性的理论规范,否则就会完全成为只有个人能够理解的自言自语,从而缺乏应有的理论价值。而且更为重要的是,文艺美学不只是对单个审美经验的研究,更要研究其中所包含的具有

---

① 马克思、恩格斯、列宁、斯大林:《论辩证唯物主义与历史唯物主义》,上海人民出版社 1997 年版,第 207 页。

人类共通性的对在场的超越，走向人类“诗意的栖居”以及对人类前途命运的终极关怀。这就使审美经验本身包含了深刻的意义与鼓励人类前行的精神的力量。

现象学兴起于德国，其创始人是胡塞尔。他并未建立美学体系，但他的现象学方法和理论对美学产生极大影响。他提出了一个著名的现象学口号：“回到事物本身”。他所谓的“事物”并不是指客观存在的事物，而是指呈现在人的意识中的东西，他称这些东西为“现象”，所以“回到事物本身”就是回到现象，回到意识领域。他认为哲学研究以此为对象，就能避免心物分立的二元论。而要“回到事物本身”就要抛弃传统的思维方式，采取现象学的“还原法”，也就是将通常的有关客体和主体的判断“悬搁”起来，加上括号，存而不论。他认为通过这种现象学还原就能直觉到纯意识的“意向性”本质。所谓“意向性”即指意识总是指向某个对象，因此世界离不开意识，离开人和意识，就没有什么价值和意义。这是一种用“整体性意识”反对传统哲学主客二分思维模式的现代哲学方法，具有重要的影响和意义。当然，这种现象学方法的主观唯心主义色彩是非常浓厚的，所以我们要以马克思主义唯物实践观予以改造，以马克思主义的“实践世界”代替其“生活世界”，从而将其奠定在坚实的社会实践基础之上。

将这种现象学方法较好地运用于美学研究的是波兰的罗曼·英伽登和法国的杜夫海纳。特别是杜夫海纳，于1953年所著《审美经验现象学》，成为西方现代审美经验现象学美学理论和方法的奠基之作，具有重要的学术价值。

胡塞尔早就指出，“现象学的直观与‘纯粹’艺术中的美学直观是相近的”。他又说，艺术家“对待世界的态度与现象学家对待世界的态度是相似的……当他观察世界时，世界对他来说成为现象，世界的存在对他来说是无关紧要的，正如哲学家(在理性批判中)所作的那样”①。英伽登和杜夫海纳将这种现象学理论和方法创造性地运用于美学领域，开创了审美经验现象学方法。这种方法直接借鉴了现象学方法之“回到事物本身”“本质还原”“意向性”与“悬搁”等基本原则，但在审美的运用中又有所发挥。杜夫海纳指出：“我们敢说，审美经验在它是纯粹的一瞬间，完成了现象学的还原。对世界的信念被暂时中止了，同时任何实践的或智力的兴趣都停止了。说得

---

① [德]胡塞尔：《胡塞尔选集》，倪梁康选编，上海三联书店年1997版，第1203—1204页。

更确切一些，对主体而言，唯一仍然存在的世界并不是围绕对象的或在对象后面的世界，而是……属于审美对象的世界。”[①]

这种审美经验现象学方法具体说来有如下四个方面特征。

第一，审美态度的改变性。英伽登在论述审美经验时专门阐述了由日常经验到审美经验的转化过程，也就是审美经验兴起的前提。他认为最重要的是凭借由日常态度到审美态度的转变。他将此称作“预备审美情绪”。他认为，人们在面对一个对象时一开始常会选取一种功利的现实态度，而一旦为对象特有的色彩、节奏、形状等美学特质所打动，从而唤起一种特有的“预备审美情绪”，就会中断对于周围物质世界的日常经验活动，进入一种精力空前集中的审美经验状态，这就是由日常态度到审美态度的转变。这种“预备审美情绪”对于由日常经验过渡到审美经验起到决定性的改变作用。英伽登指出：“预备情绪最重要的功能是改变我们的态度，亦即使我们对待日常经验的自然态度变成特殊的审美态度。”[②]例如，我们面对巴黎罗浮宫美术馆所藏艺术精品雕像《米罗岛的维纳斯》，一开始常常会以日常经验的态度对待，权衡其大理石的特性、质量和价值等。如要转到对其作为艺术品的鉴赏，最重要的环节就是被这一艺术品的艺术特质所打动，产生激动人心的审美态度，忘掉周围世界，进入审美的境界。

第二，审美知觉的构成性，这是对于审美经验兴起的阐述。现象学美学将主体的意向性作用放在非常突出的地位，认为审美对象是主体凭借审美知觉在意向性中构成的结果。杜夫海纳指出：“简言之，审美对象是作为被知觉的艺术作品。这样，我们就必须确定它的本体论地位。审美知觉是审美对象的基础，但那是在公平对待它即在服从它的时候才是这样。”[③]比如雕像《米罗岛的维纳斯》作为艺术精品是一种举世公认的客观存在，但只有在鉴赏者通过审美的知觉对其进行鉴赏时维纳斯雕像才能成为审美对象。这就是审美知觉的构成性。杜夫海纳指出，一旦美术馆关门，最后一位参观者离开，那么该艺术品就不会作为审美对象而存在，只能作为作品或可能的审美对象而存在。

第三，审美想象的填补性，这是对于审美经验完善性的论述。英伽登提出了“未定域”和“具体化”两个十分重要的概念。所谓“未定域”即指没有被

---

① 蒋孔阳、朱立元：《西方美学通史》第6卷，上海文艺出版社年1999版，第449页。

② [美]M. 李普曼：《当代美学》，邓鹏译，光明日报出版社1986年版，第293页。

③ [法]米·杜夫海纳：《审美经验现象学》，韩树站译，文化艺术出版社1996年版，第8页。

作品加以确定的方面,如维纳斯的身份、动作等,需要通过鉴赏者加以艺术的补充。而“具体化”是指鉴赏者在鉴赏过程中通过“意向性”对于作品进行再创造的过程,包括对于原作某些缺陷的弥补。这一切都需通过审美的想象进行。面对维纳斯雕像的断臂和大理石本身的污疵,鉴赏者正是通过审美的想象弥补这种断臂和自然的缺陷。英伽登指出:“在审美态度中,我们不知不觉地完全忘怀了肢体的残缺、断掉的臂膀。一切都产生了奇妙的变化。在这种方式‘观看’下的整个对象完美无缺,甚至因为双臂未曾出现在人们的视野里而更富魅力。”①

第四,审美价值的形上性,这是对于审美经验内涵提升的论述,包含着浓浓的人文精神。审美经验现象学所说的审美经验不同于英国感性派美学的纯感性的体验,而是包含着形而上的超验的内容,是一种追求人的美好生存的价值取向。英伽登和杜夫海纳都不约而同地谈到这一点。杜夫海纳指出:“赋予审美经验以本体论的意义,就是承认情感先验的宇宙论方面和存在论方面都是以存在为基础的。也就是说存在具有它赋予现实的和它迫使人们说出的那种意义。审美经验之所以阐明现实是因为现实是作为存在的反面——人是这种存在的见证——而存在的。”②也就是说,审美经验之所以阐明现实,是为了使现实之后的人的存在得以显现。这说明审美经验现象学的本体论意义是走向人的诗意的栖居,已经同当代存在论美学相融。例如,我们从维纳斯雕像中不仅能够欣赏到精细的雕刻技艺、优美的人体造型,而且更可以从中体味到一种恬静、高雅和超俗之美,成为“高贵的单纯,静穆的伟大”之西方古典美的代表。这种古典美具有一种震撼人心的巨大力量。俄罗斯作家乌斯宾斯基在小说《舒展了》之中,生动地描写了一个穷愁潦倒的乡村教师特雅普希金在巴黎参观美术馆时被维纳斯雕像深深感动的情形。主人公是一个精神萎靡的小人物,但他却被维纳斯雕像的美所打动,从而使其被生活扭曲的灵魂得以舒展。小说中引用了主人公的一段独白:“我感到,在语言中找不出一个词汇,可以来说明这尊石像创造奇迹的奥妙。……打碎她,这等于使世界失去了太阳,如果在人的一生中连一次都没有感受到维纳斯的温暖,他就不值得生活在这个世界上……”。这一段描写是多么的深刻生动啊!它突现了对于艺术精品的审美经验对于人性所产生的巨大震撼和提升作用。英伽登和杜夫海纳都认为,审美经验现象学方法

① [美]M.李普曼:《当代美学》,邓鹏译,光明日报出版社1986年版,第293页。

② [法]米·杜夫海纳:《审美经验现象学》,韩树站译,文化艺术出版社1996年版,第581页。

只是美学研究的有效方法之一,但绝不是唯一方法。我们在本教材中以这一方法为主,但并不排斥其他方法。诸如外部研究与内部研究结合的方法、文化研究的方法和交流对话的方法等。

文艺美学的产生就是一种由外部研究到内部研究的转向,因此文艺美学当然应该以内部的研究为主。也就是以审美经验为核心深入剖析其对象、生成、前见、发展、形态与比较等,从而构成独特的理论体系。但这种内部研究又不完全是独立自足的,它并不排除外部的研究,包括社会的、意识形态的和文化的视角。从社会的角度,我们向来认为文学艺术不仅是审美的现象而且是一种社会的现象,具有政治的、经济的、时代的等诸多社会属性。从意识形态的角度我们向来认为,文学艺术作为意识形态的一种,从一个特殊的侧面反映了社会政治与经济,乃至生产关系与生产力的诸多特性。而从文化的视角说,当前文化研究的方法已经成为文艺研究的最重要方法之一。诸如种族的、女权的、后殖民的、生态的、文化身份的崭新角度,的确能给文学艺术以崭新的阐释。但我们向来认为文化研究只不过是文艺研究的重要方法之一,而不是全部。因此,我们并不同意当前西方某些研究者以文化研究取代或取消文艺研究的做法。我们认为对文艺的最基本的研究方法还应是审美的研究方法。

19 世纪上半叶,黑格尔创立了逻辑与历史统一的研究方法,这是一种思辨哲学的研究方法。这种方法对于经济学、哲学等社会科学是十分适合的,但对于以情感体验为其特征的美学,是否都要运用这一思辨哲学的方法,尚有待于进一步讨论。著名的新黑格尔主义者、美学史家鲍桑葵在其《美学史》研究中就采用了历史突破逻辑的方法,使这本美学史在诸多方面颇具创意。由此,我们认为对于我们所说的以文学艺术的审美经验为其理论出发点的文艺美学学科也不能完全采用思辨的方法,而应采用以历史为主,辅之以逻辑的研究方法。

因此,我们的基本着重点在历史的、当代的文艺的审美经验事实,包括作者自身的审美经验,主要以此为据提炼出理论的观点。当然也要借助当代流行的各种理论的概念和话语,但不为其所束缚,而以审美经验的事实为依据,对其进行必要的补充、充实、发展和突破。

我们的另一个主旨还试图将当代的对话理论作为重要的方法维度。也就是说,我们不想采取传统的教化与灌输的方式,而是采取作者与读者(首先是学生)平等对话的方式。因为,我们的理论出发点是审美经验,经验既具有社会共通性，同时也具有明显的个人感悟性。所以，我们给学生提供的只是我们的一种感悟。期望以此唤起学生的共鸣，甚至产生一种新的不同的体验和感悟。在这一点上，读者（学生）是有着充分的自由度和广阔的空间的。这就是一种新型的互动式的教与学，可能激起学生更大的学习主动性，充分调动其探索新问题的兴趣。同时，我们还试图采用心理学的、阐释学的以及语言学的方法。方法的多样性也是我们的探索之一。

在基本内容结构上本教材以艺术的审美经验为基本理论出发点，然后分导言和四个大的部分，共计十章。“导言”主要阐述了文艺美学的产生、学科定位、研究对象与研究方法；第一大部分为艺术审美经验的一般理论，主要包括“艺术审美经验的涵义”和“艺术的审美范畴”；第二大部分是关于艺术审美经验的本体问题，包括“艺术创作的审美特征”“艺术文本的审美特征”“艺术接受的审美特征”和“艺术的分类”；第三大部分是关于艺术审美经验的历史形态、民族形态及其传播问题，包括“艺术的发展形态”“比较视域中的中西艺术”和“艺术的传播”；第四部分是最后一章“艺术与人的审美化生存”，将整个论述最后归结到艺术的审美经验的本体论的超越的意义，点出了本教材培养“学会审美地生存的一代新人”的主旨。

文艺美学作为一个新兴的学科，仅仅走过了二十余年的历史，需要有更多的学者、老师和学生给予更多的关注和培养，使之健康成长。我们期待文艺美学这一新兴学科在大家的呵护下更加走向成熟，成为中国学者对于世界美学园地的一个新的贡献。

（原载《文艺美学教程》，高等教育出版社 2005 年版）

中国文艺美学学科的产生及其发展

文艺美学学科是1980年春在昆明召开的全国首届美学学会上由原北京大学胡经之教授首次提出来的。1982年，胡经之教授又在北京大学出版社出版的《美学向导》中发表《文艺美学及其他》一文，该文指出："文艺学和美学的深入发展，促使一门交错于两者之间的新的学科出现了，我们姑且称它为文艺美学。"1986年5月，山东大学中文系等六家学术单位在山东泰安发起召开首届全国文艺美学讨论会，围绕文艺美学的研究对象和范围等问题展开深入讨论。

此后，围绕文艺美学学科出版了一系列专著，发表了大量的文章。直到2000年12月，教育部批准建立文艺美学重点研究基地——山东大学文艺美学研究中心。二十年来，文艺美学学科由草创到深入研究，到再度成为热点，倾注了众多专家学者的心血。据目前不完全的统计，二十年来，有关文艺美学的学术论文有200多篇，学术专著十余部，召开全国性的学术会议四次以上。回顾二十年的历史，文艺美学学科之所以应运而生并得以发展，的确有其历史的必然性。同时，文艺美学学科经过二十年的发展建设，也使其具有了崭新的学科内涵。

一

文艺美学学科的发展是挣脱传统的主客二元对立的旧的认识论束缚的需要，也是我国新时期学术研究冲破旧的僵化理论束缚的重要成果。西方古代从古希腊的柏拉图、亚里士多德开始就倡导一种主客二元对立的哲学模式，因而主观与客观、感性与理性、再现与表现、模仿与理念、理想与现实等矛盾关系成为贯穿西方古典美学的中心线索。柏拉图在《大希庇阿斯篇》中提出的对"美本身"的追问由此成为西方古典美学永恒的课题，在此基础上才出现了以强调理性为主的大陆理性主义的理性派美学与强调感性为主的英国经验主义的感性派美学。但无论是理性派还是感性派，都将人类的审美活动局限于认识论的范围，不同程度地将美学与哲学、审美与认识相混淆。第一个对这种主客二元对立的认识论模式发起冲击的是康德。康德在《纯粹理性批判》《实践理性批判》之外，撰写了《判断力批判》。第一次为审美开辟了不同于认识（知）和意志（意）的情感判断领域。这是康德的划时代贡献。当然，康德的批判哲学还是要借助“主观先验原理”的“调和”，而所谓超越“知性”的“理性”也归之为神秘的“信仰领域”，因此对主客二元对立认识模式的突破并未真正实现。黑格尔同康德相比，在这一方面可以说是一种退步。他尽管把“美学”称作“艺术哲学”，但仍是将美界定为绝对理念自发展、自认识的一个特定阶段。他的美学还是在其绝对理念论的哲学框架之内。正是这种主客二元对立的旧的认识论才为美学构建了美论、审美论、艺术论的理论框架，才将抽象的在审美主体之外的“美的本质”的探讨提到美学学科“元范畴”的高度。本来，马克思主义的实践理论早已突破了主客二元对立的旧的认识论模式。马克思在《关于费尔巴哈的提纲》中指出：“从前的一切唯物主义——包括费尔巴哈的唯物主义——的主要缺点是：对事物、现实、感性，只是从客体的或者直观的形式去理解，而不是把它们当作人的感性活动，当作实践去理解，不是从主观方面去理解。”[①]这就一针见血地指出了对包括美的事物在内的一切事物不能只从客体的或直观的角度去理解，而应从主观方面和实践的角度去理解。在《1844 年经济学哲学手稿》中，马克思从审美的角度论证了主体的决定性作用。他说，“对于没有音乐感的耳朵说来，最美的音乐也毫无意义，不是对象”[②]。西方当代美学家更是明确地将这种主客二元对立的旧的认识模式批判为“形而上学”。“他们很少研究‘美的本质’这种所谓形而上学问题，主要集中在对艺术和审美的研究上。审美的研究也主要通过艺术（艺术品、艺术史）来验证和进行。”[③]20 世纪 50 年代以来，我国美学和文艺学的发展一方面确立了马克思主义的指导地位，有着一系列重要建树，但也受到前苏联教科书和美学研究僵化教条模式的影响。这实际上是一种被曲解了的马克思主义，表面上强调唯物主义“客观第一”，实质上是主客二元对立的旧唯物主义和认识论的回潮，是在马克思主义实践观上的倒退。在这种僵化模式的影响下，几次大的美学讨论和美

① 《马克思恩格斯选集》第 1 卷，人民出版社 1972 年版，第 16 页。

② 《马克思恩格斯全集》第 42 卷，人民出版社 1979 年版，第 126 页。

③ 李泽厚：《美学三书》，安徽文艺出版社 1999 年版，第 547 页。

学学派的建立都围绕抽象而非主体的“美的本质”和“客观美”的问题展开。在这种情况下，我国美学和文艺学研究必然要走上曲折的道路，出现了以哲学规律代替美学规律，以政治代替艺术的情形的趋向，艺术与艺术性的研究处于附庸的地位。美学的主要课题是美与审美孰先孰后、文艺学的主要课题是文艺的源泉等，而将作为审美物化形态的艺术及鲜活生动的审美经验放到极为从属的地位。同时将政治性与艺术性严重对立，从而提出“政治标准第一”的原则，各种文学史、艺术史及研究论著都在艺术作品研究中将思想内容与艺术形式截然分开。改革开放以后，美学与文艺学领域清除前苏联教科书僵化教条理论和其他“左”的影响，完整地准确地理解马克思主义美学思想，同时吸取西方当代理论中的有益成分。特别是重新学习了《关于费尔巴哈的提纲》和《1844 年经济学哲学手稿》中的有关论述，总结回顾我国美学与文艺学研究的得与失，从而提出建设文艺美学学科的课题。最近，杜书瀛、钱竞主编的《中国 20 世纪文艺学学术史》对这一段历史作了较好的总结。他们指出：“新时期以前几十年一直是认识论文艺学和政治学文艺学处于主流地位甚至霸主地位。这种情况决定了文学理论研究的重心必然是文学与现实生活、文学与政治、文学与经济基础、文学与道德、文学与哲学等等关系。用某些学者的话说，研究的重心是文学的‘外部关系’或‘外部规律’，即文学与它之外的种种事物的关系；而相对来说，对文学的‘文学性’，文学自身的要素和特点，文学自身的内在结构，文学的文体、体裁，文学的叙事学问题，文学的语言和言语问题，文学的修辞学问题，文学不同于其他文化现象、精神现象，乃至其他艺术现象的特征等等，则关注得不够，甚至不关注不重视，用某些学者的话说，就是不太关心或忽视了文学的‘内部关系’或‘内部规律’的研究”，“直到 1978 年改革开放，整个时代的思想文化环境发生了根本变化之后，这种情况才有了改变”①。当然，正如杜书瀛、钱竞所说，所谓“内部规律”与“外部规律”的说法未必科学，只不过以此譬喻新时期美学、文艺学突破“左”的束缚“由外向内”转型的趋势。因此，我们认为文艺美学学科的发展也是新时期学术研究突破旧的僵化理论禁锢的重要成果。胡经之教授在回顾自己于上世纪 80 年代初提出“文艺美学”学科建设的背景时写道：“改革开放给中国带来了新的憧憬和希望，审美理想之光引发了 1980 年代的新的美学热潮。但这时的美学已不是停留在哲学思辨，而是着眼于思

① 杜书瀛、钱竞主编：《中国 20 世纪文艺学学术史》第 4 部，上海文艺出版社 2001 年版，第 141、143 页。

想的自由解放，美被看成了自由的象征。”[①]又说：“从我自己的经验出发，如果美学只停留在争论美是客观的还是主观的这样抽象的水平上，这并不能解决艺术实践中的复杂问题”，“这种艺术活动的审美本质和审美规律，应该获得系统的研究。为了和其他美学相区别，我把这称之为文艺美学”[②]。由此文艺美学作为美学与文艺学之间的交叉学科，将传统美学中处于次要位置的文艺提到中心位置，以其作为自己的研究对象。而其不同于文艺学之处在于，文艺美学并不从社会学与写作技巧的角度，而是从文本、创作与接受的不同层面及文艺的历史发展过程，揭示其内在的审美规律。

二

文艺美学学科的发展是中国传统美学在新时期发扬光大的需要。中国有着悠久丰厚的美学遗产，在新时期，继承发展这一遗产使之发扬光大，是我们的历史责任。而目前，不仅我国丰厚的美学遗产没有真正走向世界，而且在我国自己的美学与文艺学领域也主要运用西方的概念和话语。其主要原因就是我国传统美学理论与西方美学理论有着完全不同的历史文化哲学背景与范畴体系。在“五四”以后西学东渐的形势下，我国传统美学反而失去了自己的阵地。改革开放以来，随着中华民族伟大复兴历史任务的提出和我国政治经济的逐步强大，我国美学遗产的继承发扬与现代转型日益提到议事日程。而文艺美学学科的发展则有利于我国传统美学在新时期的发扬光大。众所周知，我国传统美学没有西方古典美学那样的以主客二元对立哲学为基础、以抽象的“美的本质”为中心概念的美学理论体系，也没有美、丑、崇高、悲剧、喜剧、再现、表现等等概念范畴。也可以这样说，我国古代没有西方那样的“纯美学”。但我国古代却有着大量的文艺美学遗产。这些美学遗产完全以文学艺术为其研究对象，从我国传统的“天人合一”哲学思想出发，形成以“致中和”为其核心的理论体系，包括诗论、文论、乐论、书论、画论等极其丰厚的美学传统。这里，所谓“致中和”包含着深刻的哲理：情感的含蓄性、适度性与对天地万物“天人合一”根本规律的反映。这就是“中和论”美学思想深层的内涵。这种“中和论”美学思想迥异于西方古典美

① 胡经之：《文艺美学的反思》，《江苏社会科学》1999年第6期。

② 胡经之：《文艺美学论》，华中师范大学出版社2000年版，“自序”。

学以事物本身外在形式的比例、对称为其内涵的"和谐论"美学思想。"中和论"美学思想在"致中和"的中华哲学与美学精神之下,包含着"意象""意境""妙悟""气韵"等等极为丰富的美学范畴。文艺美学学科的发展可以使我们充分继承中国古代"中和论"美学思想的有价值成分,借鉴吸取西方美学的优秀内容,立足于中国当代现实基础,逐步形成具有中国特色的当代美学思想体系。这既是文艺美学学科发展的现实需要,也是文艺美学学科所肩负的历史重任。诚如著名美学家宗白华所说:"研究中国美学史的人应当打破过去的一些成见,而从中国极为丰富的艺术成就和艺人的艺术思想里,去考察中国美学思想的特点。这不仅是理解我们自己的文学艺术遗产,同时也将对世界的美学探讨作出贡献。现在,有许多人开始从多方面进行探索和整理,运用了集体和个人结合的力量,这一定会使中国的美学大放光彩。"[①] 可以这样说,从"五四"以来的八十多年,中国传统美学的现代转型一直是困扰我们的难题,而中国美学领域被西方话语主宰的现状又不免使我们多少有几分尴尬。而中国文艺美学学科同中国传统美学的高度衔接性,就使它的发展成为打破这种难堪局面的重要途径,以期创造出真正意义上的"中国美学"。

三

文艺美学学科的发展也是学科自身的一种内在要求。文艺美学学科同美学、文艺学、艺术学都密切相关。从某种意义上可以说,是以上三门学科的交叉学科。但文艺美学的学科内涵并不清晰。在我国学科界定中具有权威性的,由国务院学位委员会办公室和教育部研究生工作办公室编辑的《授予博士硕士学位和培养研究生的学科专业简介》,对文艺美学的界定就不明晰。一级学科"中国语言文学"之下的二级学科"文艺学",其主要研究方向列入了"文艺美学"。艺术类的二级学科"艺术学"的学科研究范围中有"艺术美学",而哲学类的美学学科的学科研究范围有"文学艺术各个部门中的美学问题",却没有文艺美学这一研究方向。[②] 当然,由此也可见出文艺美学

① 宗白华:《艺境》,北京大学出版社 1987 年版,第 275 页。

② 《授予博士硕士学位和培养研究生的学科专业简介》,高等教育出版社 1999 年版,第 7、83、116 页。

同文艺学、艺术学、美学的密切相关。但文艺美学又绝不仅仅局限于以上三门学科的分支学科地位，也不是它们的简单相加。而是正如胡经之教授最近所说的，是一种“全新的统一”。而且，这种“全新的统一”会从根本上影响乃至改造以上三门学科，使之适应新的时代要求，更具现代性。首先，文艺美学学科的发展意味着思维模式的调整，从传统的主客二元对立僵化模式调整到马克思主义实践的主观能动的当代思维方式之上。正是从这个意义上，我们说文艺美学学科在思维模式上是崭新的。这种思维模式崭新性的特点必然影响并改造传统的美学、文艺学、艺术学学科。包括美学领域对美的本质纯客观性的无解式的追问、文艺学领域政治与艺术孰重孰轻的权衡、艺术学领域内容与形式关系的探寻，等等。其次，文艺美学学科的发展意味着文艺在学科研究中地位的调整。文艺美学学科无疑必然以文学艺术为其最主要的研究对象，这本身就是具有当代意义的重大调整，必然对其他相关学科发生重大影响。因为，传统美学是以所谓“美论”放在首位，而“艺术论”放在“审美论”之后。而传统文艺学沿袭前苏联的理论传统，实际主要研究对象是叙事性的文学，因此，文艺学实际是“文学学”，即“文学理论”。而传统的艺术学尽管研究对象是艺术，但又多从艺术的外部规律与创作技巧入手。文艺美学研究对象的进一步明确必然影响到其他有关学科进一步思考自己的研究对象。再次，文艺美学的中心范畴——“艺术”的确定，又将影响其他有关学科。文艺美学学科的中心范畴是“艺术”，即美的艺术，是具有审美属性的艺术本身，而不是艺术的审美本质。也就是说，文艺美学学科的研究对象是具有美学属性的鲜活具体的艺术品，主要从美学的角度探索文本的结构、创作与接受的规律等。这样的中心范畴，不同于传统美学中“美的本质”、文艺学中“文艺的本质”、艺术学中“艺术的本质”这样的脱离艺术品的抽象的本质界定。所谓“本质的探寻”是人类对事物的哲学发问，伴随人类的始终，只要有人类就会有这样的哲学发问，不同的时代都会对这种哲学发问提出自己具有相对真理性的回答。这种哲学发问及其回答当然有其意义，但又决不能以其代替具体学科自身的规律探讨。实际上，马克思、萨特、海德格尔等当代大哲学家都已抛弃西方古代以哲学代替其他学科的“形而上”传统，而将“人的本质”与“美的本质”紧密相连，将哲学之思与诗学之思密切结合。这正是文艺美学赖以发展的文化背景。文艺美学学科提出不同于美学学科“艺术美”的研究对象，而将“美的艺术”作为自己的研究对象，这标志着文艺美学学科具有了自己的崭新内涵和独立性。正如恩格斯所说：

“一门科学提出的每一种新见解，都包含着这门科学的术语的革命。”[①]正是从这个意义上，我们认为也不宜将“文艺美学”与“艺术哲学”等同。

同时，文艺美学学科的发展也是一种学科研究出发点的重大调整。我国美学、文艺学、艺术学都属于人文学科，但在传统思维模式的影响下都更多地承担起思辨哲学的任务，都要在不同的程度上受到物质第一还是意识第一这一唯物唯心哲学路线的影响，致力于论证唯物主义哲学路线的正确性。诸如美学学科中美与审美的关系，文艺学中文学与生活的关系，等等。而文艺美学却真正地担当起人文学科的使命，通过对文艺审美特性的研究，对人类的命运与前途给予终极关怀。正如胡经之教授最近所指出，“文艺美学将从本体论高度，将艺术看作人把握现实的方式、人的生存方式和灵魂的栖息方式”[②]。

四

文艺美学学科的发展是现实艺术发展的需要。文学艺术是广大人民群众的精神食粮，特别在物质生活日益改善的今天，文艺越来越贴近大众，成为大众生活不可缺少的组成部分。当前，市场经济与大众传媒的发展，一方面为文艺的繁荣提供了动力，同时也为文艺的健康发展提出了新的挑战。从市场经济的角度说，文艺作品逐步具有了商品的性质，在要求社会效益的同时也要求经济效益，而且经济效益愈来愈显重要。而且，在市场经济大潮中，人们在紧张的生活节奏之下对文艺作品的娱乐性要求越来越多，甚至产生单纯追求官能刺激的倾向。在这样的情况下，导致了文艺大众化、通俗化以致低俗化的倾向，出现了以追求感官刺激为目标、甚至是反映颓废糜烂生活的文艺。同时，信息时代的迅速到来，电视与计算机的快速普及，文艺传播更多地借助电视与光盘。这就导致文艺作品生产的工业化，出现新兴的文化产业。这一方面使文艺的受众较前扩大、文艺作品的影响力空前增大，同时又导致生产的粗俗化、不健康的艺术产品毒害作用的普泛化。新兴文化产业在生产文化精品的同时，也制造了大量的文化垃圾，毒害污染人们的精神生活环境，特别是戕害青少年的灵魂。面对这样的情势，文艺美学学科

① 《马克思恩格斯全集》第23卷，人民出版社1972年版，第34页。

② 胡经之：《文艺美学》，北京大学出版社1989年版，第1页。

的发展承担起在市场经济与信息时代的新形势下，从审美的创造与接受的角度，探索通俗性与审美性、娱乐性与陶冶性的有机统一等等问题的任务。使得新时代的文学艺术在适应时代与大众文化消费需求的同时，提高作品的美学品位。在满足人们娱乐需要的同时，起到美化人生、培育青年一代健康的审美观的作用。

五

文艺美学经过二十年的发展历程。近二十年来，从文艺美学学科提出之后，对于这一学科的内涵及其界定即有不同看法：一种认为，文艺美学是一般美学的一个分支，是对艺术美独特规律的探讨；第二种认为，文艺美学是当代美学、诗学的全新统一；第三种认为文艺美学是美学与文艺学的交叉，或是两者的桥梁；第四种认为，文艺美学就是当今的美学；第五种认为，文艺美学就是用哲学—美学的观念和方法研究文学艺术，在学科层次上等同于“艺术哲学”；第六种认为，我们与其说“文艺美学”是一种新的美学或文艺学的分支学科，倒不如说文艺美学研究是中国美学在自身现代化发展之路上所提出的一种可能的原理方式或形态，它从理论层面上明确指向了艺术问题的把握。[①] 此外，还有诸多学者提出过许多精辟见解。这不仅反映了学术界对于文艺美学学科的广泛关注，同时也说明它是一种发展中的学科，还有待于长期而扎实的科研工作和在此基础上的深入讨论，使之逐步丰富成熟。

但我个人认为，迄至目前为止，如果要给文艺美学学科的内涵以一种界定的话，那就是文艺美学是中国1980年代改革开放以来，在特有的历史文化背景下产生的一门新兴边缘交叉学科。它来源于美学、文艺学、艺术学，吸取了以上三门学科的重要内容，在一定意义上可以说是以上三门学科在新时期交叉融合的产物。但它又是一门独立的新兴学科，有着自己特有的内涵。正是从这个意义上，我们认为，文艺美学不能取代美学、文艺学、艺术

---

① 提出上述看法的主要学者是：周来祥(《文学艺术的审美特征和美学规律》，贵州人民出版社1984年版)、胡经之(《文艺美学》，北大出版社1989年版)、柯汉琳(转自《文艺美学的反思》，《文艺研究》1999年第12期)、姚文放(《论文艺美学的学科定位》，《学术月刊》2000年第4期)、王德胜(《定位的困难及其问题》，《文艺研究》2000年第2期)等。

学，同时它也独立于以上三门学科而有着自己的特有的发展规律。

20 世纪后半期，由于信息技术与生命科学的快速发展以及二次大战后人类对自身命运的深切关怀，因此，无论在自然科学、社会科学，还是人文学科领域都发生重要变化，主要是学科的交叉、综合的速度加快，新兴学科层出不穷。学科的交叉、融合与打通，互相吸取营养、借鉴方法恰恰是新时代的一种需要。文艺美学学科的出现，也正是以这种学科的交叉、融合、渗透为其大的背景。而文艺美学学科的产生又有其自身的背景。那就是在前文已经论及主要是同美学与文艺学学科国内外的转型有着直接的关系。从国际上来看，美学与文艺学已经完成了由古典到现代的转型。由古代的理性的和谐美转到现代形态的对精神生存状态改善的追寻。同时，也由对美的思辨的本质思考转到对艺术作为精神家园作用的探索。我国从新时期开始，美学与文艺学研究也逐步开始了由古典到现代的转型。其重要标志就是由对美的抽象哲学思考转到对文学艺术的更为实际的研究，然后再深入到理论的更深的层面，探讨美与艺术所蕴涵的深厚人文精神。这就是我国新时期美学、文艺学“由外到内再到外”的“之”形转变过程，从 1980 年至今已有二十多年的历史。二十多年来，中国在经济上进入了工业化中期，市场经济逐渐成熟，城市化程度加快，大众文化正在勃兴。在这种情况下，科技拜物与市场本位逐步抬头，价值取向低俗，人们的焦虑与紧张加剧。这一切都要求文艺不能再仅仅局限于纯粹的审美，而应在审美的前提下弘扬一种新的人文精神，以对人们精神生活中的人文精神缺失以某种弥补。钱中文先生将这种新的人文精神称作“新理性精神”，他说：“新理性精神极端重视审美，但不是所谓‘纯粹的审美’。纯粹的审美是可能的，但其意义、价值有限，甚至可能是一种语言游戏。”又说：“新理性精神意在探讨人的生存与文化艺术的意义，在物的挤压中，在反文化、反艺术的氛围中，重建文化艺术的价值与精神，寻找人的精神家园。”[①]钱中文先生的分析是十分精辟的，实际上指出了当前文艺美学应从上世纪 80 年代的“由外向内”再到今天的“由内向外”。也就是从 1980 年代初的社会学视角转到审美的视角，当前再由“纯粹的”审美视角转到审美中蕴涵深厚的人文精神。这种“由内向外”的转变迥异于“文革”前过分着重政治与哲学的层面，而侧重于对于人的生存状态的关怀与文化的视角，恰同西方当代文化研究的兴起相衔接。只有实现了这

① 钱中文：《新理性精神文学论》，华中师范大学出版社 2000 年版，第 20、23 页。

种“由内向外”的转变，文艺美学学科才能适应时代的需要，从而具有生气勃勃的前进的活力。随着我国美学由抽象思辨到艺术研究以及由哲学逻辑到人文精神的转变，必然带来对我国古代传统美学与文艺学遗产的关注。因为，我国古代美学与文艺学遗产极少抽象思辨的理论，多是对具体文艺现象的体悟，而且极富人文精神。正如宗白华所说：“在中国，美学思想却更是总结了艺术实践，回过来又影响着艺术的发展。”①这些遗产完全可以作为新时期发展我国美学与文艺学的丰富思想资料。而这些丰富遗产本身也可以说就是我国古代形态的文艺美学。因此，文艺美学学科的产生也正好同我们改造借鉴我国传统的美学与文艺学遗产紧密衔接。

文艺美学作为一种新兴学科，当然不能取代传统的美学、文艺学与艺术学学科，反而从以上三门学科吸收丰富营养。而文艺美学学科的发展也必然对美学、文艺学与艺术学的发展产生重要影响。那么，文艺美学学科同以上三门学科相比较有些什么新的内涵呢？我在下面提出五个方面，供各位同行学者批评。

第一，新的视角。传统的美学、文艺学与艺术学一般主要取哲学的视角，将美、文学与艺术的哲学与社会学本质作为研究的出发点。而文艺美学学科则将文艺的哲学与社会学本质的研究作为前提，将哲学、社会学的探讨放到学科基础的层面之上。作为学科本身则取美学的视角，对文学艺术进行全方位的美学的研究。这种视角的调整关系到文艺美学学科的发展方向，它应该有别于我国传统的美学、文艺学的纯理论研究，而主要面对鲜活生动的文学艺术现实。首先应该立足于具体的文艺作品，立足于文艺作品的审美解读，从中提炼出极富价值的美学思想。犹如莱辛之读《拉奥孔》，王国维之读《红楼梦》。再就是从重要的艺术范畴为切入点，诸如西方的“艺术的审美经验”，中国的“意境”等等。这就为文艺美学学科注入了无穷的生命力与活力。

第二，新的方法。传统的美学、文艺学与艺术学尽管也取自下而上的方法，但主要取自上而下的方法，以概念、范畴、逻辑的推演为其理论轨迹。而文艺美学并不排除自上而下的逻辑推演方法，但主要采取自下而上的研究方法，着重从具体作品的创作、文本与接受出发探寻其规律。同时，借助新时期比较流行的文化研究、心理学研究、原型研究的方法、比较的方法等。

---

① 宗白华：《艺境》，北京大学出版社 1987 年版，第 274 页。

总之，在方法上力争做到自上而下与自下而上的统一，以自下而上为主、同时兼取其他方法，做到具有更大的包容性。在这里需要特别说明的是文艺美学学科尽管面对具体的文学艺术事实，主要采取自下而上的方法，但并不排斥自上而下的方法。因为，任何学科的建设都离不开逻辑思辨，而人文精神探索与文化研究所涉及的广泛社会层面又都是文艺美学学科发展所须臾难离的。

第三，新的资源。我国当代的美学、文艺学与艺术学从研究资源上各有其特点。美学主要借助西方的理论资源与近百年我国研究成果。文艺学除了借助西方理论资源，主要以文学作品为其研究对象。艺术学的理论资源来源于西方概念，同时兼及各个部门艺术。而文艺美学学科在资源的利用上应包容以上三个学科的所有范围，因而更加宽泛。也就是说，文艺美学学科所使用的资源包括西方理论范畴、中国当代成果、中国古代美学与文艺学的优秀遗产以及各类部门艺术的成果。特别是当前具有广泛影响的电视文艺与网络文艺。

第四，新的体系。文艺美学要成为具有独立性的新兴学科，必须具有自己的崭新的学科体系。其中心范畴是美的艺术，从历时性考察其古代、现代与未来的发展形态，从共时性考察文本、创作与接受中的不同表现，从比较的角度考察中外艺术审美经验的互相影响及平行发展中的参照借鉴。特别是其中心范畴——“艺术”，着重从美学的角度考察艺术经验的发生、内容、影响与作用，及其所包含的政治、思想与文化内涵。上面我们已经初步涉及文艺美学学科的对象（美的艺术）、研究内容、研究方法、研究目的及学科的发展趋势（建设有别于西方美学的具有中国特色的文艺美学学科）。这样，一门学科的五个基本要素我们大体都有涉及，但仍是极不完善。这正说明文艺美学学科作为新兴学科的特性。它是一门尚在建设发展中的学科，诸多问题尚需丰富完善。但学术界对于文艺美学是一个重要的理论问题却是一致的看法。在这种一致性的前提下更加深入地探讨，肯定会极大推动文艺美学学科的建设。

第五，新的精神。文艺美学学科作为一门新兴学科，应该贯穿激荡着一种新的时代精神。这种时代精神就是人文主义、科学主义、实践精神与中华民族精神的高度统一。人类已经跨入新的世纪，社会取得极大进步，但和平与发展还是重大课题。而战争、贫穷、环境恶化、精神疾患蔓延仍对人类命运提出严重的挑战。因此，对人类的人文关怀是新世纪的永恒主题，应成为文艺美学的思想基石。而信息时代的迅速到来，科技的快速发展，求实创新的科学精神也早已成为人类前行的宝贵财富，理应贯串于文艺美学学科之中。文艺美学学科产生于“改革开放”的新时期，以“实践是检验真理的唯一标准”作为其理论动力。因此应该富有实践精神，摆脱传统的美学、文艺学“经院式研究”的束缚，更好地关注现实生活、回应现实的要求，将鲜活生动的文艺现实与正在勃起的影视文化、大众文化纳入自己的视野。十分重要的是21世纪中华民族面临伟大复兴的时代课题，这是炎黄子孙一百多年来的理想。文艺美学学科作为人文学科应该激荡着这种民族振兴的精神。在科学研究的扎实基础上，力求将更多的中国古代优秀美学与文艺学遗产经过改造，吸收到文艺美学学科之中，并介绍到全世界。

正是从文艺美学作为新兴学科的基本特征及其所具有的五个方面的新的内涵出发，我们认为，今后，文艺美学学科建设着重解决以下三个大的方面的问题：其一，在基本理论方面，着重探讨马克思主义及其美学、文艺学理论对文艺美学学科的指导作用；文艺美学的学科定位及其发展趋势，文艺美学与美学、文艺学、艺术学以及部门美学的关系；文艺美学的基本理论、范畴与体系建设。其二，在史的方面，着重探讨中国文艺美学的发展历程；中国古代文艺美学的现代价值；西方美学与文艺学思想对中国文艺美学学科建设的影响。其三，在实践方面着重探讨各艺术门类创作与接受实践同文艺美学学科建设的关系；文艺美学与中国当代文化产业及审美文化的关系；审美教育的当代意义及实践。

最重要的，文艺美学学科长远发展的生命力之所在是要适应现实的需要。这也是文艺美学学科当前“由内向外”转向的必然要求。要认真研究经济全球化所带来的更加广泛的不同文化的交流对话问题。随着经济全球化的加速，网络与信息高速公路的发展，各种文化的交流对话必然加速。随之而来的一元与多元、民族文化与西方中心、国家利益与文化霸权的斗争必然加剧。某些发达资本主义国家凭借其经济、科技与语言强势，必然加强文化的同化与渗透。在这样的形势下，中国文艺美学学科应很好地研究在进一步扩大交流对话的同时发扬文化自觉性，使我国文艺美学优秀遗产在新时期进一步发扬光大，走向世界。同时，还有一个应对在经济与文化的转型期，文化与文艺领域所出现的一系列现象，诸如大众文化与文化产业的迅速发展等。文艺美学学科应将其纳入自己的视野，并有相应的研究成果。再就是面对国际、国内美学、文艺学领域所发生的一系列理论转向，文艺美学学科要给予研究并作出回答。诸如,现代性转向、语言学转向、审美性转向、社会学转向、文化研究转向等等。当然,文艺美学学科只能从自己的角度对以上问题作出回答。文艺美学已经成为现实存在,而如果它对一系列重大现实问题作出了富有价值的回答,那么它就具有更大的合理性,从而更加加重了其学科现实存在的重要意义。

总之,文艺美学学科产生在新时期中国思想文化的土壤之上,具有鲜明的中国特色。它运用比较综合的方法,吸取古今中外、各个学科的长处,力求做到哲学与美学、自上而下与自下而上、中国与外国、古代与当代、人文与科学的有机统一。我们相信,在马克思主义基本理论的指导下,经过学术界同仁的联合攻关,文艺美学学科建设一定会取得新的进展,使之成为中国美学与文艺学学者贡献于世界学术的一块具有特色并富有生气的园地。

(原载《文学评论》2001 年第 5 期)

回顾与反思：文艺美学三十年

文艺美学是新时期以来由中国学者提出的、具有中国特色的新兴学科，是中国学者对世界学术发展的一个贡献。近三十年来，经过老中青三代学者的辛勤耕耘，已经产生了一批重要成果，学科建设也有新的推进。回顾与反思近三十年来文艺美学学科发展走过的历程，对于文艺美学学科的建设发展以及与之相关的文艺学、美学学科的建设发展都是有着深远意义的。

一

文艺美学产生于我国20世纪80年代初，是在“拨乱反正”的政治背景下，在党的十一届三中全会召开及其所提出的“解放思想，实事求是”思想路线指引下产生的。它的产生具有历史的必然性，受到广大学术界同行的支持与积极参与。经过大家的努力，近三十年来取得累累硕果，据不完全统计，有关文艺美学的学术论文有二百多篇，题名包括文艺美学的专著、教材十余部，召开七次以上以文艺美学为标题的学术会议，在全国近百所文学院系都开设了文艺美学的本科与研究生课程。下面，我们按照文艺美学学术发展的历程将其大体分为三个阶段。

第一阶段是20世纪80年代，为文艺美学的提出与初创时期。1980年春，胡经之教授在昆明召开的中华美学学会成立暨第一届美学大会上，倡言在高校建立和发展文艺美学学科，并写进了会议简报。此后，胡经之教授等在北京大学出版《美学向导》《大学生丛刊》等，发表影响颇大的《文艺美学及其他》与《文艺美学是什么》两篇论文，探讨了文艺美学的学科性质与研究对象。同时在北京大学中文系开设文艺美学课程，并招收文艺美学研究生。他还在北京大学成立文艺美学研究会，在全国开风气之先并产生很大影响。胡经之非常谦虚与实事求是地指出，他提出文艺美学学科除了在北京大学的学术氛围中长期思考文学艺术的审美规律之外，还与台湾学者王梦鸥于

1971年在台湾新风出版社出版的《文艺美学》一书的启发有关。王梦鸥这本书主要介绍中外重要美学与文艺思想，并没有对文艺美学学科的性质与对象进行界定，但胡经之教授认为，光是“文艺美学”这一名称的提出就具有首创的意义。其后，山东大学等六个单位1986年在泰安召开全国首届文艺美学研讨会，集中就文艺美学的学科定位、研究对象与研究范围进行讨论。这一阶段在文艺美学的具体内涵上还处于探索的过程，虽然胡经之已经感到美的客观与主观的本质的讨论极大地脱离了艺术实践，但还没有提出明确的取而代之的理论范畴，总体上还是在原有的美与艺术的本质的范围内探索。周来祥在题为《文学艺术的审美特征和美学规律》一书中提出“文艺美学则是以艺术本质作为它的逻辑起点”，就是这一时期具有代表性的理论观点。

第二阶段是20世纪90年代，为文艺美学的发展建设时期。这一阶段主要围绕文艺美学的学科定位问题，特别是对文艺美学的内涵进行深入地探索与建设，吸收一系列国内外的文艺学与美学资源，取得学科建设的明显进展。其中，代表性论著是胡经之的《文艺美学》与杜书瀛主编的《文艺美学原理》。这两本书都不约而同地将艺术的“审美活动”作为文艺美学的基本内涵。这就标志着文艺美学学科对于美的探讨已经由对于美的实体性界定进入了关系性的界定，是一种历史的进步与学术的深入。

第三阶段是新世纪以来，为文艺美学进一步深入发展和进入国家体制内建设时期。这一段的标志是两件事情。一件是文艺美学正式进入我国国家的学科建设体制，得到教育部与中宣部社科规划办公室的大力支持。首先是教育部于1999年出版的《授予博士硕士学位和培养研究生的学科专业简介》中将文艺美学列入中国语言文学之下的“文艺学”的主要研究方向。这就使得早就招收的文艺美学研究生得到学科体制的正式认可。一件是2000年12月教育部批准成立山东大学文艺美学中心，列入教育部百个人文社科重点研究基地之一。基地成立七年来已经完成有关文艺美学基础理论研究的基地重大项目一项，并正在进行有关学科定位、中西比较、古代资源、学科关系与学术史等五个重大项目的研究工作，有关文艺美学的主要问题已经基本涉及。教育部还将由我主编、以中心成员为主编写的《文艺美学教程》列入普通高等教育“十五”国家级规划教材。该教材于2005年在高等教育出版社出版后，又被确认为研究生使用教材。中心还出版以书代刊的《文艺美学研究》，已经出版三期。与此同时，中宣部社科规划办先后为两项文艺美学研究课题立项。在文艺美学内涵研究方面,《文艺美学教程》第一次将艺术的审美经验作为文艺美学学科的基本范畴,并对艺术的审美经验的内涵做了新的阐释。应该说,这是对于文艺美学学科研究一种新的探索。

二

近三十年来在文艺美学学科内涵的探索方面也有许多新的进展。首先是对文艺美学学科定位的探索。在文艺美学的学科定位上学术界有七八种提法之多,但我们认为文艺美学是20世纪80年代以来产生的一个正在建设中的新兴学科。它既不是美学与文艺学的分支,也不是两者之间的中介,更不同于传统的艺术哲学,而是既同文艺学、美学、艺术学密切相关,但却同其有着质的区别的新兴学科。它具有新的视角、新的时代精神、新的资源、新的方法与新的体系,基本具备了华勒斯坦对学科提出的具有相对稳定的学科内涵、相对稳定的方法与相对稳定的研究群体等基本要求。

其次是有关文艺美学学科的研究对象的探索。所谓研究对象也就是文艺美学的基本范畴。这是至关重要的,前苏联美学家鲍列夫认为由于文艺美学没有自己独特的范畴因而不能成立。在文艺美学的基本范畴问题上此前曾有艺术的审美本质、审美活动等多种说法。目前我们则将其界定为艺术的审美经验。主要借助康德的有关审美经验是无目的与合目的的二律背反、杜威有关审美经验是与日常经验相联的一个"完整的经验",特别是杜夫海纳有关主体构成的现象学的审美经验等主要理论观念。并对这些观念以马克思主义为指导进行必要的改造,增强审美经验中的实践性与理性内涵,克服其主观唯心色彩。

再次是有关文艺美学的学术资源。文艺美学作为一个新兴的学科,其所凭借的资源是十分广泛的,既有传统的中西马以及现代理论的学术资源,还有过去有所忽视的古今中外艺术作品中反映出来的丰富的审美意识。再就是各个艺术门类的理论与实践资源,当代大众文化、影视与网络文艺的资源等等。

最后是有关文艺美学的研究方法。文艺美学以艺术的审美经验作为其研究对象与基本范畴就决定了它必然在马克思主义的指导下采取审美经验现象学的研究方法。这是一种由具体的审美经验出发的研究方法,从而使研究资源也在传统的理论文本基础上扩充到鉴赏文本,并进一步扩充到理论家自身对于文艺作品的审美体验。这种研究方法更加全面,更加符合文艺美学的学科实际,也会更加彰显理论家的理论个性。它是自下而上与自上而下研究方法的统一。从艺术的审美经验出发必然是一种自下而上的方法,但完全的自下而上又会成为只有个人能够理解的自言自语,因此必须借助必要的具有共通性的理论规范,而文艺美学作为人文学科的本性又使其必然具有某种超越性并包含对于人类的终极关怀。

三

文艺美学作为一个正在建设中的新兴学科,它的产生与发展对于与之有关的美学、文艺学以及其他学科的学科建设有着十分重要的理论贡献与借鉴意义。

首先是进一步推动了美学与文艺学领域的综合创新。历经新时期三十年,回顾我国美学与文艺学的发展历程,应该说是突破与创新并取得丰硕成果的三十年。在这些丰硕成果之中,"文艺美学"就是标志性成果之一。而在文艺美学的综合创新过程中,其提出者与倡导者所表现出来的理论勇气、识见以及与时俱进的精神对我们今后的理论创新都具有重要的借鉴意义。

其次是进一步推动了我国美学与文艺学的现代转型。众所周知,在西方古代,"艺术"是包含技艺与美的艺术的,两者没有区分。从18世纪开始才将美的艺术与手工业、哲学、历史区别开来,而康德则进一步将美与真善相区别,这标志着美学与文艺学走向独立,是一种美学与文艺学发展历史上的由古代向现代的转型。我国从20世纪初王国维等人就吸收西方成果,克服古代文笔不分的传统,探索审美与文艺的独立。但社会发展的复杂性决定了这一过程的漫长性。直到20世纪70年代占优势地位的仍然是"工具论"与"从属论"的理论观点。而文艺美学的提出与发展突出强调了文艺与审美的"自律性"与相对独立性,这标志着在特定的时代条件下,我国理论界自觉地推动我国美学与文艺学走向现代转型的发展道路。

再次是进一步推动我国美学与文艺学与世界学术接轨的步伐。众所周知,包括人文学科在内的所有的文明成果都是属于全人类的,而所有的文明成果也都应在世界范围内通过交流对话才能得到真正的发展,本土性与世界性、民族性与国际性应该是统一的。我国由于特定的历史情况长期以来人文学科是在相对封闭的情况下发展的,但这并不是我们特别情愿的。改革开放打开了国门,使我们开始了在人文学科领域与国际交流对话的广阔天地,使我们的学科建设逐步在保持特色的前提下与国际接轨。文艺美学的提出与发展进一步推动了这一接轨的步伐。例如,我们以艺术的审美经验作为文艺美学的基本范畴就是吸收国际学术发展成果的探索。诚如李斯托威尔在《近代美学史评述》中所说,“整个近代思想界,不管有多少派别,多少分歧,都至少有一点是共同的。……这一点就是近代思想界所采用的方法,因为这种方法不是从关于存在的最后本性的那种模糊的臆测出发,不是从形而上学的那种脆弱而又争论不休的某些假设出发,不是从任何种类的先天信仰出发,而是从人类实际的美感经验出发的”①。V.C.奥尔德里奇也认为,审美经验已经成为当代“讨论艺术哲学诸基本要领的良好出发点”②。事实证明,艺术的审美经验尽管比较模糊,但却具有极大的包容性,给我们对艺术的阐释提供了广阔的空间。而且,艺术的审美经验都首先是个人的,从而彰显了文艺美学作为人文学科重视人的实际生存状态的基本特征。

最后是为我国传统美学在现代发挥作用提供了一个重要平台。我国是一个有着悠久而丰富的美学与文艺学资源的国度。但我国古代并没有西方那样的构成严密逻辑体系的美学与文艺学理论,诸如现实主义、浪漫主义、形象、典型、美与美感等等理论范畴。但我国却有着以艺术体悟为其特征的美学与文艺学资源。对于这些宝贵的文化资源的当代价值,近代以来的诸多学者进行了可贵的探索。例如,王国维对“境界说”的阐发,宗白华对“艺境说”的研究,朱光潜对“诗境说”的界说等等,都为古代美学思想的当代运用提供了宝贵的经验。当代文艺美学、特别是其有关艺术的审美经验的理论,为我国古代美学思想在当代发挥作用提供了重要的平台。因为,我国古代体悟式的美学思想实际上就是艺术的审美经验,可以通过“旧瓶新酒”或“新瓶旧酒”等不同的途径进行某种转换。海德格尔对道家思想的大量运用应该给我们以启发。我们应该借鉴海氏的经验继承王国维等前辈学者的精神在文艺美学研究中大胆地进行这方面的探索。

---

① [英]李斯托威尔:《近代美学史评述》,上海译文出版社 1980 年版,第 1 页。

② [美]V.C.奥尔德里奇:《艺术哲学》,中国社会科学出版社 1987 年版,第 22 页。

四

目前,人类社会已经进入新的世纪,社会经济与文化文艺现实正在发生着巨大的变化,文艺美学的发展在这些巨大变化面前面临着一系列挑战。主要是受到四个方面的挑战。第一,现实生活中大众文化的兴起,网络文化的勃兴,广告与服饰文化的发展,使艺术与非艺术、美与非美的边界变得模糊起来,在这种情况下文艺美学的研究对象及其存在的必要性也都变得模糊起来;第二,经济全球化进一步促使发达国家文化的渗透与挤压,而民族的振兴又要求文化的振兴,使得包括美学在内的民族文化走向世界显得愈加迫切,这就增加了文艺美学建设中传统美学思想转换并迅速走向世界的紧迫性;第三,艺术终结的理论使文艺美学存在的必要性受到挑战。丹托的"艺术终结论",迪基的"艺术制度论",卡罗尔的"艺术解释论"以及将小便器作为艺术品"泉"的事实,都使得文艺美学及其研究对象审美经验受到质疑[①];第四,文化理论的发展、特别是文化研究与文化批评思潮的兴起,在拓展了美学与文艺学边界的同时呈现出逐步取代美学与文艺学理论之势,也使文艺美学存在的必要性受到质疑。

我们对于上述挑战的应对是立足于三个方面的建设。第一,理论建设。恩格斯说,社会的需要"就会比十所大学更能把科学推向前进"[②]。所以,我们要面向变化着的现实适时地调整我们的理论观念。例如,我们长期将康德的"判断先于快感"的理论看成美学的铁律,当今面对迅速审美化的生活,我们应该认识到康德的理论毕竟是工业革命时期的产物,不可免地受到主客二分思维模式的影响。有关判断与快感关系的理论也是如此。在当代审美语境与艺术现实中应该将其调整为"判断与快感相伴",以此建设我们的审美经验理论。而与此同时,我们也应坚持一些基本的东西,如人文学科应有的价值判断功能以及审美是人性的基本特征等等基本理念。总之,我们不能走到另一个极端,强调所谓"快感先与判断",这不仅将精神与生理混淆,而且在理论上也是没有跳出另一种二分对立。第二,学科建设。我们要在当前的后现代的语境下建设文艺美学学科,避免使其成为封闭性的传统

---

① 诺埃尔·卡罗尔:《超越美学》,商务印书馆 2006 年版,"导言"。

② 《马克思恩格斯选集》第 4 卷,人民出版社 1972 年版,第 505 页。

学科，而要使其既有相对稳定性，同时又具有开放性的一种全新的“竞争性的学科结构”，不完全以“自恰性”为其目标，而以其对现实的阐释力为其方向，不断地吸收新鲜思想，不断地发展前进。第三，队伍建设。最重要的是建设好一支思想与理论素养俱佳的中青年学术队伍，文艺美学的发展寄托在这些中青年学人身上。文艺美学30年最重要的收获是成长起来一批优秀的中青年学者，他们是文艺美学发展的希望所在。我们衷心期望他们抓住当前大好时代的极好机遇，以开拓进取，严谨扎实的良好学风将文艺美学这一具有中国气派的学科进一步推向新的高度，并使之走向世界。

（原载《华中师大学报》2007年第5期）

当代一次中西艺术对话所给予我们的启示

在经济全球化与中华民族谋求新的民族振兴的背景下，建设具有中国特色与中国气派的美学与文艺学显得特别紧迫。新时期以来出现了有无“失语症”与“古代文论现代转换”的各种讨论，浸透着老中青几代学人的艰苦探索，取得一系列可喜的成绩。但长期以来，包括我在内的理论工作者都摆脱不了这样一种看法，那就是“五四”以后由于西学东渐与语言的现代化，中国现代文化与古代文化之间出现一种断裂的情形，古代美学文艺学与现代美学文艺学之间在具体范畴体系等各个方面有着明显的脱节。因此，尽管我们发扬古代美学文艺学传统的积极性与愿望都很强烈，但能不能以及如何具体操作仍然是一个非常现实的问题，感到困难很大。

但2006年9月20日在上海参加“上海论坛”文化组讨论期间，美国俄勒冈大学古典英国文学教授斯蒂文·山克曼(Steven Shankman)所作题为《中国和科莱特·布兰斯维格的见证艺术》的发言却给了我深深的启发。山克曼教授给我们举出了一个当代中西艺术对话的例证，并认为这是“中国艺术与欧洲现代主义之间的对话的一个特例”。事情发生在“二战”期间，法籍犹太画家科莱特·布兰斯维格家中有九人先后死于纳粹的大屠杀，她自己也面临被迫害的危险而躲避在友人家中。她认为，自己作为“目击者”，“肩负着见证大屠杀的使命”，因而在躲避期间决定创作一幅控诉纳粹大屠杀的绘画。但一个目击者“没有办法把自己目睹的事情当作主题，他说的真相并不是再现意义上的真相”。为了通过艺术来见证大屠杀的创伤，布兰斯维格不再采取再现的方法，摒弃了从开始一直到早期现代主义统治西方艺术的“模仿论”。而是从中国古代艺术“诗言志”理论与北宋画家米芾的书法与画作中受到启发，根据反法西斯画家瑟兰的诗歌创作了一系列拼贴画。这种拼贴画是运用书法，是在对于瑟兰的诗歌进行了深思之后所进行的词语声音与形状所具有的表达潜能的探索。例如，通过书写暗示出空间的安排，通过特有的灰色与椭圆对于虚无与惊呆的表现，甚至借助米芾对“风”的处理方式处理某些西语音节表现出特有的情感，借此表现出布兰斯维格感受的“独特性”,使这幅拼贴画成为“关于唯一者的艺术”。

这样一个发生在20世纪中期的中西艺术对话的实例给了我们深刻的启示。启示之一:西方美学与文艺学界从20世纪以来对于中国古代传统美学、文艺学理论的评价已经逐步发生变化,由全盘否定到认可其价值并加以借鉴。这显然与1831年黑格尔逝世后西方哲学美学由认识论到存在论、由主客二分到有机整体、由抽象本质到生活经验的转变有关。众所周知,黑格尔曾经将包括中国古代美学在内的东方艺术都称之为“象征型艺术”,“都是艺术的开始,因此,它只应看作艺术前的艺术,主要起源于东方”[①]。著名的美学史家鲍桑葵在他的《美学史》中谈到该书为什么没有探讨东方艺术时直言不讳地指出:“因为就我所知,这种审美意识还没有达到上升为思辩理论的地步,”而且它们“对欧洲艺术意识的连续性发展没有关系”。他进一步指出:“中国和日本的艺术之所以同进步种族的生活相隔绝,之所以没有关于美的思辩理论,肯定同莫里斯先生所指出的这种艺术的非结构性有必然的基本联系。”[②]

我们可以看到,所谓“同进步种族隔绝的前艺术性”“非思辩性”与“非结构性”等等,正是工业革命背景下以主客二分思维模式为指导的认识论哲学美学思想对于包括中国美学文艺学与艺术理论在内的东方理论的定评。但社会经济、哲学文化与美学的当代转型逐步地改变了这种“定评”,西方的艺术家、理论家在东方的美学文艺学中重新发现了十分重要的当代价值。布兰斯维格超越了西方长期占统治地位的“再现说”与“模仿论”,认为这种传统的艺术理论与方法无法表现她对纳粹残忍的大屠杀的独特体验。于是,她从东方,从中国古代寻找理论的支点,从而发现了中国古代美学与艺术理论的当代价值。她说:“十一、十二世纪,以及后来的十七世纪的中国文人画家,其实是我们的同代人:米芾、朱耷、王维、石涛以及其他艺术家。”那么,她对哪些中国传统理论的当代价值给予了积极的肯定性评价呢?首先是对传统的“诗言志”理论给予了肯定性的评价,认为“诗言志”不同于西方的对艺术的独特性有可能造成歪曲的“模仿论”,而是“把真诚的、难以言表的感情置于言辞和意象当中”,是一种具有个人独特性的“直言”。再就是对于中国传统的“诗画一体”“诗中有画,画中有诗”的理论给予了积极的评价,认为这有利于表现艺术的“独特性”。她以米芾为例,米芾在他的书法中书写“风”

---

① [德]黑格尔:《美学》第2卷,商务印书馆1979年版,第9页。

② [英]鲍桑葵:《美学史》,张今译,商务印书馆1985年版,“前言”第2、3页。

字时，在诗句的“风起”与“风转”处，笔触都不相同，表现了他的独特个性，成为“唯一性艺术”。这是对于西方大家都熟知的莱辛在著名的《拉奥孔》中有关空间艺术与时间艺术以及诗画有区别的理论的一种反驳。另外，她还充分肯定与运用了中国画论中的有关“虚空”与“无”的理论与实践。众所周知，西方的绘画理论与实践由于建立在“模仿”与“再现”的基础之上，以及凭借“透视法”创作，因此是一种“满”与“实”的理论与实践。这种对于“透视法”的运用，是对于“在场”的表现，并是对于“不在场”的遮蔽。而中国传统画论中的“虚空”与“无”则是旨在表现更为深远的“意韵”，蕴涵着令人回味无穷的“不在场”。布氏认为，“虚空”与“无”是使“一个未知的世界将他自身在他们眼前展开了”[①]。现在，中国的美学家与文艺理论家们总在不停地讨论古代文论的现代转换如何可能的问题，并且老是要让别人拿一个古代的范畴转换给他看看，因为他们肯定人们拿不出转换的实例，这样就能说明这种转换的实际不可能。但西方的艺术家和理论家们倒反而没有这样的顾虑，不仅是布兰斯维格勇敢地运用了“诗言志”“虚空”“诗画一体”与“无”等等古代范畴，而且海德格尔也早就运用了“道”“言”等等理论范畴来阐发自己的思想。当然，这种运用不是原样照搬而是经过改造，但我们不是同样可以在经过改造后运用吗？应该说人类社会文化进入“后现代”之后，给中国古代哲学美学与文艺学范畴的价值赋予了新的意义与空间，中国学人要充分认识并及时地运用好这一时代转换给中国古代文化提供的新的机遇。当然，我们也绝对不能忽视中国古代哲学美学与文艺学的时代局限性，坚持批判地继承方针，同样在这一方面需要保持自己的清醒。

这一当代中西艺术对话实例给予我们的启示之二：中国古代美学文艺学的当代价值应该并且也只能主要由我们中国理论工作者自己去发现、继承与发扬。西方人在当代对于中国古代美学与文艺学范畴的运用固然重要，但那毕竟是西方人从他们的西方语境中对于中国理论遗产的运用，带有浓浓的西方色彩。而只有中国学者自己立足于中国的实际、从建设当代形态的具有中国气派与中国风格的美学文艺学理论形态出发，才能真正更好地更加全面地继承发扬中国古代的美学文艺学遗产。这既是我们的责任，也是我们的有利条件。众所周知，没有先进的文化建设就不可能有先进的社会建设，为了建设先进的有中国特色的社会主义社会就必须要建设先进

① 上述引文均出自斯蒂文·山克曼教授在2006年“上海论坛”上提交的论文《中国和科莱特·布兰斯维格的见证艺术》。

的有中国特色的社会主义文化，而美学文艺学建设就包含其中。而“民族性”、“中国气派”与“中国特色”就是其重要特点，是我们必须努力追求的目标。布氏对以米芾为代表的中国古代艺术理论与实践的充分肯定与实践应该成为推动我们中国理论工作者在新的时期发现、继承与发扬中国古代美学文艺学理论成果的一种契机和动力，更加坚定我们建设具有中国特色、中国气派的当代美学文艺学理论的信心。我们应该抛弃以机械认识论为指导的哲学氛围中对于中国传统美学文艺学理论“非思辨性”与“非结构性”的完全否定性的意见，站在当代社会经济与哲学文化转型的角度重新发现中国传统美学文艺学理论的当代价值，并像布兰斯维格那样大胆地对传统理论加以现代运用。

上面已经介绍了布氏对中国传统画论的继承与运用及其启示。我想从总的美学与文艺学理论的继承与发扬的角度进行一点探讨。我想，在新时期我们应该倡导一种中国特有的不同于西方古典形态“和谐美”的“中和之美”。这种“中和之美”是产生于先秦时期，是所谓人类“轴心时代”的重要思想成果，反映了中国古代立足于“天人关系”的对于美与艺术的把握，带有极大的普适性的人类早期智慧特点。它更多地包含早期人文主义内涵，迥异于更多科学主义的西方古代“和谐论”美学文艺学思想，在工业革命时代这种理论形态具有与时代的相悖性，但在当代“后工业革命”时代，在更加需要强调人文关怀的历史背景下，中国古代的“中和之美”的思想则进一步彰显出其重要的价值。

它大体包含这样六个方面内容：首先，从哲学基础的角度，中国古代“天人之际”的观念具有超越“主客二分”在世模式的作用。所谓“主客二分”是一种主体与客体二分对立的认识与反映的人之在世模式。而“天人之际”则是指人与天之相遇。际者，际遇也，是指人在此时此刻与自然外物相遇相处的状态，正是在这种状态中人之本真的真善美才得以彰显。其次，从美学形态来看，中国古代的“中和美”迥异于西方古代的“和谐美”。“和谐美”是一种“对称、比例、协调”的“实体美”，而“中和美”则是一种与“天人之际”密切相关的“关系之美”与“生存之美”。再次，“诗言志”的艺术观念与西方传统的“模仿论”有别。“模仿论”强调艺术反映的逼真性，而“诗言志”则强调艺术经验的独特性。诚如布兰斯维格从“诗言志”所得到的启发对于艺术所下的界定，“艺术是多样性沙漠中的个人孤独的最后的歌声。”其四，从创作论与欣赏论来看，中国古代的“隐秀论”不同于西方传统的“典型说”。“典型说”是反映一般与特殊、个性与共性的关系，与认识论之“再现说”密切相关。张世英先生在其近著《哲学导论》中借用刘勰的《文心雕龙》中“隐秀”的范畴形容存在论美学中人之本真由隐到显的逐步展开之情形。所谓“情在词外曰隐，状溢目前曰秀”。如果说，“典型论”是集中对于在场之物的表现，那么“隐秀说”则是通过在场对于“不在场”的表现。其五，从中国古代特有的“坤厚载物”的美学品格来看中国古代讲天与地、阳与阴、刚与柔、乾与坤之相济，而更加强调地、阴、柔与坤，倡导一种“坤厚载物”的美学品格。《周易》泰卦卦辞“泰，小往大来，吉，亨”。泰卦坤上而乾下，象征着天地之气相交，得以通达，故曰“泰”。《老子》说“上善若水”，又说“柔弱胜刚强”，都是讲中国古代强调一种大地的阴柔之美，在艺术上则表现为力倡一种“虚空”“阴柔”的风格。这种美学品格虽然集中地反映了中国古代人的生存与审美之道，但它的普世性在于也同时符合以情感感受为特点的审美规律，因而尼采的“酒神精神”理论在西方现代产生极大影响，但那已经是19世纪末期的事情了。其六，是我国古代力主一种“无言”之大美。所谓“大音希声，大象无形”。这是一种“大乐与天地同和”的艺术作为人的根本生存方式的本体之美，不同于西方所强调的形式的语言的“小美”。以上理论概括难免挂一漏万，但其意在说明中国古代美学文艺学理论在当代的重要价值。

以上只是自己的一点理解，中国特色与中国气派的美学文艺学的建设是新世纪的宏大事业，需要众多同人长期奋斗。而且还要在近百年美学文艺学建设的基础之上，并充分认识到中国传统美学文艺学思想的未经工业革命洗礼的神秘性与落后性，始终坚持“古为今用，洋为中用”的方针。

（原载《文艺美学研究》第4辑，河南人民出版社2007年版）

社会文化转型与文艺美学研究

最近，我参加了一个"全球化时代文艺学学科建设研讨会"，会议围绕信息化与大众文化兴起的背景下文艺学学科的发展讨论得十分热烈，争论得不可开交，在美与非美、文学与非文学，乃至文艺学学科的哲学根据、对象、方法与主要范畴等基本问题上都难以统一。有一位从事现当代文学研究的与会学者会后对我说，他对这种情况深感惊异，认为文艺学学科目前已到了崩溃的边缘。我对他的这一评价也深感震动，也引起对当前文艺学学科建设的一番思考。

我认为，首先应该正视我们所面临的当代社会文化转型的形势，才能正确认识文艺学学科当前所出现的争论与今后的发展。从社会的角度说，当前所面临的是从传统的计划经济到社会主义市场经济、由农业社会到工业社会与后工业的信息社会以及由乡村状态到大幅度城市化的转变。而从文化的角度说，则是从印刷的纸质文化到电信与网络文化、由知识阶层的精英文化到受众空前的大众文化、由文化的封闭到全方位开放的转变。而对文艺学学科来说更为重要的是当代出现的哲学理论形态的转型，即哲学领域由古典形态到现代形态的转型，表现为由主客二分到有机整体、由认识论到存在论、由人类中心到生态整体、由欧洲中心到多元平等对话的转变等等。这些社会与文化的转型必然对传统的文艺学理论体系形成巨大冲击。从传统的文艺学来讲，历来以认识论作为其哲学根据，在权威的教材中宣布："艺术就是作者对于现实从现象到本质作典型的形象的认识。"但当代形态的文艺理论对于这种混淆文学艺术与科学的认识论文艺观是否定的。

而文艺学的对象——文学艺术现象，由于电影、电视、网络文化与大众文化的勃兴，审美进一步走向生活，走向经济，出现了一系列在文艺、生活与商品之间难以划清界限的广告、服饰乃至影视剧、影片、VCD等等。因而，文艺学的研究对象也难以厘清。而在传统文艺学的主要范畴上，由于上述文化现象的出现与对主客二分"解构"的各种现代理论的流行，因而也出现诸多歧异，乃至于颠覆传统的情形。例如，文学与生活、形象与典型、文本与读者等等，由于审美的生活化与当代存在论美学的意义的追寻、接受美学的阐释本体等理论现象的传入，以上传统范畴的固有内涵均难以成立。在研究方法上，由于文化研究的盛行，也导致了对传统的审美的内部的研究方法的解构等等。凡此种种，都说明在新的形势下文艺学学科建设的确面临空前尖锐的挑战。

这种挑战可以说是一种冲击，但其实也正是一种发展的机遇，促使我国当代文艺学学科，面对新时代，改革旧体系，充实新内涵，真正走上与时俱进之途。因为，社会的发展与需要恰是推动科学前进的最大动力。恩格斯在1894年曾经说过："社会一旦有技术上的需要，则这种需要就会比十所大学更能把科学推向前进。"其实，上述社会文化的转型就意味着当代社会对文艺学学科的需要发生了根本的变化，文艺学学科应主动适应这种需要与变化，而不是不闻不问，更不是去抵制，当然也抵制不了。

我觉得这里有一个对文艺学学科现状的自我审视问题。我想从三个角度来说。从马克思主义文艺学建设的角度，无疑我们取得了巨大成绩，产生了毛泽东文艺思想与邓小平文艺思想等具有中国特色的马克思主义文艺理论形态。但也不可否认，我们在具体研究中出现过以西方古典形态的主客二分思维模式和僵化教条理论模式误读马克思恩格斯基本理论的现象。例如，在我国美学与文艺学领域影响深远的"实践美学"，其主要提出者就认为"美学科学的哲学基本问题是认识论问题"，"从分析解决主观与客观，存在与意识的关系问题——这一哲学根本问题开始。"这显然在对马克思的实践观的理解上是一种倒退和误解。而对于20世纪以来的西方现代文艺思想，我们也不能做到正确评价，虽然这种理论思想在改革开放以来大量传入，迅速传播，但对其理解和评价总难统一。长期以来我们从传统的思维定势出发总体上对其持否定态度，对其价值意义缺乏客观公允的评价，特别对其克服主客二分认识论思维模式，走向存在意义的追寻与"非人类中心"所具有的重要价值认识不够。在中国古代文论的研究中，以钱锺书、宗白华为代表的一大批学者做出了不可磨灭的贡献，但也存在用西方古典形态"感性与理性"对立统一的"和谐论"美学与现实主义文学理论等硬套中国古代建立在"天人之际""阴阳相生""位育中和"基础之上的"中和论"美学与文艺思想的情形。以上回顾旨在说明我国当代文艺学学科自身的确存在不适应时代要求，相对落后，急需改革的一面。而新时代的社会文化转型又的确给文艺学学科建设注入了新的活力与营养。影视与网络的发展无疑是文艺传播的革命，而大众文化的发展则是对传统精英阶层文化霸权的一种冲击，并使文学艺术的参与者从未有过的扩大，而文化诗学则给文艺研究增添了十分强有力的新视角和新方法。当然，社会文化的转型也有其不可否认的负面作用。其表现为大众文化的低俗趋势、文化产业对经济效益的盲目追求、工业化所导致的工具理性泛滥、城市化与社会竞争所形成的精神疾患蔓延、网络化所造成的文化的平面化等等，集中表现为当代人的生存状态的非美化现实。这一切恰恰为当代文艺学学科的发展提出了新的课题。海德格尔认为，面对当代工具理性的泛滥必将有一种新的美学和文艺学形态应运而生。他说："一旦我们始终去沉思这一点，就会产生一种猜度，即：在那种促逼的暴力中，亦即在现代技术无条件的本质统治地位中，可能有一种嵌合的指定者(Das Verfugendeeiner Fuge)起着支配作用，而从这种嵌合而来，并且通过这种嵌合，整个无限关系就适合于它的四重之物。"这就是"天、地、人、神"的四方游戏及由此形成的人的"诗意的生存"。这正是当代形态的存在论美学与文艺学的应运而生。

文艺学学科的当代发展还必须转变观念。面对新的社会与文化现实，传统形态的文艺学将逐步得到改造。在哲学根据上，主客二分的传统认识论将代之以现代形态的有机整体哲学。而传统的文艺学学科自身严密而清晰的超稳定的边界也将打破，而代之以跨学科与多学科的交叉融合。当然，文艺学学科也不是无任何边界，让人无法把握，而是具有相对的学科边界。例如，在美与非美、文艺与生活的边界问题上，可以具有社会共通感的"审美经验"与"人的诗意的生存"作为其方向。在文艺学学科的理论形态上也不应是一元的，而是在马克思主义基本理论统帅下呈现多元共存、多姿多彩之势。而随着对当代西方"解构"理论的某种认同，文艺学学科领域的"欧洲中心"也将逐步打破，而代之以中西平等对话，特别是在摈弃主客二分西方传统思维模式后，应进一步加强对中国古代"言志说""意境说"与"气韵说"等古典存在论文艺观与现代文艺学优秀遗产的重新阐发与继承弘扬。

为了应对当代社会文化转型的挑战，当代文艺学学科的发展应立足于建设。最重要的是确立马克思主义基本理论的指导——确立完整的准确的马克思主义实践观对当代文艺学学科建设的指导，剔除长期以来对马克思主义实践观的误读，还其本来面貌。事实证明，马克思主义实践观恰是对传统主客二分思维模式的突破，突出地强调了一种抛弃物质的或精神的实体的主观能动的社会实践活动，标志着由古代传统的客观性、主观性范畴到现代的关系性与实践性范畴的过渡，恰是对西方现代哲学—美学对于社会实践的严重忽视是一种根本性的弥补与纠正。特别是马克思主义实践观中的美学观，对于当代文艺学学科的建设更加具有极其重要的意义。我认为，从完整地准确地理解马克思主义实践观与美学观出发，应该将《1844年经济学哲学手稿》与《关于费尔巴哈的提纲》结合起来理解，并将前者作为后者的重要补充。由此，我们认为应该这样来全面概括马克思的实践观：哲学家们只是用不同的方式解释世界，而问题在于改变世界，人也按照美的规律来建造。这样，审美观就成了马克思的实践观的必不可少的、有机的组成部分，从而马克思主义实践的审美观就理所当然地成为马克思主义美学与文艺学的基石。按照马克思的理论，包括文艺在内的审美是产生于社会实践基础之上的、人同世界的一种特有的“人的关系”——审美的关系，这种审美的关系是人的一种极其重要的生存方式，即“诗意的生存”。当然，我们也应该继承发扬我国现代毛泽东和邓小平文艺思想所创立的“文艺为人民”的正确方向。我们认为，恰是新的时代为我们完整地准确地理解马克思主义实践观及建立在其基础之上的美学观和文艺观提供了必要的前提，从而也为马克思主义文艺学学科的建设奠定了更加坚实的基础。

写到这里，我想起当代理论家伽达默尔讲过的一句话：“当科学发展成全面的技术统治，从而开始了‘忘却存在’的‘世界黑暗时期’，即开始了尼采预料到的虚无主义之时，难道人们就可以目送夕阳的最后余晖——而不转过身，去寻望红日重升的时候的最初晨曦吗？”我想，过去的主客二分的工具理性时代已是必然要变成历史，那就让我们逐步目送其夕阳的余晖，而转身以自信的勇气在马克思主义实践观与“文艺为人民”正确方向的指导之下，从“人的诗意的生存”出发建设当代形态的文艺学学科，作为新时代文学艺术发展的理论指导，创造更加美好的人与社会、自然及自身和谐协调的生存状态，去迎接21世纪的最初晨曦。

（原载《文学评论》2004年第2期）

当代生态美学的发展及美学的改造

古典美学以主体与客体、理性与感性的对立统一为其主线，发展到19世纪中叶以黑格尔的“美是理念的感性显现”为其顶峰。从此，美学领域从叔本华开始走上了突破古典美学、开创现代美学的美学学科改造的艰难而漫长的道路。可以说，整个20世纪至今都是以突破这种主客二分的美学范式为其主要任务的。20世纪60年代以来，一种以生态批评为其先导的生态美学伴随着时代的脚步悄然兴起，并逐步呈现迅速发展之势。所谓生态美学，即是在生态危机愈来愈加深重的历史背景之下产生的一种符合生态规律的当代存在论美学，包括人与自然、社会及人自身的生态审美关系。它的产生与发展标志着古典的认识论美学到现代的存在论美学的转型所具有的现实紧迫性与理论完备性，因而意义深远。本文试图在目前所掌握的材料的基础上，尽量从理论的广度与深度的结合上对生态美学这一新型的美学理论形态的产生、基本内涵、主要原则及其重要意义进行论述，以期引起更多的美学工作者的重视，并投入到这一逐步在国内外成为热点的生态美学（或称生态批评）的探索与讨论之中。但论题本身的重要及困难、特别是材料的缺乏决定了本文仍然是一种带有某种冒险的探索，只是希望它同时成为一种有意义的探索。

一

生态美学的产生是一种时代的需要，是同人与自然的矛盾日趋尖锐、深重的生态危机极大地威胁到人类的生存这一现实状况相伴随的。其实，在漫长的岁月中人同自然是处于较为和谐的状态的。只是在进行大规模工业化的近三百多年的时间内，人类借助空前发达的科学技术对自然进行了强有力的开发与改造，包括化学农药与肥料的施用、运用机械对森林与草原的砍伐与开发、工业废水与汽车废气的污染以及带有毁灭性的战争和核武器的试验运用等等。这些都对自然造成极大的破坏、对人类的生态造成极大的威胁，逐步引起有识之士严重的关注。正是在这样的背景下，围绕美国海洋生物学家、著名作家莱切尔·卡逊(Rachel Carson，1907—1964)于1962年出版的《寂静的春天》一书展开了一场历时数年的争论。莱切尔·卡逊曾写过《在海风下》《环绕着我们的海洋》《海洋边缘》等著作。从1958年开始，卡逊把全部注意力转到了危害日益严重的杀虫剂使用问题的调查研究上来，她花费了四年的时间遍阅美国官方和民间关于杀虫剂使用和危害情况的报告。在详细的调查研究的基础上，她于1962年写成了《寂静的春天》一书。卡逊以严格实证的科学态度和激情澎湃的艺术家的情怀无情地揭露了美国农业、商业为追逐利润而滥用农药的事实，对不分青红皂白地滥用DDT等杀虫剂而造成的生物与人体的危害进行了有力的抨击。卡逊并没有就事论事地披露杀虫剂的滥用，而是将其笔触深入到环境的破坏对人的生存的极大危害以及人与自然的关系等等社会的、价值的和哲理的层面。书名《寂静的春天》就有深刻的寓意。本来，春天的到来，万物复苏，百鸟争鸣，鲜花怒放，应当是喧闹的、灿烂的、充满生气的。但正是因为DDT等杀虫剂的滥用，导致了鸟类和昆虫的死亡，牲畜和人类的患病，因而喧闹的春天成为寂静而毫无生气的春天。这是一种多么可悲而又惊人的现实啊！卡逊在书中的开头就虚构了美国中部的一个村镇，这个村镇坐落在繁荣的农场中间，曾经是一种美不胜收的景象。"春天，繁花像白色的云朵点缀在绿色的原野上；秋天，透过松林的屏风，橡树、枫树和白桦闪射出火焰般的彩色光辉，狐狸在小山上叫着，小鹿静悄悄地穿过了笼罩着秋天晨雾的原野。"①但从某一天开始，一个奇怪的阴影遮盖了这个地区，一切都开始变化，一些不祥的预兆降临到村落，到处是死神的幽灵，喧闹的春天变成了寂静的春天。她写道："这是一个没有声息的春天。这儿的清晨曾经荡漾着乌鸦、鸫鸟、鸽子、樫鸟、鹪鹩的合唱以及其他鸟鸣的音浪，而现在一切声音都没有了，只有一片寂静覆盖着的田野、树林和沼泽。……不是魔法，也不是敌人的活动使这个受损害的世界的生命无法复生，而是人们自己使自己受害。"②这就是为了所谓征服自然、消灭害虫的目的而滥用DDT等杀虫剂所导致的严重后果。卡逊十分激愤地写道："当人类向着他所宣告的征服大自然的目标前进时，他已写下了一部令人痛心的破坏大自然的记录，这种破坏不仅仅直接危害

① [美]莱切尔·卡逊：《寂静的春天》，科学出版社1979年版，第3页。

② 同上书，第4—5页。

了人们所居住的大地,而且也危害了与人类共享大自然的其他生命”。[①] 最后,卡逊从人类面临生存抑或灭亡的存在论的高度指出,人类正处于保护自然与破坏自然的十字路口上,并大声喊出了,为人类提供生存的最后唯一的机会是“让我们保住我们的地球”[②]。这就是莱切尔·卡逊这位将自己的一生都奉献给了环保事业的伟大女性在生态危机已经十分严峻的时刻从生死存亡的高度向人类发出的警告。因此,可以毫不夸张地说,《寂静的春天》是划世纪的经典之作,是一本改变了世界的书,它开拓了生态学的新纪元,也是生态批评的发轫之作。正如美国记者小弗兰克·格雷厄姆(Frank Graham, Jr.)在1970年出版的《〈寂静的春天〉续篇》中所说,“《寂静的春天》以其文学上的成就,问世后的影响及在全世界享有的盛誉而受到评论界异口同声的推崇,从而跻身于经典著作的行列”[③]。

莱切尔·卡逊是一位不平凡的女性,她为了自己所挚爱的科学与环保事业而终身未婚。从1958年春天她就开始了写作《寂静的春天》的计划,一开始定名为《人类与地球作对》。她与欧美各国科学家广泛接触,并从事规模庞大的研究工作,阅读了几千篇论文和文章。在书籍的撰写过程中,卡逊经历了老母辞世的悲伤和自己从1960年就发现恶性肿瘤并接受化疗的痛苦。卡逊以坚韧的毅力和巨大的奉献精神终于完成了全书的写作,并于1962年6月16日开始在《纽约人》杂志分三次登完该书的缩写本,全书则由霍顿·米夫林公司于1962年9月份出版。但缩写本的发表就在政府、化学工业界和农业界引起轩然大波,其猛烈程度出乎人们意料之外。《纽约时报》于1962年7月22日的一条消息的标题称:“《寂静的春天》现在成了嘈杂的夏日。”[④]其出版也受到某些利益集团的直接阻拦。一些颇具影响和权力的科技界与企业界人士对莱切尔·卡逊及其《寂静的春天》大加挞伐。轻则说卡逊是在编造一部“科幻小说”,重的则攻击该书“科学上错误,事实上失真,方法不科学,倾向有害”[⑤]。有人甚至无耻地对卡逊女士进行人身攻击。

在书稿出版不久,联邦害虫控制审查委员的一次会议上,一位颇有名气的委员竟说:“她是个老处女,干吗那么关心遗传问题?”[⑥]一时间有关《寂静

---

① [美]莱切尔·卡逊:《寂静的春天》,科学出版社1979年版,第87页。

② 同上书,第292页。

③ [美]小弗兰克·格雷厄姆:《〈寂静的春天〉续篇》,科学技术文献出版社1988年版,第8页。

④ 同上书,第48页。

⑤ 同上书,第54页。

⑥ 同上书,第49页。

的春天》与杀虫剂问题的辩论成为美国全国性的热点问题，不仅报刊讨论，而且成为国会辩论的议题，哥伦比亚广播公司的电视记录系列节目《CBS》于1963年4月3日专门安排了一项题为“莱切尔·卡逊的《寂静的春天》”的节目。肯尼迪总统的科学顾问委员会花了8个月调查杀虫剂的应用情况，并于1963年5月15日在《基督教科学箴言报》发表调查结果，大字标题是：“雷切尔·卡森被证明正确”。[①] 但斗争并没有止息，工业界、企业界与某些科学家被经济利益所驱动仍在干着攻击诋毁卡逊的勾当。但这位伟大的女性却从未动摇过，也从未屈服过。令人遗憾的是，可怕的癌症终于在1964年4月14日夺去了她的生命。但她的事业和精神却是永恒的。

正是在她及其《寂静的春天》的推动下，1969年美国国会通过了《国家环境政策法》，并建立了专门环境保护机构“改善环境质量委员会”。1971年1月，尼克松总统在国情咨文中指出，保护环境“是美国人民在70年代必须关注的一个主要问题”。表面上看，卡逊及其《寂静的春天》所引发的争论是有关杀虫剂利弊的争论，实际上这是一次人类应取何种生存方式之争。也就是说，人类应该采取同自然对立的生存方式？还是应该采取同自然协调的生存方式？卡逊认为，由杀虫剂所引起的环境污染灾害完全是由人类所采取的同自然对立的生存方式决定的。她说：“今天，我们所关心的是一种潜伏在我们环境中的完全不同类型的灾害——这一灾害是在我们现代的生活方式发展起来之后由我们自己引入人类世界的。”[②]从更深的层面上看，《寂静的春天》所引发的还是一场哲学的革命。也就是说，以其为开端出现了一种足以更新人们的思想观念和改变人类生活状态的深层生态学。生态学是德国博物学家海克尔(Ernst Heinrich Haeckel, 1834—1919)于1866年提出的，是一种研究生物之间及生物与非生物环境之间关系的学科，属于自然科学范围。以卡逊的《寂静的春天》为开端，将生态问题引向社会的、价值的领域，即对人与自然的关系进行“为什么”“是什么”等深层的哲学与伦理的追问，从而出现了主要属于社会科学领域的深层生态学。卡逊通过人类对杀虫剂的运用所引起的严重的生态危机认识到人与自然不应该是一种敌对的关系，而应该是一种和谐共生的关系。她认为，生物学问题同时也是一个哲学问题。她说，“控制自然”这个词是一个妄自尊大的想象产物，是生物学和哲学还处于低级幼稚阶段时的产物，并且明确提出：“我们应该与其他生物

① [美]小弗兰克·格雷厄姆：《〈寂静的春天〉续篇》，科学技术文献出版社1988年版，第79页。
② [美]莱切尔·卡逊：《寂静的春天》，科学出版社1979年版，第193页。

共同分享我们的地球”。[①] 人与其他生物共生共享，就是卡逊提出的一个新颖的极富哲学意味的存在论命题，成为逐步发展的深层生态学的开端与有机组成部分。1973年，挪威哲学家阿伦·奈斯（Arne Naess）在《探索》（Inquiry）杂志上发表了《浅层生态运动和深层、长远的生态运动：一个概要》一文，正式提出“深层生态学”的概念。所谓“深层生态学”，就是一种深层追问的生态学，它强调的是“问题的深度”。奈斯提出，“形容词‘深层’强调了我们问‘为什么……’‘怎样才能……’这类别人不过问的问题”，“这是一类价值理论、政治、伦理问题”[②]。奈斯的深层生态学思想包括哲学观和实践观两个方面，前者面向学术，后者面向大众，其思想体系分四个层次。第一层次为“上帝与宇宙是一体的”；第二层次为“自然自身有价值”；第三层次为由以上原则引出的“有机农业”“废品回收”“多步行”等具体结论；第四层次为更实际的决定，如“骑车上班”“回收办公用纸”“参加荒野协会的保护行动”等。在以上推演的基础上建立起奈斯称之为“生态智慧T”的深层生态学思想体系，诸如自我实现，生命多样性、复杂性、共生等等。[③] 1984年4月，在美国自然保护主义者约翰·缪尔（John Muir）诞生日的那天，深层生态学的两位重要人物奈斯和乔治·塞欣斯（George Sessions）在美国加利福亚州的死亡谷（Death Valley）做了一次野外宿营，并对十多年来深层生态学的发展进行了总结性的长谈。在此基础上共同起草了一份深层生态学运动应遵循的八条原则纲领：(1)地球上人类和非人类生命的健康和繁荣有其自身的价值（内在价值，固有价值）。就人类目的而言，这些价值与非人类世界对人类的有用性无关。(2)生命形式的丰富性和多样性有助于这些价值的实现，并且它们自身也是有价值的。(3)除非满足基本需要，人类无权减少生命形态的丰富性和多样性。(4)人类生命和文化的繁荣与人的不断减少不矛盾，而非人类生命的繁荣则要求人口减少。(5)当代人过分干涉非人类世界，这种情况正在迅速恶化。(6)因此我们必须改变政策，这些政策影响着经济、技术和意识形态的基本结构，其结果将会与目前大有不同。(7)意识形态的改变主要是在评价生命平等（即生命的固有价值）方面，而不是坚持日益提高的生活标准方向。对数量的大(big)与质量上的大(great)之间的差别应当有一种深刻的认识。(8)赞同上述观点的人都有直接或间接的义务来实现上

① [美]莱切尔·卡逊：《寂静的春天》，科学出版社1979年版，第313页。

② 雷毅：《深层生态学思想研究》，清华大学出版社2001年版，第25页。

③ 同上书，第38—39页。

述必要的改变。他们认为，这八条纲领并不是一种系统的哲学，而只是深层生态学的一种共同的立场与基础。[①] 但我们认为，这八条纲领的确是较全面地概括了深层生态学的基本内容和新的发展。奈斯是一位十分谦逊和宽容的哲学家，他把自己的深层生态学称作"生态智慧 T"，说明他将自己有关深层生态学的理论完全看成仅仅是个人的一种见解（T），其他人也可以提出自己有关生态学的见解（生态智慧 A、B、C……）。

同时，在 20 世纪后半期，深层生态学又成为后现代思潮的重要组成部分。后现代主要有两种派别，一是以法国的福柯、德里达、拉康为代表的解构的后现代，二是以美国的大卫·雷·格里芬与大卫·伯姆等人倡导的建设性的后现代。后一种建设性的后现代更多地赞成对现代性的批判继承，对其反思超越，并创造新的经济文化形态。这种建设性的后现代思想就包括丰富的深层生态学的思想。诚如美国圣巴巴拉后现代的研究中心主任和过程研究中心执行主任大卫·雷·格里芬（Griffin. D. R）所说："后现代思想是彻底的生态主义的，它为生态学运动所倡导的持久的见识提供了哲学和意识形态方面的根据。事实上，如果这种见识成了我们新文化范式的基础，后世公民将会成长为具有生态意识的人。在这种意识中，一切事物的价值都将得到尊重，一切事物的相互关系都将受到重视。我们必须轻轻地走过这个世界，仅仅使用我们必须使用的东西、为我们的邻居和后代保持生态的平衡，这些意识将成为常识。"[②]他还十分深刻地把这种深层生态学原理概括为"生态论的存在观"。他说："现代范式对世界和平带来各种消极后果的第四特征是它的非生态论的存在观。生态论的观点认为个人都彼此内在地联系着，因而每个人都内在地由他与其他人的关系以及他所做出的反映所构成。"[③]这就将深层生态学作为当代存在论哲学的重要资源和组成部分，从而十分明确地标示着深层生态学的出现。从哲学或世界观的维度来说，深层生态学是进一步地由认识论到存在论的跨越。在当代，我们可以说，人们不仅仅要认识世界和改造世界，更重要的是要在同世界的和谐平等的对话中获得审美的生存。这就是时代所给予我们的深刻启示。

与深层生态学的发展相应，一种新颖的文学批评形态逐步兴起，这就是生态批评（ecocriticism）。生态批评出现于 20 世纪 70 年代，1974 年美国学

---

① 雷毅：《深层生态学思想研究》，清华大学出版社 2001 年版，第 53 页。

② [美]大卫·雷·格里芬编：《后现代精神》，中央编译出版社 1998 年版，第 227 页。

③ 同上书，第 224 页。

者密克尔出版专著《生存的悲剧：文学的生态学研究》，提出“文学的生态学”这一术语，主张文学批评应当探讨文学所揭示的“人类与其他物种之间的关系”，要“细致并真诚地审视和发掘文学对人类行为和自然环境的影响。”同年，美国学者克洛伯尔在《现代语言学会会刊》发表文章，将“生态学”和“生态的”概念引入文学批评。1978年，鲁克尔特在《衣阿华评论》冬季号上发表题为《文学与生态学：一项生态批评实验》的文章，首次使用了“生态批评”一词，明确提倡“将文学与生态学结合起来”，强调批评家“必须具有生态学视野”，认为文艺理论家应当“构建出一个生态诗学体系”。1985年，现代语言学会出版弗莱德里克·威奇编写的《环境文学教学：材料、方法和文献资源》。1991年，英国利物浦大学教授贝特出版专著《浪漫主义的生态学》。在这部书里，贝特使用了“文学的生态批评”(Literary ecocriticism)。有学者认为，这一著作的问世标志着英国生态批评的开端。同年，现代语言学会举办议题为“生态批评：文学研究的绿色化”的研讨会。1992年，“文学与环境研究会”(简称ASLE)在美国内华达大学成立，这是一个国际性的生态批评学术组织。1994年，克洛伯尔出版专著《生态批评：浪漫的想象与生态意识》。1995年，ASLE首次学术研讨会在科罗拉多大学召开，会议收到两百多篇学术论文。同年，第一家生态批评刊物《文学与环境跨学科研究》出版发行。人们一般把ASLE的这次会议看作生态批评倾向和潮流形成的标志。同年，哈佛大学英文系的布伊尔教授出版专著《环境的想象：梭罗、自然、自然文学和美国文化的构成》，这部书被誉为“生态批评的里程碑”。1996年，第一本生态批评文学论文集《生态批评读本》出版，这是生态批评入门的首选文献。1998年，英国第一本生态论文集《书写环境：生态批评和文学》出版。同年ASLE第一次大会的会议论文集出版。1999年夏季的《新文学史》是生态批评专号。2000年6月在爱尔兰科克大学举行多学科学术研讨会《环境的价值》。同年10月，在台湾淡江大学举办议题为“生态话语”的国际生态批评讨论会。2000年出版多种生态批评专著和论文集。2001年布伊尔出版的新著、麦泽尔主编的《生态批评的世纪》与ASLE第四届年会都对生态批评进行了全面的回顾与总结。2002年初，弗吉尼亚大学出版社推出了“生态批评探索丛书”。2002年3月，ASLE在英国召开题为“生态批评的最新发展”的研讨会。①

---

① 王诺：《生态批评：发展与渊源》，载鲁枢元主编《精神生态与生态精神》，南方出版社2002年版，第239—244页。

以上，我以相当的篇幅介绍了生态批评在西方、特别是美英的发展历程。现在我们应该进一步弄清楚生态批评到底是一种什么样的批评。英国批评家理查德·克里治在《书写环境：生态批评和文学》的前言中指出，生态批评是“一门新的环境主义文化批评”。[①] 美国文艺理论家加布理尔·施瓦布指出：“现在有新发起的批评理论，我们一般称之为‘生态批评’，它主要研究关系到环境保护问题的全球化的政治设想。生态批评理论包含了一系列在环境危机和环境灾难研究之外的与生态有关的话题。它包括对生态政治运动的批评分析、全球化和生态破坏对人类以及更广泛意义上的物种的健康的影响，对生态基因多样性和自然资源的保护，以及针对生态问题的国家和超越国家的集团的政治的发展。从另一种意义上说，生态批评理论是对哲学意义上的人类和自然概念的历史批评，包括它们对种族和性别社会建构的巨大影响。”[②]总之，生态批评实质上是一种文化批评，即以深层生态学的理论为指导，通过文学艺术这种形式对社会与生态有关的问题进行评价或者是通过理论批评的形式对文学艺术中涉及生态的问题进行评价。但无论如何这是审美的物化形态——文艺与深层生态学的一种结合，从而为生态美学的产生奠定了实践的基础。

从我们目前所能掌握到的材料来看，迄今为止未见有国外的学者论述生态美学的专著与专文。生态美学这一理论问题是我国学者从 20 世纪 90 年代中期开始提出的。此后逐步引起较多关注，2000 年以来有更多的论著出版和发表，并有多次专题的学术讨论会。徐恒醇的专著《生态美学》于 2000 年在陕西人民教育出版社出版。与此相关的还有鲁枢元的《生态文艺学》、曾永成的《文艺的绿色之思——文艺生态学引论》。本人也于 2002 年发表专论《生态美学：后现代语境下崭新的生态存在论美学观》，并被《新华文摘》转载。本人在文章中明确提出，生态美学即“是一种人与自然和社会达到动态平衡、和谐一致的处于生态审美状态的崭新的生态存在论美学观”[③]。生态美学之所以在我国产生并发展，除了我国古代有着丰富的深层生态学理论资源之外，更重要的是我国当前美学理论建设的需要。我国当代美学长期以来受前苏联的教条主义美学和德国古典美学影响至深。大家所熟知

---

① 王诺：《生态批评：发展与渊源》，载鲁枢元主编《精神生态与生态精神》，南方出版社 2002 年版，第 239—244 页。

② [美]加布理尔·施瓦布：《理论的旅行和全球化的力量》，《文学评论》2002 年第 2 期。

③ 曾繁仁：《生态美学：后现代语境下崭新的生态存在论美学观》，《陕西师大学报》2002 年第 3 期，《新华文摘》2002 年第 9 期。

的“典型论”美学更多受到前苏联客观论美学影响，而“实践论”美学则更多受到德国古典美学影响。二者均未摆脱传统的主客二分的认识论模式，难有突破。在这样的情势下，以倡导人与自然融合和谐为其主旨的深层生态学犹如一股春风，给中国美学带来了活力与希望，从而催生了生态美学的产生与发展。

二

美学作为艺术哲学，从学科的发展来说最重要的突破是作为美学的理论基础的哲学观的突破。生态美学从美学学科的发展来说最重要的突破，也可以说最重要的意义和贡献就在于：它的产生标志着从人类中心过渡到生态整体、从工具理性世界观过渡到生态世界观，在方法上则是从主客二分过渡到有机整体。这可以说是具有划时代意义的，标志着一个旧的美学时代的结束和一个新的美学时代的开始。有人问：生态美学最基本的原则是什么？我们的回答是：生态美学的基本原则就是不同于传统的人类中心的生态整体哲学观。还有人问：我们人类考虑问题就应该以人为本，怎么会从整体出发呢？他们把这种“生态整体”看作是一种乌托邦。我们的回答是：由人类中心到生态整体的过渡是一个宏观的哲学观的转向（我们姑且将其称作哲学观点的“生态学转向”），是历史时代发展的必然结果，与具体工作和生活中是否“以人为本”不是一个层次的问题。

生态美学之所以难以被人接受首先就在于这种“生态整体”的哲学观难以被人接受。其实，这是十分必然的事情。因为，人类中心的哲学观已经统治人类几千年了，而且西方美学的产生与发展又与人类中心的哲学观紧密相联。早在古希腊时期，智者的代表人物普罗泰戈拉就有一句脍炙人口的名言：“人是万物的尺度”。古希腊最重要的理论家柏拉图则在《理想国》第七章中提出著名的“地穴理论”，把包括自然在内的可见世界统统比喻为地穴囚室。[①] 亚理士多德则在《政治篇》中认为，动植物都是为人类而存在的。他说，“动物出生之后，植物即为了动物而存在，而动物则为了人类而存在，其驯良是为了供人役使或食用，其野生者则绝大多数为了人类食用，或者穿

① 柏拉图：《理想国》，商务印书馆 1986 年版，第 276 页。

用，或者成为工具。如果自然无所不有，必求物尽其用，此中结论便必定是：自然系为了人类才生有一切动物”[①]。而作为西方文化源头之一的基督教也是主张“人类中心”的，《圣经》中《创世纪》1:25 至 1:30 中：“神说：我们要照着我们的形象，按着我们的样式造人，使他们管理海里的鱼、空中的鸟、地上的牲畜和全地，并地上所爬的一切昆虫。神就照着自己的形象造人，乃是照着他的形象造男造女。神就赐福给他们，又对他们说：要生养众多，遍满地面，治理这地，也要管理海里的鱼、空中的鸟和地上各样行动的活物。”“神说：看哪！我将遍地上一切结种子的蔬菜，和一切树上所结有核的果子，全赐给你们作食物。至于地上的走兽和空中的飞鸟，并各样爬在地上有生命之物，我将青草赐给他们作食物，事就这样成了。”文艺复兴时期是人性复苏时期，是以人道主义为旗帜反对宗教禁欲主义的重要时期，在人类历史上创造了辉煌的文化成就。但文艺复兴时期也是“人类中心”哲学观进一步发展完善时期。请看莎士比亚在《哈姆雷特》中所写有关对人的歌颂的一段著名的独白：“人是一件多么了不得的杰作！多么高贵的理性！多么伟大的力量！多么优秀的外表！多么文雅的举动！在行为上多么像一个天使！在智慧上多么像一个天神！宇宙的精华！万物的灵长！”西方近代哲学的代表培根写出《新工具》一书，将作为实验科学的工具理性的作用推到极致，不仅可以认识自然，而且能够支配自然。这就是培根的“知识就是力量”的重要内涵。德国古典哲学的开创者康德则提出了著名的“人为自然界立法”的观点。康德认为，“范畴是这样的概念，它们先天地把法则加诸现象和作为现象的自然界之上”[②]。黑格尔之后，哲学和美学领域就开始了对主客二分哲学思潮方法的突破，但“人类中心主义”的突破却仍要待以时日。因此，西方现代哲学在很长的时间内仍是人类中心主义。现象学以其现象学还原方法突破了主客二分的思维模式。但早期现象学却仍是“人类中心主义”，其现象学还原方法所“悬搁”的则是包括自然在内的各种实体，而保存的则是以“自我”为核心的“意向性”，是一种自我的构造性。因而“自我”是世界的本原，从而成为“自我创造非我”。这仍是“自我本原”的“人类中心主义”。存在主义沿用现象学方法，将包括自然在内的一切实体都看成“虚无”，极力膨胀人的自由、自我设计、自我选择、自我规定本质，仍然是人类中心主义。正如萨特所说，“世界从本质上说是我的世界。……没有世界，就没有自我性，

① 冯沪祥：《人、自然与文化》，人民文学出版社 1996 年版，第 532 页。

② 赵敦华：《西方哲学简史》，北京大学出版社 2000 年版，第 436—437 页。

就没有人；没有自我性，就没有人，就没有世界”。[①]

20 世纪 60 年代以来，由于“二战”对人类所造成的巨大破坏、环境灾难的加剧以及深层生态学思想的逐步产生等等原因，工具理性世界观与主客二分思维模式的极大局限得到突出显露，从而促使法国著名哲学家米歇尔·福柯(Michel Foucault)于 1996 年在《词与物》一书中宣告工具理性主导的“人类中心主义”的哲学时代的结束，并将迎来一个新的哲学时代。福柯指出，“在我们今天，并且尼采仍然从远处表明了转折点，已被断言的，并不是上帝的不在场或死亡，而是人的终结”[②]。这里所谓“人的终结”就是“人类中心主义”的终结。他进一步阐述说：“我们易于认为：自从人发现自己并不处于创造的中心，并不处于空间的中间，甚至也许并非生命的顶端和最后阶段以来，人已从自身之中解放出来了；当然，人不再是世界王国的主人，人不再在存在的中心处进行统治……”[③]这个新的哲学时代是什么样的时代呢？福柯仅以“考古学”这一解构的特质予以初步说明，美国神学家托马斯·贝里(Thomas Berry)则给予了明确界定。他认为：“现代社会需要一种宗教和哲学范式的根本转变，即从人类中心主义的实在观和价值观转向生物中心主义或生态中心主义的实在观和价值观。”[④]生态整体论的实在观与价值观就是深层生态学。它的产生其实是一场哲学的革命。正如著名的“绿色和平哲学”所阐述的那样，“这个简单的字眼‘生态学’，却代表了一个革命性观念，与哥白尼天体革命一样，具有重大的突破意义。哥白尼告诉我们，地球并非宇宙中心；生态学同样告诉我们，人类也并非这一星球的中心。生态学并告诉我们，整个地球也是我们人体的一部分，我们必须像尊重自己一样，加以尊重”。因此，生态整体论哲学观或深层生态学的产生是对传统哲学观与价值观基本范式的一种颠覆，它必然会引起巨大的震动。

长期以来，围绕着生态整体论究竟是反人类中心主义的(mis-anthropocentric)还是反人类的(mis-anthropic)问题一直存在着激烈的争论。对生态整体论所谓潜在的反人类倾向的指责始终没有停止。即使像前美国副总统阿尔·戈尔这样的具有强烈环保意识的政治家也认为生态整体论具有反人类的倾向。他的一本名为《濒临失衡的地球》的著作在大力宣传

---

① 赵敦华：《现代西方哲学新编》，北京大学出版社 2000 年版，第 205 页。

② [法]福柯：《词与物》，上海三联书店 2001 年版，第 454 页。

③ 同上。

④ 雷毅：《深层生态学思想研究》，清华大学出版社 2001 年版，第 121 页。

环保意识的同时，也指责深层生态学（生态整体论）具有反人类的倾向。他说："有个名叫'深层生态主义者'的团体现在名声日隆。它用一种灾病来比喻人与自然的关系。按照这一说法，人类的作用有如病原体，是一种使地球出疹发烧的细菌，威胁着地球基本的生命机能。深层生态主义者把我们人类说成是一种全球癌症，它不受控制地扩张，在城市中恶性转移，为了自己的营养和健康攫取地球以保证自身所需的资源。深层生态学的另一种说法是，地球是个大型生物，人类文明是地球这个行星的艾滋病毒，反复危害其健康和平衡，使地球不能保持免疫能力……他们犯了一个相反的错误，即几乎完全从物质意义上来定义与地球的关系——仿佛我们只是些人形皮囊，命里注定要干本能的坏事，不具有智慧或自由意志来理解和改变自己的生存方式。"①在这里，戈尔有着许多偏见。生态整体论恰恰不是从物质意义上来定义人与地球的关系，而是从地球和人类共同持续生存的高度来理解人与地球的关系。而且，它也不是一种消极的"灾病观"，而是立足于向前和建设发展的一种"建构的后现代主义"。当然，更重要的是这种"生态整体论"哲学观有其充分的理论合理性，是从一种全新的，同时也是科学的意义上来阐释人类与地球的关系，以此说明不是什么"人类中心"而是人与地球的共荣共存。首先，地球与人的关系，不是什么"人类中心"而是地球对于人类具有一种本源性的地位。也就是说，人类是由地球所构成的自然系统中产生出来的，地球是人类之母。自然史证实，地球的历史在45亿年之上，而生命的出现只有3亿年左右。而且，人类是地球之上生命演化的过程中产生的，而人类的生命得以维持也要完全依赖地球所提供的空气、食物与环境。正是从这个意义上，我们认为决不是人类主宰地球、控制自然，而恰恰是地球与自然是人类的本源。恰如莱切尔·卡逊在《寂静的春天》中所说，"人是大自然的一部分"，"假若没有能够利用太阳能生产出人类生存所必须的基本食物的植物的话，人类将无法生存"，"人类忘记了自己的起源，又无视维持生存最起码的需要"②。

由此可知，地球与自然对于人类的本源性就是"生态整体论"哲学观的重要内涵。其次，人对于地球和自然具有一种依存性。这就是生态学中的生命环链的客观规律，使之提高到哲学和价值论的高度。正如卡逊在《寂静的春天》中所说，这是一种生命环链，"这个环链从浮游生物的像尘土一样微

① 雷毅：《深层生态学思想研究》，清华大学出版社2001年版，第136—137页。

② [美]莱切尔·卡逊：《寂静的春天》，科学出版社1979年版，第194页。

小的绿色细胞开始，通过很小的水蚤进入噬食浮游生物的鱼体，而鱼又被其他的鱼、鸟、貂、浣熊所吃掉，这是一个从生命到生命的无穷的物质循环过程"[①]。这种生命环链应该是生态学的一个客观规律，但从深层的哲理上理解却可揭示出人同地球自然的依存性是这种生命链意义上的依存。它说明：(1)这个生命环链是一种客观规律，人类只能遵从，无法随意控制，更不能加以破坏；(2)人只是这个生命环链之一环，他不能代替其他环链，也不可能离开其他环链；(3)人类只有尊重并维护这个生命环链才能得以生存。

正如卡逊在《寂静的春天》出版后在为全国妇女书籍协会准备的一篇报告中所说，"我的每一本书都试图说明，地球上的一切生物都是互相关联的，每一物种都与其他物种联系着；而所有物种又与地球相关。这是《我们周围的海洋》和其中几本关于海洋的书的主题，也是《寂静的春天》的主题"[②]。其三，人类与地球及自然不是相互对立的，而是一种有机的整体构成。这是生态整体论哲学观最重要的理论观念，是其区别于主客二分的传统思维模式最基本之点。正如美国环境哲学家J.B.科利考特所说："我们生活在西方世界观千年的转变时期——一个革命性的时代，从知识角度来看，不同于柏拉图时期和笛卡尔时期。一种世界观，现代机械论世界观，正逐渐让位于另一种世界观。谁知道未来的史学家们会如何称呼它——有机世界观、生态世界观、系统世界观……？"[③]美国著名物理学家卡普拉认为，"新范式可以被称为一种整体论世界观，它强调整体而非部分。它也可以称为一种生态世界观，这里的'生态'一词是深层生态学意义上的"[④]。这种有机整体生态世界观的重要特点是将"主体间性"(inter-subjectivity)的观点引入整体论哲学观之中，使得人与自然的关系不是自我与他者的对立的、分裂的关系，而是我和你两个主体间平等对话的关系。人与自然事物一样都是生命环链这一关系之网中的一个点，是一种处于平等地位的"关系中的自我"(self-in-relation)。但生态论有机整体世界观中的平等又不是绝对的平等，而是每个存在物在生命环链所处位置中所具有的生存、繁衍和充分体现自身的应有的权利。人类和动、植物在生命环链中所处的位置不同，因而都应充分具有生存、繁衍和体现自身的权利。人类当然应有自己的权利，但人类的这种权

---

① [美]莱切尔·卡逊：《寂静的春天》，科学出版社1979年版，第64页。

② [美]小弗兰克·格雷厄姆：《〈寂静的春天〉续篇》，科学技术文献出版社1988年版，第53页。

③ [美]J.B.科利考特：《罗尔斯顿内在价值：一种解构》，《哲学译丛》1999年第2期，第25页。

④ 雷毅：《深层生态学思想研究》，清华大学出版社2001年版，第122—123页。

利应以尊重其他物种的权利为其前提。诚如奈斯于1984年同塞欣斯所起草的深层生态学八条行动纲领之三所说："除非满足基本需要，人类无权减少生命形态的丰富性和多样性。"①因此，这种生态整体论世界观包含了对人的基本权利的充分尊重，同时又将这种尊重扩大到生命环链中的其他物种。由此可见，这种生态世界观不仅不是反人类的，而且实际上是一种更宽泛的人道主义——普世性的仁爱情神。

生态整体论哲学观的产生还得到了自然科学的支持，那就是从20世纪60至70年代以来在地球科学中产生了一个分支学科——地球生理学(Geophysiology)。地球生理学是于1968年由海洋生物学家、美国加州火箭推进实验室月球与行星研究太空计划的生命科学顾问詹姆斯·拉伍洛克(James Lovelock)首次提出的。这就是著名的该亚(Gaia)假说——地球女神：地球医学的实证科学(Gaia: The practical Science of Planetary Medicine)。地球生理学是用大气分析的方法探测行星是否存在生命所得出的结果。也就是通过大气分析的方法，发现地球是完全不同于火星与金星的具有强大生命力的球体。因此，拉伍洛克视地球为一个地理的体系，犹如活的生物。因此，这是一种对大型生命系统，如地球的一种整体论科学。同时，它也是一种严谨的科学，针对地球这个大型生命体系的特性进行研究，从而成为实验科学——行星医学的基石。这门科学所探测的范围是：地球生物圈作为一个生命体，这个生命体健康吗？以此为出发点对这颗行星步入中年之际做一番彻底的检视。其结果让人既迷惘又恐惧，就像其他步入中年的生命形态，地球也曾遭受一些打击，甚至是一些严重的打击，但已达到了完全的复原，而现在地球却生病了，并且病得很重，人类的活动应该是造成问题的一个因素。地球生理学就应该对地球所得疾病进行探测，并研究其前途、疗救的措施等等。拉伍洛克的工作从20世纪60年代初期即已开始，但第一篇讨论地球为一个自我调整体系的论文较晚才得以发表。直到1988年美国地球物理联合会(AGU)才选择地球女神该亚(Gaia)作为会议的主题之一。拉伍洛克认为，所谓生命决不仅仅指通常意义上的生殖，而是指一个能够进行能量与物质交流并使之内部维护稳定的体系。按照这样一种观点，地球恰恰是这样一个有机生命体，它利用太阳的能量并且照行星的尺度进行一种新陈代谢作用。地球从太阳光吸取高等级的自由能，并排出

① 雷毅：《深层生态学思想研究》，清华大学出版社2001年版，第53页。

低等级的能量于太空，同时地球在其内部的内太空里也交换其化学物质。这就使地球上大气圈处于不寻常的化学不平衡状态，其还原与氧化气体是以高度反应混合的方式并存。与此相对，在金星与火星之上，大气层则接近平衡状态，仅具有惰性气体。而要维护地球大气圈的还原与氧化的稳定状态，必须通过生物每年通过光合作用补充充足的甲烷和氧气。假如地球上的生物突然不见了，所有构成地圈、水圈与大气圈的上百种元素将会彼此共同反应，直到没有任何更进一步的反应发生，从而达到一种平衡的状态。那么，地球这颗星球将会成为一个炽热、无水气的一片死寂之地，不再适合人类的居住。正如著名的生态学家何塞·卢岑贝格所说："我们的地球还远未达到一种化学平衡状态，如果地球上没有生命，那么这里很可能会发生与金星相似的情况。我们的海洋也会蒸发枯竭，水会从这个世界上消失，虽然我们比之金星距离太阳要远一些，但是地球表面的温度也会高出 200 摄氏度。"①试想，这是一种多么可怕的景象啊！而地球生物圈得以存在又与海洋、河流、岩石、土壤等等非生物密切相关，因而地球的生物与非生物系统构成一个有机整体的体系。这就使地球生理学将研究岩石圈演化过程的地球科学与研究生物圈演化过程的生命科学结合了起来，从而形成一种新的地球生理学这一分支学科。地球生理学使地球成为一个有机整体的生命体系，而人类只是这生命体系的一种，既不能成为中心，也不能成为主宰。正如拉伍洛克所说，"关键的是星球的健康，而不是个体有机物种的利益，它既不与广泛的人类中心主义也不与已建立的科学相一致；对于该亚，人类只是另一物种，而不是这种星球的所有者与管理者；人类的未来取决于与它的适当关系，而不是自身利益无休止的满足"②。由此可知，拉伍洛克所提出的地球生理学——该亚假说实际上已经在自然科学的基础上提升到科学哲学的高度，成为生态整体论哲学思想的重要支撑。

三

生态美学从根本上来说还是一种存在论美学，即生态存在论美学观。这一美学观的提出应该归功于德国当代哲学家马丁·海德格尔（Martin

① 何塞·卢岑贝格：《自然不可改良》，三联书店 1999 年版，第 57—58 页。

② 郇庆治：《欧洲绿党研究》，山东人民出版社 2000 年版，第 229 页。

Heidegger)。他首先于1943年提出人“诗意地栖居”这一著名命题。海德格尔于1943年为纪念诗人荷尔德林逝世一百周年写作了《追忆》一文,对荷尔德林的诗歌“追忆”进行阐释,借用荷氏的一句诗“充满劳绩,然而人诗意地,栖居在这片大地上”。海氏进一步对其加以阐释:“一切劳作和活动,建造和照料,都是文化。而文化始终只是并且永远就是一种栖居的结果。这种栖居就是诗意的。”[①]在这里提到了人类“诗意地栖居”的目标,但却将其同劳作和建造等人的活动相联系,仍在“人类中心主义”的思想体系之中。在此前的1936年前后,海氏在《艺术作品的本源》的演讲中,将真理的敞开即诗意的栖居归之于“世界与大地的争执”,所谓“作品建立一个世界与制造大地,同时就完成了这种争执。作品之作品存在就在于世界与大地的争执的实现过程中”[②]。虽然从古典美学的感性与理性的矛盾置换成真理遮蔽与敞开的矛盾,在摆脱主客二分的思维模式上有了突破性的进展,但真理的遮蔽与敞开仍依赖于“世界与大地的争执”,而世界对大地仍处于统治地位,“人类中心主义”的思想禁锢仍未突破。因此,“诗意地栖居”和“真理的敞开”等重要的具有当代性的美学观念的提出,仍未达到生态世界观的高度。只是在海氏晚期的1959年6月6日在慕尼黑库维利斯首府剧院举办的荷尔德林协会上作的演讲报告中,才提出了具有生态思想的“天地神人四方游戏说”。他说:“于是就有四种声音在鸣响:天空、大地、人、神。在这四种声音中,命运把整个无限的关系聚集起来。但是四方中的任何一方都不是片面地自为地持立和运行的。在这个意义上,就没有任何一方是有限的。或没有其他三方,任何一方都不存在。它们无限地相互保持,成为它们之所是,根据无限的关系而成为这个整体本身。”[③]这就说明,当代美学的发展仅仅突破主客二分的思维模式、由认识论进入存在论还是远远不够的,还必须进一步突破“人类中心主义”哲学观,进入“生态整体论”的哲学高度。海氏的“天地神人四方游戏说”就不仅是存在论的,而且是生态论的,是一种崭新的生态存在论美学观。从目前我们接触到的材料来看,海氏的“天地神人四方游戏说”应该是首次表述了有关生态审美观的思想,同时也是最完备的表述。对于海氏的这一表述,目前理论界包括西方的生态批评界都重视得不够,西方生态批评学界过于就事论事,而在文学的生态批评中尚未能上升到生态存在论审美

---

① [德]海德格尔:《荷尔德林诗的阐释》,商务印书馆2000年版,第210页。

② [德]海德格尔:《海德格尔选集》(上),上海三联书店1996年版,第270页。

③ [德]海德格尔:《荷尔德林诗的阐释》,商务印书馆2000年版,第210页。

观的高度。海氏的生态存在论审美观包含着极为丰富的内涵。他首先无情地批判了西方现代由技术的“促逼”所形成的人类中心主义。他说：“这种关涉在今天普遍地以一种依然鲜有思索的促逼触及人。也就是说，这片大地上的人类受到现代技术之本质连同这种技术本身的无条件的统治地位的促逼，去把世界整体当作一个单调的、由一个终极的世界方式来保障的、因而可计算的贮存物(Bestand)来加以订造。向着这样一种订造的促逼把一切都指定人一种独一无二的拉扯之中。这种拉扯的阴谋诡计把那种无限关系的构造夷为平地。那四种‘命运的声音’的交响不再鸣响。”[①]所谓现代技术的“促逼”，就是人类滥用技术、无限制地掠夺和破坏自然所造成的“支配性暴力”，即强大的压迫。其结果是把人与自然之间融汇和谐的“无限关系的构造夷为平地”，而“天地神人四方游戏”的“那四种‘命运的声音’的交响不再鸣响”。这就必然导致人类试图对宇宙空间加以“订造”的“人类中心主义”。海氏指出，“欧洲的技术——工业的统治区域已经覆盖整个地球。而地球又已然作为行星而被算入星际的宇宙空间之中，这个宇宙空间被订造为人类有规划的行动空间。诗歌的大地和天空已经消失了。谁人胆敢说何去何从呢？大地和天空、人和神的无限关系似乎被摧毁了”[②]。在这里，海德格尔作为哲学家的远见的确叫人佩服，他在四十多年之前就已经预见到某些超级大国不仅妄图称霸地球，进而妄图称霸宇宙空间的事实。但这种称霸或曰“支配性的暴力”，其后果即是对人与自然和谐统一的生态协调关系的破坏。海氏的生态存在论审美观恰以此为其哲学基础。他所依据的恰恰就是“天地神人四方游戏说”和“大地与天空的亲密性之整体”的观念。他形象地将这种状况比喻为婚礼式的节日和庆典。他说：“婚礼乃是大地和天空、人类和诸神的亲密性之整体。它乃是那种无限关系的节日和庆典。”[③]这就是说，海氏认为既不是人类中心，也不是生物中心，而是天空和大地结成亲密的整体，只有这样的整体才具有无限发展的空间。而大地和天空、人类与诸神，人与自然的亲密结合就犹如盛大的婚礼，将给人类带来幸福和美好前途的节日和庆典。这里所谓“大地和天空的亲密性之整体”就是“人与自然和谐协调的生态整体”，恰好说明海氏力倡“生态整体”，拒斥“人类中心”，正是海氏美学思想中生态观的深刻内涵。而海氏的生态存在论美学观作为存在论

---

① [德]海德格尔：《荷尔德林诗的阐释》，商务印书馆2000年版，第221页。

② 同上书，第218页。

③ 同上书，第214页。

美学所遵循的乃是存在论现象学的方法,即是将美归结为真理的显现,而其过程则是由存在者到存在、由在场到不在场、由遮蔽到解蔽(澄明)。他说:“美乃是以希腊方式被检验的真理,就是对从自身而来的在场者的解蔽,即对(自然、涌现),对希腊人于其中并且由之得以生活的那种自然的解蔽。”[①]这里所说的“解蔽”具有“悬搁”与“超越”之意,即将外在杂芜的现实和内在错误的观念加以“悬搁”,从而显露出事物本真的面貌;同时也是对功利主义和物质主义的一种“超越”,进入思想的清明之境,从而把握生活的真谛。在海氏已经摆脱“人类中心”、接受“生态整体”的情况之下,他的美学思想中的“悬搁”与“超越”当然包含着环境保护和生态中心的新的内涵。这一点可从他对艺术家和艺术的要求中看出。海氏认为,“他对希腊人来说,有待显示的东西,亦即从它本身而来闪现者,也就是真实(das wahre),即美。因此之故,它就需要艺术,需要人的诗意本质。诗意地栖居的人把一切闪现者,大地和天空和神圣者,带入那种自为持立的、保存一切的显露之中,使这一切闪现者在作品形态中达到可靠的持立”[②]。在海氏看来,作为真理显现的美,必须借助于艺术,而艺术创造又有赖于“诗意地栖居的人”及“人的诗意本质”。只有这样,才能将一切闪现者,包括大地和天空和神圣者带入艺术作品之中。这就要求艺术家应具有“人的诗意本质”,即大地和天空“结成亲密的整体”的生态意识,这样才能在艺术作品中体现出大地和天空和神圣者协调和谐的生态观念。

四

生态美学既然是一种由人与自然的关系生发出来的美学思想,那么,除了我以上谈到的生态整体、生态存在论审美观等具有高度哲理性的原则之外,它还有些什么样的同自然有关的绿色原则呢?在这个问题上可以有许多不同的概括,但我们认为还是稍微宏观一点为好,同时也不能从一个极端直到另一个极端。最近,美国所编《新文学史》中介绍了杰·帕理尼对生态批评原则的阐释。他指出,生态批评是“‘一种向行为主义和社会责任回归的标志’;它象征着那种对于理论的更加唯我主义倾向的放弃。从某种文学

---

① [德]海德格尔:《荷尔德林诗的阐释》,商务印书馆 2000 年版,第 198 页。

② 同上书,第 107、210、221、218、214、197、198 页。

的观点来看,它标志着与写实主义重新修好,与掩藏在'符号海洋之中的岩石、树木和江河及其真实宇宙的重新修好'"。[①] 也许帕理尼这一段概括在一定程度上反映了美国当代生态批评的现实,但从理论上来说却未免具有某种明显的片面性。上述论述中所倡导的"社会责任回归"和"对于理论的更加唯我主义倾向的放弃"无疑是正确的,十分重要的,但其对抹杀人与动物区别的行为主义心理的全盘肯定、对传统写实主义的弘扬以及对现代派艺术夸张变形技巧的否定等等都未必全面正确。因此,帕理尼的上述五原则很难说就是具有科学性的生态批评原则。

我个人认为,生态美学或生态批评除了要遵循上述生态整体、生态存在论审美观的基本理论指导之外,从稍微宏观的角度来说,从人与自然的关系的角度还可概括为尊重自然、生态自我、生态平等与生态同情等四原则。是否可以将它们视为生态美学四个重要的绿色原则呢?这里作为个人的一得之见,提出来供学术界同仁参考。所谓"尊重自然",这是生态美学或生态批评的首要原则。针对长期以来人类对自然的轻视与掠取,从自然是人类生命与生存之源的角度,人类也应对自然保持十分尊重的态度。有了尊重,才会热爱、才会自觉地保护珍惜。这也应该成为生态美学与生态批评的重要组成部分。当代著名环境伦理学家保罗·泰勒(Paul Taylor)所著的当代西方环境伦理学中理论架构最为完整的一部书的书名就是《尊重自然》。荷兰植物保护工作者布里吉博士认为:"生命是一个超越了我们理解能力的奇迹,甚至在我们不得不与它进行斗争的时候,我们仍需要尊重它。"[②]所谓"生态自我"(Ecological self),是当代深层生态学的一个十分重要的理论观点,即是将"自我"从狭义的局限于人类的"本我"扩大到整个生态系统的"大我",说明人和其他生物具有同样的实现自我的权利,成为"主体间性"理论在生态理论的具体体现。正如雷毅在详述奈斯的深层生态学时所说,"他用'生态自我'(Ecological self)来表达这种形而上学的自我,以表明这种自我必定是在与人类共同体、与大地共同体的关系中实现的。自我实现的过程是人不断扩大自我认同范围的过程,也是人不断走向异化的过程。随着自我认同范围的扩大与加深,我们与自然界其他存在的疏离感便会缩小,当我们达到'生态自我'的阶段,便能'在所有存在物中看到自我,并在自我中看

---

① 王宁编:《新文学史》,清华大学出版社 2001 年版,第 298 页。

② [美]莱切尔·卡逊:《寂静的春天》,科学出版社 1979 年版,第 41 页。

到所有的存在物……"[1]所谓"生态平等",也是深层生态学"普遍共生"的一个重要原则,即指所有生物都享有自己在生命环链中所应有的平等发展的权利。正如德维(Bill Devell)与雷森(George Lessions)在1985年讨论深层生态学时所说,深层生态学的基本涵义,即在肯定以生命为中心的平等性,认为所有在此地球上一切万物都有平等的生存权利、平等的发展权利,乃至于平等的机会,以充分实现其潜能。[2] 要承认生态万物的多样性,正是这多种多样、相生相克的生物群落构成了环环相扣、紧密依存的生命环链。而每一个物种都在自己所处的生命环节上有其特殊的位置与作用。因此,"生态平等"就是尊重这种生命环节中的位置与作用,使之享有自己的生存与发展的权利。所谓"生态同情",即指深层生态学的生态智慧中所包含的对万物生命所怀有的一种仁爱精神。因为,深层生态学所面对的不是冷冰冰的毫无知觉的客观事物,而是活生生的生命,不仅动物、植物,甚至连岩石、土壤、海洋和河流也是生命体系不可缺少的有机组成部分。因此,深层生态学不仅是一种客观的哲理,而且包含终极关怀的情怀和悲悯同情的博爱精神。正如奈斯所说,"深层生态学的另一个基本准则是:随着人类的成熟,他们将能够与其他生命同甘共苦。当我们的兄弟、一条狗、一只猫感到难过时,我们也会感到难过;不仅如此,当有生命的存在物(包括大地)被毁灭时,我们也将感到难过"[3]。

那么,这种生态美学或生态批评中的绿色原则应如何在文学艺术中体现呢?从广义的生态存在论审美观的角度说,这是一种审美观念与文艺观念的刷新,一个新的艺术精神的重铸。而从更为具体的绿色文艺的意义上来说,我认为可以从这样三个方面界定。首先,从题材上来说,应以人与自然友好和谐的关系为其题材。例如,泰戈尔《园丁集》:

> 我常常思索,人和动物之间没有语言,他们心中互相认识的界线在哪里。
>
> 在远古创世的清晨,通过哪一条太初乐园的单纯的小径,他们的心曾彼此访问过。
>
> 他们的亲属关系早被忘却,他们不变的足印的符号并没有消灭。
>
> 可是忽然在那无言的音乐中,那模糊的记忆清醒起来,动物用温柔

---

① 雷毅:《深层生态学思想研究》,清华大学出版社2001年版,第44页。

② 冯沪祥:《人、自然与文化》,人民文学出版社1996年版,第71页。

③ 雷毅:《深层生态学思想研究》,清华大学出版社2001年版,第44页。

的信任注视着人的脸，他用嬉笑的感情下望着它的眼睛。

好像两个朋友戴着面具相逢，在伪装下彼此模糊地互认着。

泰戈尔在诗中以感人的笔触描写了人与动物的亲缘历史与友好相处的现实关系，在题材上就是选择的人与自然友好和谐的题材。

其次，从态度上应取对自然歌颂的态度。中国当代作家徐刚在其《伐木者，醒来！》中写道：

> 我要趁此机会告诉亲爱的读者，我正努力用诗的语言来进行我现在的写作，不是为了证明我是诗人，而是因为大自然太美妙、太神奇了。我相信：如同没有一支画笔可以绘出秋日森林的景致一样，也没有一首诗能够深邃地抒发自然之美，我们能做的，只是点点滴滴。

徐刚在书中以诗歌的语言歌颂了葱郁的天目山、武夷山，奔腾的黄河、长江，神奇的戈壁，但也无情地鞭挞了那些大自然的破坏者，爱憎分明，反映了作者自觉的环保意识。

最后，也是更为重要的是，作者应通过作品的描述引发读者有关人与环境的哲思。莱切尔·卡逊在《寂静的春天》的最后写道：

> "控制自然"这个词是一个妄自尊大的想象产物，是当生物学和哲学还处于低级幼稚阶段时的产物。当时人们设想中的"控制自然"就是要大自然为人们的方便有利而存在。应用昆虫学上的这些概念和作法在很大程度上应归咎于科学上的蒙昧。这样一门如此原始的科学却已经被用最现代化、最可怕的化学武器武装起来了；这些武器在被用来对付昆虫之余，已转过来威胁着我们整个的大地了，这真是我们的巨大不幸。

这一段可说是全书的点睛之笔，将杀虫剂之争提升到了人与自然的关系是控制还是顺应这样的哲学的高度，给世人以深刻的警示。而"'控制自然'这个词是一个妄自尊大的想象产物"也成了一个著名的哲理名言。

五

生态美学所涉及的一个重要的，同时又引起诸多争论的问题就是"世界的复魅"问题以及与之有关的自然美与宗教美学问题。所谓"魅"，即是远古时代科技尚不发达之时人们将自然现象都看作是“神灵凭附”“万物有灵”。远古的神话传说就同这种“魅”紧密相关，使人们领略到人类童年时代的生活与精神风貌。但随着科技的发展，人们对于自然现象有了更多的了解，不再存有神秘之感，古代神话传说似乎也失去其应有的魅力。这就是所谓“世界的祛魅”。20世纪初，马克斯·韦伯（M. Weber）就曾提出“世界的祛魅”（disenchantment of the world）这一概念。但20世纪后期，随着人类社会进入“后工业时代”，由于深感自然界的许多神奇的规律远未、甚至永远不可能被人类发掘，而深层生态学的出现又使人感受到大自然无穷的魅力，所以又有人提出“世界的复魅”（reenchantment of the world）。“世界的复魅”也是深层生态学的有机组成部分，并同生态美学与生态批评紧密相关。由上述可见，实际上人类经历了“魅—祛魅—复魅”这样一个曲折的历史发展过程。当前所提“世界的复魅”实际上是后现代思潮对科技时代主客二分、人与自然对立的思维模式的一种批判。它当然并不是要求回到远古的神话时代，而是要求恢复对自然的必要的敬畏、重新建立起人与自然的亲密和谐关系。正如J·华勒斯坦（J. Wallerstein）所说，“世界的复魅是一个完全不同的要求。它并不是在号召把世界重新神秘化。事实上，它要求打破人与自然之间的人为界限，使人们认识到，两者都是通过时间之箭而构筑起来的单一宇宙的一部分。‘世界的复魅’意在更进一步地解放人的思想”[①]。

“世界的复魅”的具体内容是什么呢？我以为，主要是针对后工业时代工具理性主义对人的科学认识能力的过度夸张，对大自然的伟大神奇魅力的完全抹杀，从而力主适度恢复自然的神奇性、神圣性和潜在的审美性。所谓“大自然的神奇性”，就是指大自然和地球是十分复杂的生命体，人们的科技再发展也无法穷尽其秘密。因而大自然永远对人有一种神奇之感，这就是它的一种无穷的魅力。莱切尔·卡逊曾多次讲到“生命是一个奇迹”。她说：“譬如说，相信自然界的大部分是人类永远干涉不到的，这是很愉快的。人可能毁坏树林，筑坝拦水，但是，云、雨和风都是上帝的。生命之流古往今来永远按着上帝为它指定的道路流淌，不受人类的干扰，因为人类只不过是那溪流中的一滴水而已。”[②]所谓“大自然的神圣性”主要是从大自然是人类的生命之源的角度来说，人类不仅来自大自然，而且人类今天的繁衍、生存与发展也都依赖于大自然。大自然、地球是人类的母亲！难道对于生我、养

① 鲁枢元：《文艺生态学》，陕西人民教育出版社2000年版，第82页。

② ［美］小弗兰克·格雷厄姆：《〈寂静的春天〉续篇》，科学技术文献出版社1988年版，第14页。

我的母亲不应充满神圣的敬意吗？诚如卢岑贝格所说，“这也就意味着，对于美丽迷人、生意盎然的该亚，我们必须采取一个全新的态度来重新看待她。我们需要对生命恢复敬意”[①]。至于“大自然潜在的审美性”，这是一个争议性颇大的问题。当代深层生态学家从生命的具有独自的“内在价值”出发，认为大自然也具有自己的美学价值，从而否定了审美是人类特有的情感判断的观念。例如，卡逊认为，“我们继承的旷野的美学价值就如同我们继承我们山中的铜、金矿脉和我们山区森林一样多”[②]。“和平绿色宣言”也认为，“生态学广阔无边之美，真正提醒我们，应如何去了解和欣赏众生之美”[③]。我们认为，大自然特具的蓬勃的生命、斑斓的色彩、对称的比例的确具有无限的美的魅力，但作为自然美，还应是人的一种审美价值判断。因此，大自然的美的魅力是一种潜在的审美性，也是需要给予承认并充分重视的。

“世界的复魅”问题同原始宗教和当代宗教息息相关，所以涉及宗教与生态美学的关系问题。本来宗教所特具的终极关怀精神就同生态理论有着密切关系，特别是东方宗教，力主“普度众生”，因而将其仁爱精神扩大到万物众生。天台宗《法华经》称，“一切众生皆成佛道，若有闻法者，无一不成佛”。印度教认为，“什么叫做宗教？悲悯一切万物生命，就是宗教”。伊斯兰教主张万物同一，指出：“它们不只是地球上的动物，也不只是用双翼飞的生物，它们如同你们一样，也是人类”。奈斯深层生态学的形成就深受东方佛教和甘地哲学的影响。基督教因其源自西方，颇多人类中心主义影响。对基督教的人类中心主义，赫胥黎（A. Huxley）较早提出批判。他说：“比起中国道教和远东佛教，基督教对自然的态度，一直是令人奇怪的感觉迟钝，并且常常出之以专横与残暴的态度。他们把《创世纪》中不幸的说法当作暗示，因而将动物看成东西，认为人类可以为了自己目的，任意剥削动物而无愧。”[④]1966 年 12 月，美国科学史家林恩·怀特在题为《我们时代生态危机的历史根源》的演讲中，把生态危机的根源直接归因于基督教，对基督教的教义提出了严厉的批评，要求人们重新考虑圣经教义和确定基督教信仰中人与自然的关系。由此引发了一场基督教与生态危机关系的激烈争论，并导

---

① 何塞·卢岑贝格：《自然不可改良》，三联书店 1999 年版，第 57、57—58 页。

② ［美］莱切尔·卡逊：《寂静的春天》，科学出版社 1979 年版，第 74 页。

③ 冯沪祥：《人、自然与文化》，人民文学出版社 1996 年版，第 532 页。

④ 同上书，第 418 页。

致生态神学的兴起。不少基督教人士开始了将基督教信仰同生态学相联系的探索。英国教会全国大会1970年宣言:“我们让动物为我们工作,为我们载重,为我们娱乐,为我们赚钱,也为我们累死。在很多地方,我们利用它们,却毫无感念与悲悯,也毫不关心,真是充满自大与自私。人类常常把快乐建筑在其万物痛苦之上,人道精神因而荡然无存。”这样的反思应该说还是比较深刻的。不仅如此,基督教还从正面提出要求,他们借用启示录第七章的一名言“地与海,并树木,你们不可伤害”,并加以发挥。基督教奎克教会宣示:“让仁慈的精神能够无限伸展,让仁慈能够对上帝创造的一切万物,均表示至爱与体贴。”德国神学家莫尔特曼(Jurgen MoltMann)更是提出“生态创造论”这一较为系统的生态神学理论体系。他否定了人类的中心地位,提出人类处于上帝与万物之间的中介地位,“是以人既不具有决定万物存有的能力,也不可以视万物仅为满足自己的手段和工具,一方面因为人不是绝对的,另一方面因为万物各自有其本性,正因如此,人于受造的自然界乃有这一器重的角色需要扮演”①。而深层生态学本身也具有某种宗教倾向。卡普拉就认为,深层生态学“将要求一种新的哲学和宗教基础”。② 但我们认为深层生态学却不是宗教世界观,而是在科学和社会学基础之上的一种哲学和价值论的思考,它同生态神学还有着明显区别。而对于神学家们的生态学研究,总的来说,基督教神学的生态学转向,将基督教的普世精神延伸到有关人类前途命运的生态危机,应该是给予欢迎的,而对于许多神学家超越宗教范围的生态学研究成果更可看作当代生态学研究的宝贵资源之一。

六

生态美学的提出与发展还有利于在新的世纪中国美学进一步走向世界、形成中西美学平等对话的良好局面,从而结束美学领域长期以来的欧洲中心主义的态势。众所周知,无论是奈斯所提出的深层生态学,还是海德格尔“天地神人四方游戏说”都受到东方哲学、美学,特别是中国美学的重要影响,吸收了中国传统文化资源。而生态美学的进一步发展必将为中国传统哲学、美学走向世界开辟更加广阔的天地。中国古代的确有着极为丰富的

① [德]莫尔特曼:《创造中的上帝》,汉语基督教文化研究所1999年版,中译本“导言”。

② 雷毅:《深层生态学思想研究》,清华大学出版社2001年版,第124页。

生态哲学、美学资源，已为世界各国理论家所重视，我们完全应该进一步对其进行研究，使之实现现代转化，成为新世纪中国美学发展的重要资源与机遇。中国古代长期的农业社会生产与生活环境，以及特有的文化传统，形成了不同于西方主客二分的“天人合一”“位育中和”的哲学与伦理学思想传统。这是中国传统文化的主线。在漫长的岁月中，中国传统文化对宇宙人生、伦理道德的探索就没有离开过人与自然和谐协调这样一条主线。《礼记・中庸》将这种“天人合一”“位育中和”提到宇宙人生根本的高度。所谓“中也者，天下之大本也，和也者，天下之达道也。致中和，天地位焉，万物育焉”。而要做到“天人合一”“位育中和”，就必须顺应人和自然万物的规律，从而促进天地的化育发展。这就是：“唯天下至诚，为能尽其性；能尽其性，则能尽人之性；能尽人之性，则能尽物之性；能尽物之性，则可以赞天地之化育；可以赞天地之化育，则可以与天地参矣。”同时要求“万物并育而不相害，道并行而不相悖”，才能达到“此天地之所为大也”之境界。而且，中国传统文化正因为主张“天人合一”，所以是反对“人类中心”，力主“生态整体”的。老子指出：“域中有四大，而人居其一焉。人法地，地法天，天法道，道法自然”(《老子・二十五章》)。人只是天、地、道与自然“四大”之一，最后归之为“自然”。中国古代文化顺应自然，不要违逆天时，所谓“夫大人者与天地合其德，与日月合其明，与四时合其序，与鬼神合其吉凶。先天而天弗违，后天而奉天时”。(《周易・乾・文言》)。中国古代历来对天地自然怀抱着敬畏亲近的情感。将天地比作自己的父母，将万物比作自己的同胞，对自然赐予自己的食物都怀着深深的感恩之情。北宋哲学家张载在《西铭》篇中说：“乾称父，坤称母，予兹藐焉，乃混然中处，故天地之塞，吾其体；天地之师，吾其师。民，吾同胞；物，吾与也。”这里提出的“乾父坤母”与“民胞物与”的思想都是十分有价值的古代生态智慧。中国古代有着历史久远的仁爱精神，这是中国特有的人文精神，这种人文精神不同于西方文艺复兴以来的人文精神之处在于，前者将仁爱的范围扩大到自然万物，而后者仅仅局限于人，是典型的人类中心主义。孔子说：“己所不欲，勿施于人。在邦无怨，在家无怨”(《论语・颜渊》)。这里的“人”包含自然万物，只要将仁爱精神施与宇宙万物，就是在国在家都不留遗憾。中国古代传统文化由“道”之本体论出发，派生出“道在万物”的思想，从而得出宇宙万物平等的结论。《庄子・知北游》中记述了庄子与东郭子有“道在何处”的一段对话：“东郭子问于庄子曰：‘所谓道，恶乎在？’庄子曰：‘无所不在’。东郭子曰：‘期而后可’。庄子曰：

‘在蝼蚁’。曰:‘何其下邪?’曰:‘在梯稗。’曰:‘何其愈下邪?’曰:‘在瓦甓。’曰:‘何其愈甚邪?’曰:‘在屎溺’。”在庄子看来,道存在于蝼蚁、梯稗、瓦甓、屎溺之中,因而这些事物都应是平等的。庄子还主张一种万物循环的“天均论”。他在《寓言》中指出:“万物皆种也,以不同形相禅,始卒若环,莫得其伦,是谓天均。天均者天倪也。”这种“以不同形相禅,始卒若环”已具有生态学中生物环链和生物圈的思想雏形。老子还对如果一旦打破了人与自然的和谐所造成的生命危机的严重情形作了预测。他说:“昔之得一者:天得一以清,地得一以宁,神得一以灵,谷得一以盈,万物得一以生,侯王得一以为天下正。其致之也,谓天无以清将恐裂,地无以宁将恐废,神无以宁将恐歇,谷无以盈将恐竭,万物无以生将恐灭,侯王无以正将恐蹶”(《老子·三十九章》)。老子在这里描述的天崩地倾,神歇谷竭,物灭国败的生态危机景象够触目惊心了,的确是以最简洁的语言向我们预示了几千年后的“寂静的春天”。

综上所述,生态美学的兴起与发展意义至为重大。它标志着美学学科的发展结束了一个旧的时代,进入了一个新的时代。也就是说,美学学科由工具理性主导的认识论审美观时代进入到以生态世界观主导的生态存在论审美观时代。其内涵极为丰富,包含了由人类中心到生态整体、由主客二分思维模式到有机整体思维模式、由主体性到主体间性,由认识论审美观到存在论审美观、由对自然的轻视到绿色原则的引入,由自然的祛魅到新的返魅,由欧洲中心到中西平等对话等一系列极为重大的转化。而且,生态美学的发展也标志着美学学科进一步从学术的象牙之塔进入现实生活,开始关注人类的前途命运。但这只是一个新的开端。由于生态哲学与生态伦理学本身尚有许多不成熟之处以及美学研究的艰难,我们还会面对诸多难题与挑战,需要在马克思主义基本理论的指导之下,以开拓创新的精神去攻克难关、取得新的进展。同时,我再次声明,有关生态存在论审美观的看法只是我个人的一得之见,浅陋之处在所难免,其意在抛砖引玉、求教于同道,以期促进美学学科的改造与发展。

(原载《中国美学》2004 年第 1 期)

胡经之教授与文艺美学学科

最近，深圳大学文学院约我写一篇有关胡经之教授学术思想的文章，我立即欣然接受。其原因在于我同胡经之教授认识、交往近二十年，他的道德文章均给我留下深刻印象。可以这样说，胡经之教授是我国美学界真正将所研与所行做到统一的学者。他毕生从事美学研究，同时又毕生努力按照美学的精神去生活，审美地对待人生。因此，我总是将胡经之教授作为自己的楷模。还有一个更为重要的原因就是，胡经之教授同我国文艺美学学科有着极为密切的关系。可以这样说，任何有见识的学者在论述我国新时期文艺学与美学的发展时，都必然要涉及文艺美学的提出与发展，而又都必然要涉及胡经之教授在文艺美学学科的发展中所作出的重要贡献。我国文艺美学学科的发展之所以会取得今天的成绩，山东大学文艺美学研究中心之所以会成为全国人文社科百所科研基地之一，都是包括胡经之教授在内的前辈学者所做努力与贡献的结果。我们山东大学文艺美学中心于 2001 年 5 月中旬正式挂牌，胡经之教授不仅欣然接受文艺美学中心专家委员会委员的聘任，而且不远数千里从深圳飞到济南参加挂牌仪式，并专门撰写了《发展文艺美学》的论文，在会上作了重要发言。胡经之教授在发言中指出："经过廿年共同努力，如今文艺美学已发展成为文艺学的一个专业方向。山东大学又成立了文艺美学研究中心，为全国文艺美学的研究提供了一个良好基础，这必将有力地推动文艺美学这一富有中国特色的文艺学科方向获得更好的发展。"[①]殷殷之情，溢于言表。我个人认为，胡经之教授是我国美学界和文艺学界对文艺美学科学的形成与发展，用力最勤，贡献最大的一位学者。而在文艺美学学科方面的建树也成为胡经之教授近半个世纪学术活动的主要内容。

胡经之教授是我国文艺美学学科的重要倡导者，而在大陆，他则是首倡者。美学由 20 世纪初传入我国，长期以来都作为独立的学科发展。与美学

---

① 《胡经之文丛》，作家出版社 2001 年版，第 64 页。

相应，还有文学理论学科。上世纪50年代由于前苏联的影响，文学理论被称为文艺学。到了上世纪70年代，才出现“文艺美学”学科这一新的提法。1971年，台湾老一代美学家王梦鸥出版了专著《文艺美学》。该书上篇除文艺审美的历史概述外，还探讨了文艺美学的研究对象；下篇则以“适性论”“意境论”“神游论”构筑“文艺美学”体系。[①] 这本书给胡经之教授的长期思考以深深的启发。1993年，胡经之教授写道：“在我最近参加的一次国际学术会议上，我坦率地告诉台湾和香港学者，我所著《文艺美学》的书名，就是受台湾著名学者王梦鸥的启发而题。还有在上世纪70年代，我集中精力研究《红楼梦》时，就读过老一辈学者王梦鸥的红学著作，甚感敬佩。由此我又读了他的一本文艺评论的书，深感他所说的文艺美学，实在应发展成一门独立的学科。”[②]在这里，胡经之教授严谨的学风与不掠人之美的高尚学术道德的确给我们以深深的教益。

在中国大陆，在“十年内乱”刚刚结束的特定历史背景下，恰恰是胡经之教授在1980年春昆明召开的极其重要的全国首届美学会上第一次提出，我国高等学校的文学、艺术学科的美学教学，不能只停留在讲授美学原理，而应开拓和发展文艺美学。中华美学学会首届年会的《简报》中摘登了胡经之教授关于建设“文艺美学学科”的建议。1982年1月，胡经之教授作为北京大学出版社文艺美学丛书编辑委员会的重要成员之一，参与编辑出版了《美学向导》一书。胡经之教授在该书中发表重要论文《文艺美学及其他》，该文全面论述了文艺美学与文艺学以及美学的关系，探讨了文艺美学的对象、内容和方法。胡经之教授在有关文艺美学的学科定位问题上指出，“文艺美学是文艺学和美学相结合的产物，它专门研究文学艺术这种社会现象的审美特性和审美规律。”在有关文艺美学的对象和内容问题上，胡经之教授指出，“探讨文学艺术的作品、创造和享受，亦即产品、生产和消费这三方面的审美规律，这就是文艺美学的对象和内容。”关于文艺美学的研究方法，胡经之教授指出，“文艺美学研究文学艺术审美的‘自律’，不能离开整个社会发展的‘他律’，不能轻视‘他律’对‘自律’的制约作用，正如研究地球的自转，不能抛开它围绕太阳的公转”。又说，“文艺美学既需要采取‘自上而下’，又需要运用‘自下而上’的方法，分析和综合，演绎和归纳相结合”[③]。在方法问题

① 古远清：《台湾当代文学理论批评史》，武汉出版社1994年版，第331—334页。

② 《胡经之文丛》，作家出版社2001年版，第396页。

③ 胡经之：《文艺美学及其他》，《美学向导》，北京大学出版社1982年版，第26、43、44页。

上，胡经之教授吸取了韦勒克的“内部规律”与“外部规律”之分、杨晦先生的“自转与公转”说，以及门罗“自上而下与自下而上”等各种观点，并加以综合。可以说，胡经之教授的《文艺美学及其他》一文是我国最早的一篇从独立学科的角度全面论述文艺美学的论文，实际上是他的文艺美学学科体系的雏形。在这里，需要特别说明的是，胡经之教授之所以能在我国 20 世纪 80 年代初即提出比较完整的有关文艺美学学科体系的理论观点，决不是偶然的，这与他在北京大学三十多年的学术生涯和理论熏陶是分不开的。

北京大学是我国现代美学的发源地，不仅有一代美学宗师蔡元培所倡导的“以美育代宗教说”，而且当代著名美学家及其美学理论活动无不与北京大学直接有关。特别是 1949 年新中国成立后，北京大学更是人文荟萃，人才辈出，汇集了朱光潜、宗白华、杨晦、游国恩、林庚、季镇淮、王瑶、吴组缃、季羡林、冯至、曹靖华等一大批美学与文学大家，还有社科院文学所的何其芳、余冠英、俞平伯以及当代理论家周扬、张光年、邵荃麟、林默涵以及前苏联文艺学家毕达柯夫等都曾活跃在北京大学的讲坛之上。特别是，胡经之教授 1957 年师从杨晦教授专攻文艺学研究生，1961 年又参加周扬主持的人文社会科学教材的编写工作，作为蔡仪主编的《文学概论》的编写人之一，同时参加王朝闻主编的《美学概论》的讨论。而从胡经之教授本人来说，20 世纪 50 年代就曾探索古典艺术为何至今还有艺术魅力问题，并著有数万字的长文发表。而北大特有的学术氛围又使其思考这样的问题：“当时的文艺学太政治化，而美学又太抽象，只在客观、主观上争来争去。我想寻找一条道路，能否把美学和文艺学贯通、融合起来。”①

更为重要的是 1978 年在我国开始的“改革开放”与“实事求是，解放思想”的思想路线，为突破僵化的理论教条的束缚注入了新的活力。在美学与文艺学领域则着重在突破主客二元对立的思维模式，克服以哲学普遍规律代替学术特有规律以及以政治代艺术的错误倾向。这就为胡经之教授及其他学者倡导文艺美学学科提供了良好的社会环境。正如胡经之教授二十年后所说：“改革开放给中国带来了新的憧憬和希望，审美理想之光引发了 1980 年代的新的美学热潮。但这时的美学已不是停留在哲学思辨，而是着眼于思想的自由解放，美被看成了自由的象征。”又说：“从我自己的经验出发，如果美学只停留在争论美是客观的还是主观的这样抽象的水平上，这并

---

① 《胡经之文丛》，作家出版社 2001 年版，第 382 页。

不能解决艺术实践中的复杂问题。”[①]由此可知，胡经之教授与其他学者对文艺美学的倡导正是适应了时代的潮流，并符合美学与文艺学学科自身发展的规律。因而，文艺美学在20世纪80年代初一时成为热潮，并受到学术界与社会的广泛重视。而其对“左”的僵化的美学与文艺学思潮的突破与学科发展所起到的重要推动作用也是不容忽视的。这正是胡经之教授为我国美学与文艺学学科发展所作出的重要贡献。

胡经之教授不仅是我国文艺美学学科的重要倡导者，而且以自己的实际的学术活动，成为文艺美学学科建设的重要推动者。正如胡经之教授自己所说：“文艺美学，成了我学术关注的中心。”[②]可以这样说，这种对文艺美学的关注，从20世纪80年代初一直贯穿到今天，历时二十多年。二十多年来，胡经之教授为文艺美学学科的建设与发展倾注了自己的全部心血，取得了十分显著的实绩。胡经之教授于1980年首次在北京大学为研究生和本科生开设“文艺美学”课程，受到普遍欢迎。他还与其他学者一起在北京大学首次招收了文艺美学方向的硕士研究生。当年的这些研究生，今天大都成为美学、文艺学与文艺美学学科的重要学术带头人，如王岳川、王一川、陈伟、张首映、丁涛、王坤、谢欣等人。同时，胡经之教授还同江溶、叶朗等学者一起，在朱光潜、宗白华、杨晦等学术前辈的指导下，编辑出版了“文艺美学丛书”，为我国文艺美学学科提供了第一批高质量的学术成果。1984年，由胡经之教授与盛天启等人发起成立北京大学文艺美学研究会，胡经之被推为会长，负责主编《文艺美学论丛》。这是我国第一个文艺美学学术研究团体。二十多年来，胡经之教授还自觉地为文艺美学学科的发展进行文献资料方面的准备工作。他说：“文艺美学要发展，不仅需要掌握西方的思想资料，也需要掌握中国自己的思想资料，更需要掌握当下现实中不断涌现出来的艺术实践的活生生的现实资料”，“这些，都是在为有志于发展中国文艺学的有识之士，提供些许理论资料”。[③] 为此，胡经之教授以相当多的精力，在其他诸多学者的积极参与合作下，先后主编出版了《西方文艺理论名著选编》(1986)、《中国现代美学丛编》(1987)、《中国古代美学丛编》(1988)、《文艺学美学方法论》(1994)。这些宝贵资料都为我国文艺美学学科的进一步发展奠定了重要基础。

---

① 胡经之：《文艺美学的反思》，《江苏社会科学》1999年第6期。

② 胡经之：《文艺美学论》，华中师范大学出版社2000年版，“自序”第5页。

③ 《胡经之文丛》，作家出版社2001年版，第127页。

胡经之教授从1980年首倡文艺美学学科，并开设“文艺美学”课程，编写“文艺美学”教材，至1983年已写出教材第二稿，出版社催其及早发稿付排。但胡经之教授却并未交稿，因他感到“全书的内在逻辑尚嫌不足，脉络尚需进一步理顺，一些关键问题还需深一层展开讨论”。他认为，“文艺美学并非就是美学原理和文艺学原理的简单相加，需要寻找自己的逻辑起点和思想脉络，这就需要思考和研究”[①]。这一思考就思考了五年，胡经之教授前后历经八年的漫长岁月，交出了一部11章35万字的论著——《文艺美学》。这部论著在迄今所见的十余部文艺美学专著中是具有全新面貌和深厚学术含量的论著，是我国文艺美学学科的重要代表性论著之一。这也是胡经之教授对文艺美学学科建设所做出的另一重要贡献。胡经之教授坚持马克思主义历史唯物主义方向，认为审美活动是整个社会生活的一个方面。他说：“审美现象、审美活动是整个社会生活中的一个方面。文学艺术的审美规律，离不开社会生活中的其他社会规律(经济的、政治的、道德的等等)。”[②]同时，他又借鉴当代系统论，将艺术审美活动看作是一个有机的系统。他说：“无论是艺术创造者和艺术欣赏者，都是属于社会的，不是孤立的个人。把艺术活动放到社会系统中就成了这样的系统：社会—创作—作品—欣赏—社会。”[③]更应引起我们注重的是本书的基本观点与逻辑结构。胡经之教授一反以艺术形象作为逻辑起点，再进入创作与欣赏，由静到动的常规。他直接从审美活动入手，剖析艺术把握世界的方式，进而探究审美体验的特点，寻找艺术的奥秘，然后再转入艺术美、艺术意境等的论述。这是一种由动态分析走向静态考察的过程。问题在于胡经之教授为什么要采取这样的逻辑结构，何以要为了探寻这样的逻辑体系而耗费了八年的时光，其意义与价值又在哪里？我个人认为，胡经之教授《文艺美学》一书的创新之处在于他从本体论的崭新角度来论述文艺美学问题，这就决定了他的基本立论与理论构架。这也是胡经之教授历数年之久苦苦探寻的成果。他说：“因此，文艺美学将从本体论高度，将艺术看作人把握现实的方式，人的生存方式和灵魂栖息方式。”[④]所谓本体论的高度就是将审美与艺术看作人的一种最基本的生存方式。正如胡经之教授所说：“因此，在我看来，艺术的要点在于揭示历史与生

---

① 胡经之：《文艺美学》，北京大学出版社1999年版，第3页。

② 同上书，第15页。

③ 同上书，第10页。

④ 同上书，第1页。

命何以才能达到一定程度的透明性，并在艺术体验之中，开启自己的本质和处境的新维度。这样，艺术活动就不是人的一件外部操作活动，而是成为人的生命意义赋予活动。艺术直接成为人的一种特殊生存方式。"[①]将艺术和审美看作人的一种特殊的也是最基本的生存方式，这无疑是对西方当代存在主义本体论美学的一种借鉴，但又无疑对其进行了某种改造，抛弃了它所包含的消极灰暗的内涵，赋予其创造崭新人生的新意。这无疑是一种新的文艺美学学科体系的建立，不仅对文艺美学学科，而且对与之相关的文艺学、美学、艺术学学科都具有极其重要的意义。因为，长期以来，人们都是从认识论和实践论的角度审视审美活动和文学艺术，将文学艺术看作是现实生活的镜子和反映。尽管实践论美学包含了主体的能动创造的内容，但也主要是对客体合规律性的一种反映。但存在论美学却一反常规，将审美与艺术从单纯的认识与实践中摆脱出来，从总体上不是侧重于合规律性的反映，而是侧重于合目的性的存在。正是从这样崭新的视角和维度，胡经之教授才以审美活动这一人类特殊的存在方式作为其整个理论架构的逻辑起点，由此出发探寻人类如何在审美与艺术中生存。而其归宿则在于通过艺术与审美这一人类特殊的存在方式去塑造一代"新人"。胡经之教授在全书的最后指出："艺术，不仅是人对世界的一种反映方式，它也直接是人的一种生存方式和实践形式。艺术，不仅是人对世界的一种审美掌握，它也直接是人的感性审美生成。只有在艺术本体与人的本体紧密相契之处，文艺美学才有可能真正展开其垂天之翼。"[②]在这里，胡经之教授道出了自己的努力方向——力图将本体论的存在论与马克思主义的实践论相结合，同时也道出了自己的期待——希望这样的结合做得更好，从而使文艺美学展开其垂天之翼。我们相信，胡经之教授的心血不会白费，有胡经之教授这样的前辈学者打下的坚实基础，及其迄今仍在锲而不舍的努力，加上众多中青年学者的成长与奋进，文艺美学学科的明天一定会更加美好！

作为胡经之教授的朋友，同时也是胡经之教授的晚辈，我衷心感谢他近半个世纪以来对文艺美学学科所作出的卓越贡献，同时也要感谢他一贯的以审美的态度待前辈，同辈，以及晚辈的深情关爱。

（原载《东方丛刊》2002 年第 4 期）

---

① 胡经之：《文艺美学》，北京大学出版社 1999 年版，第 17 页。

② 同上书，第 411 页。

辑二　生态美学理论之阐释

◎ 再论作为生态美学的哲学立场的生态现象学

◎ 试论人的生态本性与生态存在论审美观

◎ 生命之美

——一种新的生态诗学原则

◎“生态”与“环境”之辩

◎ 关于生态美学的几个问题

——在少林寺的讲演

◎ 生态美学是“客观论美学”吗？

再论作为生态美学的哲学立场的生态现象学

2011年本人曾写《生态现象学方法与生态存在论审美观》一文，发表于《上海师范大学学报》2011年第1期。该文提出："生态美学的基本范畴是生态存在论审美观，其所遵循的主要研究方法是生态现象学方法。"但该文主要论述的还是德国哲学家U.梅勒的生态现象学报告的相关问题，没有充分展开更多的论述。本文希图在上文基础上更加全面地论述作为生态美学基本哲学立场的生态现象学方法，认为当代现象学的产生与发展就是为了克服现代工业革命过程中唯科技主义以及人与自然二分对立的二元论哲学观，因此整个现象学哲学都具有浓郁的生态内涵，均可称为生态现象学，经历了产生、发展与逐渐成熟的过程；而且，生态现象学反映了当代哲学的发展方向，是一种生态文明时代的主导型哲学，从其发展来看到达海德格尔已经是成熟形态的生态现象学，其表现为早期以"存在与世界"的生态存在论在世模式对主客二分的认识论在世模式的突破，后期是更加彻底的"天地神人四方游戏"在世模式的提出。而梅洛-庞蒂则以其身体哲学进一步沟通了天人、身心与东西。本文从胡塞尔、海德格尔与梅洛-庞蒂着手试图较为全面地论述作为生态美学基本哲学立场的生态现象学。

一、胡塞尔：现象学必然导向生态现象学

1. 现象学产生于对欧洲唯科技主义哲学危机的批判

长期以来，我们片面地将生态现象学局限于2003年梅勒在生态现象学报告中所说的内容。其实，现象学本身就包含着浓郁的生态哲学内涵，就是生态哲学或生态现象学。早在20世纪初期的1900年前后，胡塞尔提出现象学哲学之时，就是基于对长期以来占据统治地位的欧洲唯科技主义哲学的批判。这是一种以科技思维特别是数学思维压制人性、压制自然的理性主义传统和形而上学传统，"涉及人在与人和非人的周围世界的相处中能否自

由地自我决定的问题，涉及人能否自由地在他的众多的可能性中理性地塑造自己和他的周围世界的问题”[①]。胡塞尔认为这种唯科技主义哲学导致的是一场哲学与文化的危机，当然也是一场社会的危机，并敏锐地预示着生态危机的到来。对于这种危机的批判与突破就是胡塞尔力创现象学的出发点，也是其现象学必然包含生态意识并走向生态现象学的明证。胡塞尔指出，这种危机表现为“对形而上学可能性的怀疑，对作为一代新人的指导者的普遍哲学信仰的崩溃”[②]。这里讲的“形而上学”与“普遍哲学信仰”主要就是指古希腊以来的理性主义与人类中心主义。这种形而上学和普遍哲学信仰的特点就是将精密科学特别是以数学为代表的自然科学作为拯救哲学之途径与方法的楷模。胡塞尔指出，欧洲从古希腊以来特别是 17 世纪以来的传统就是“对哲学的所有拯救都依赖于这一点，即：哲学把精密科学作为方法楷模，首先把数学和数学的自然科学作为方法的楷模”[③]。胡塞尔在这里指出传统欧洲文化将“数学和数学的自然科学作为方法的楷模”是非常贴切与重要的。因为，从古希腊以来，由航海业的发达致使的几何学的发达，导致其后数学以及数学的自然科学一直是欧洲统领性的学科，渗透于一切学科之中，乃至工业革命以降将宇宙与人看作机器等等。这种机械的数学的思维是欧洲唯科技主义的主要特征，也是从算计的角度看待人与自然从而导致绝对的人类中心主义以及对于自然的滥发的重要文化原因。胡塞尔已从自己的亲身经历中深感这种思维方式的危害，而力求创造一种新的哲学，“它需要全新的出发点以及一种全新的方法，它们使它与任何‘自然的’科学从原则上区别开来”[④]。这种新的哲学就是包含浓郁生态内涵的现象学即生态现象学。这是胡塞尔与传统的一种决裂，也是他对传统之中错误的可贵反思。他在写于 1901 年的《逻辑研究》前言中引用了著名的歌德名言“没有什么能比对犯过的错误的批评更严厉了”。意味着他的“逻辑研究”及其现象学研究是对传统欧洲形而上学与人类中心错误的“批评”与纠正。

2. 现象学的“悬搁”与“现象学还原”是对传统的人与自然对立的二元论的超越

胡塞尔深刻地总结了欧洲哲学发展的历史，认为尽管古希腊时期已经

---

① 《胡塞尔选集》(下)，三联书店 1997 年版，第 982 页。
② 同上书，第 988 页。
③ 同上书，第 40 页。
④ 同上书，第 41 页。

有着理性主义与形而上学传统，但在17世纪特别是工业革命之后，主客二分、人与自然对立的二元论哲学观才愈来愈加严重，特别以伽利略与笛卡尔为其代表。他说，伽利略的几何学与数学说明“作为实在的自我封闭的物体世界的自然观是通过伽利略才第一次宣告产生的。随着数学化很快被视为理所当然，自我封闭的自然的因果关系的观念相应而生。在此，一切事件被认为都可一义性的和预先的加以规定。显然，这就为二元论开道铺路。此后不久，二元论就在笛卡尔那里产生了……可以说，世界被分裂为二：自然世界与心灵世界”[①]。这说明，近代以降，人与自然二分对立的二元论哲学不断发展，成为人类压榨自然的理论工具。胡塞尔的现象学则是对于这种二元论的重要突破。他提出的重要原则与方法就是“悬搁”与“现象学还原”。对于“悬搁”，他说道，“但我要使用‘现象学’的‘悬置’（停止判断），它使我完全放弃任何关于时空此在的判断”[②]。也就是说要“悬搁”或“悬置”一切在时空中存在的实体性判断，包括物质的与精神的都加上括号、加以排除或进行中止或者是存而不论。最后是“现象学的还原”，即“回到现象本身”。他说，“所谓现象学还原：这就是在客观实在的所有入侵面前彻底地纯化现象学的意识领域并保持其纯粹性的方法”[③]。也就是排除物质的与精神的实体回到现象本身即意向性，这就是一种“超越”。他说：“而纯粹现象学则是一门关于‘纯粹现象’的本质学说……这就是说，它不立足于那种通过超越的统觉而被给予的物理的和动物的自然，亦即心理物理自然的基地之上，它不做任何与超越意识的对象有关的经验设定和判断设定；也就是说，它不确定任何关于物理的和心理的自然现实的真理（即不确定任何在历史意义上的心理学真理）并且不把任何真理作为前提、作为定律接受下来。[④]”在这里，胡塞尔机智地运用现象学的“悬搁”和“现象学还原”的方法，排除了任何物质或精神的实体性“真理”，从而将主客以及人与自然二元对立这一导致生态危机的哲学根基加以根本动摇。

3. 现象学的“交互主体性”原则是克服“唯我论”与“人类中心论”的有效努力

胡塞尔对于交互主体性的研究开始于1905年，几乎与现象学的提出同

---

① 《胡塞尔选集》（下），三联书店1997年版，第1038—1039页。

② 同上书，第383页。

③ 同上书，第159页。

④ 同上书，第688页。

步，一直延续至1935年之后，可以说交互主体性是与他的现象学研究一致的。而交互主体性理论是对于“唯我论”与“人类中心论”的有效克服，某种程度上消解了人与自然的对立，包含着浓郁的人与自然相并、人与自然为友的当代生态哲学内涵。首先，交互主体性是对“唯我论”的一种有效克服。因为现象学理论通过“现象学还原”悬搁了各种物质与精神的实体最后只剩下“意向”，很容易被看作是“唯我论”，而“唯我论”以及与之相关的“人类中心论”本来就是欧洲传统哲学特别是近代欧洲哲学的本有之意。因此，胡塞尔对此非常警惕，在创立现象学之初就开始注意这个问题。他在著名的《笛卡尔的深思》的第五深思中指出，由于现象学的先验还原必然会引起“非常重要的异议”。那就是“如果我这个沉思着的自我，通过现象学悬搁，把自己还原为我的绝对先验自我时，我不就成为我自己的根据了吗？同时，只要我以现象学的名义继续前后一贯的自身说明，我不仍然还是那个我自己的根据吗？因此，要解决对象的存在问题并已经表现为哲学现象学，不就要打上先验唯我论的印记吗？”[①]为此，胡塞尔提出交互主体性的重要概念对之加以解决。他说：“我所检验到的这个世界——并不是我个人综合的产物，而是一个外在于我的世界，交互主体性的世界。”其内涵是“把一切构造性的持存都看作只是这个唯一自我的本己内容”。也就说在意向性活动中的“自我”即唯一自我的本己内容与自我构造的一切现象即构造性的持存都是同格的在意向性活动中构成“交互主体性”。胡塞尔还非常生动地运用现象学方法分析了“我”与“他人”的关系，指出在意向性活动中“他人”即是“主体”，“我”与“他人”的关系是一种交互主体性的关系。他说“他们同样在经验着我所经验的这同一个世界，而且同时还经验着我，甚至在我经验这个世界和在世界中的其他人时也如此”，他将此称作是一种“陌生的、交互主体经验”[②]。胡塞尔以上关于“我”与“他者”的交互主体性关系的论述非同寻常，解构了传统哲学中主客以及人与自然的二分对立，为新的“并存”与“共生”等生态哲学观念的产生发展奠定了基础。

---

① 《胡塞尔选集》(下)，三联书店1997年版，第876页。

② 同上书，第878页。

二、海德格尔:成熟形态的生态现象学

美国现代生态理论家将海德格尔称为现代“具有生态观的形而上学理论家”即生态哲学家。但学术界对于海氏的生态哲学思想还是有诸多误解,大多只将其后期哲学思想看作是“生态哲学”思想。其实,海氏整个哲学思想都属于生态哲学思想,只是后期更加全面彻底。我们认为生态哲学思想不一定要标举出“生态”二字,而是只要在世界观上离开人类中心论、力主人与自然的须臾难离就是生态哲学思想,而海氏从 1927 年出版《存在与时间》一书,提出“此在与世界”的在世模式,就标志着他的生态哲学思想的形成。1946 年海氏又发表了著名的《论人类中心论的信》。宋祖良认为,“根据海德格尔在《论柏拉图的真理学说》和《论 Humanismus 的信》中对 Humanismus 的使用,认为这个德文词应译为人之中心说(人类中心论)或人本主义”[①]。宋氏认为该文的主旨是对于人类中心论及其表现科技主义之束缚的突破,该文成为海氏后期较为彻底的生态世界观的纲领。他后期一再强调的“天地神人四方游戏”则是对于此在与世界二分思维的进一步突破,走向更加彻底的人与自然友好相处融为一体的生态世界观,并包含了与东方“天人合一”的对话,说明其存在论生态观是更加成熟的生态现象学。

1. 建立人与自然须臾难离的“此在与世界”在世模式

海德格尔在《存在与时间》的开头即通过引用柏拉图的话对存在问题的“茫然失措”指出,“‘存在着’这个词究竟意指什么?我们今天对这个问题有答案了吗?不。所以现在重新提出存在的这一意义问题”[②]。他认为主要是解决哲学史上长期将“存在”与“存在者”加以混淆的问题,“把存在从存在者中崭露出来,解说存在本身,这是存在论的任务”[③]。海氏认为,“存在”是动词,是过程,是不在场;而存在者则是名词,是实体,是在场。将两者混淆,以存在者代替存在是一种主客二分、人与自然对立的传统认识论在世模式与世界观。只有通过现象学的“悬搁”才能将两者相分,走向主客不分、人与自

---

① 宋祖良:《拯救地球和人类未来:海德格尔的后期思想》,中国社会科学出版社 1993 年版,第 228 页。

② [德]海德格尔:《存在与时间》,三联书店 1987 年版,第 1 页。

③ 同上书,第 34 页。

然须臾难离的“此在与世界”的在世模式。海氏认为，“某个‘在世界之内的’存在者在世界之中，或说这个存在者在世；就是说：它能够领会到自己在它的‘天命’中已经同那些在它自己的世界之内同它照面的存在者的存在缚在一起了”[①]。说明这种“在世”模式是“此在与世界”的“相缚”，是人与自然的须臾难离。其表现形态为“在之中”即“我居住于世界，我把世界作为如此这般熟悉之所而依寓之、逗留之”[②]。

2. 创建“天地神人”四方游戏的生态世界观

事实证明，海氏早期所提“此在与世界”的在世模式虽是对于传统认识论的突破，但仍然包含着此在与世界的二分因素，没有完全摆脱主客与天人二分模式，这就是海氏不断提出的“大地与世界的争执”。1936 年之后，海氏经历了新的哲学转型，更加彻底地运用现象学方法摆脱了二分模式，走向主客与天人的交融和谐，提出“天地神人四方游戏”之说。先是在其 1936 年前后所写的《哲学论稿》中就开始探索从此在与世界走向天人之际的课题。他说，“作为基本情调，抑制贯通并调谐着世界与大地之争执的亲密性，因而也调谐着本有过程之突发的纷争。作为这种争执的纷争，它的本质就在于：把存有之真理，亦即最后之神，庇护入存在者之中”[③]。这里，已经包含了突破世界与大地的纷争走向人神相谐的重要内涵。此后，海氏沿着人神相谐之路继续前进。1950 年，他写作了重要的《物》，以壶为例说明壶之物性不在其是一种器皿，也不在它是一种认识的表象，而是作为容器包含着被馈赠的大地之泉，天空的雨露，人之饮品与神之祭品等等天地神人四方交融的因素。海氏说，“这四方是共属一体的，本就是统一的。它们先于一切在场者而出现，已经被卷入一个唯一的四重整体中了”[④]。也就是说壶之物性集中体现了天人交融、自然与人和谐的美好生存之境。1959 年，海氏更在《荷尔德林的大地与天空》的演讲中明确提出“天地神人四方游戏”之说。他说，“于是就有四种声音在鸣响：天空、大地、人、神。在这四种声音中，命运把整个无限的关系聚集起来”[⑤]。“天地神人四方游戏”是更加彻底的生态世界观，是一种可以与东方“天人合一”相对话与交融的生态世界观，是中西交流对话的产物。

---

① [德]海德格尔：《存在与时间》，三联书店 1987 年版，第 69 页。

② 同上书，第 67 页。

③ [德]海德格尔：《哲学论稿》，商务印书馆 2013 年版，第 39 页。

④ [德]《海德格尔选集》(下)，三联书店 1996 年版，第 1173 页。

⑤ [德]海德格尔：《荷尔德林诗的阐释》，商务印书馆 2000 年版，第 210 页。

3. 批判现代技术“促逼”与“座架”的破坏自然本质，呼唤救渡生态危机的“诗意栖居”

海德格尔在胡塞尔批判欧洲危机的基础上进一步指出了欧洲现代的由唯科技主义与人类中心主义所导致的人类借助现代科技对自然生态的极大破坏。他在著名演讲《技术的追问》中以及其他篇章中进行了这方面的深入思考。他说，“现代技术之本质显示于我们称之为座架的东西中”，“我们以座架(Ge-stell)一词来命名那种促逼着的要求，这种要求把人聚集起来，使之去订造作为持存物的自行解蔽的东西”①。所谓“座架”与“促逼”，实际上是凭借技术对于人与自然的一种机械的订造与摆置，是一种缺乏人性内涵的纯粹机械的与数学的对自然“提出蛮横要求”②的行为。海氏认为座架与促逼所导致的恶果是人类中心主义的泛滥与自然生态的破坏，实际上由于大规模无度开发导致自然对象的严重破坏，使得人已经失去了促逼与摆置的对象，但人还是以地球的主人自居，使自己处于非常危险的境地。他说，“但正是受到如此威胁的人膨胀开来，神气活现地成为地球的主人的角色了”③。海氏认为，地球的破坏与人类的膨胀导致极为危险的境地，但人类并非无救，而是在极度危险之处恰恰蕴含着救渡。他引用荷尔德林的诗“但哪里有危险，哪里也有救”，并说道“那么就毋宁说，恰恰是技术之本质必然于自身中蕴含着救渡的生长”④。那就是呼唤一种与技术的栖居相异的“诗意的栖居”。这是一个相异于技术的新领域，他说，“此领域一方面与技术之本质有亲缘关系，另一方面却又与技术之本质有根本的不同。这样一个领域乃是艺术”⑤。艺术与技术的相同是它们都是一种制造(art)，但其不同之处则是艺术是一种不受束缚的“游戏”与“自由”，在这种人与自然生态的自由的游戏中走向诗意的栖居。

4. 生态语言学的创立

一般认为，生态语言学是1972年由美国语言学家艾纳尔·豪根(Einar Haugen)在一篇题为《语言生态学》的文章中正式提出的，而英国语言学家迈克尔·韩礼德(Michael Halliday)于1990年在国际应用语言学大会上作了有关“语言与生态学之间的连接”的发言，此后“生态语言学”才作为语言学

---

① 《海德格尔选集》(下)，三联书店1996年版，第941、937页。

② 同上书，第932—933页。

③ 同上书，第945页。

④ 同上书，第946页。

⑤ 同上书，第954页。

的一个分支正式建立起来。但其实早在20世纪20到30年代海德格尔就已经创立了生态语言学,包含极为丰富的内容。海氏认为应该放弃“框架语言”,恢复“天然语言”。他有力地批判了工业革命时代唯科技主义泛滥的情况下由于人的本质的丧失导致语言本质的丧失,使得语言失去其“天然语言”本性,成为“框架语言”。他说:“框架,向各方向进行支配的现代技术的本质,为自己预定了形式化的语言,一种消息,由于这种消息,人千篇一律地成为技术上算计的生物,即被安排成技术上算计的生物,并逐步放弃了‘天然的语言’。”[①]这种所谓“框架语言”就是通过“逻辑”与“语法”对于“天然语言”进行霸占式的解释,这是一种形而上学的“统治”,是使语言由存在之家变成“对存在者进行统治的工具”[②]。海氏还以著名的“语言是存在的家”[③]点出了语言的本质。所谓“语言是存在的家”,这里的“语言”是反映存在的“道说”而不是具体的“言说”。所谓“道说”是一种自然形态的可以与自然对话的“无声之说”,是德国早期浪漫派所力主的“自然语言”观,认为自然与人都有语言,可以对话。人与自然的对话说明人的本质“比单纯的被设想为理性的生物的人更多一些。……更原始些因而在本质上更本质性些”[④]。这就是人的生存本质,与自然一体,倾听自然的自然本质。正是人类长期忽视而当前应该重视之处。语言是存在的家,也可以说语言是人与自然共同的生存之家。海氏认为,“思的人们与创作的人们是这个家的看家人”[⑤],在这里,“看家人”是人的责任之所在,人要看护好“语言”这个家,保护好语言的自然本性,通过语言使人得以美好生存。“人不是存在者的主人。人是存在的看护者”[⑥]。也就说,人不是通过语言对存在者(自然)施行暴力,而是保护好自然等存在者,使人得以美好生存。海氏还特别重视各种方言土语,认为它们反映了语言对于大地的归属性。他说,“在土语中,地方即大地在各不同地说话。但是,嘴不只是被想象为有机体的躯体的一种器官,而且躯体和嘴属于大地的涌动和生长”[⑦],这说明语言与大地的归属关系,说明一方水土养一

---

① [德]海德格尔:《通向语言之路》,转引自宋祖良《拯救地球和人类的未来》,中国社会科学出版社1993年版,第259页。

② 《海德格尔选集》(上),三联书店1996年版,第363页。

③ 同上书,第358页。

④ 同上书,第385页。

⑤ 同上书,第358页。

⑥ 同上书,第385页。

⑦ [德]海德格尔:《通向语言之路》,转引自宋祖良《拯救地球和人类的未来》,中国社会科学出版社1993年版,第268页。

方人，一方水土孕育一方语言的生命与语言之特性。

三、梅洛-庞蒂：身体现象学是生态现象学的新发展

梅洛-庞蒂是继海德格尔之后欧洲最重要的现象学理论家。他有机会阅读了胡塞尔晚年的手稿得以继承其现象学的新成果，而且由于时代的发展，使他形成了自己特有的身体现象学。身体现象学是在海氏存在论现象学的基础上逐步发展起来的，成为崭新的生命论哲学。这种身体现象学是生态现象学的新发展，为我们提供了人与自然生态共生共荣新关系的新的理论支点。

1. “身体本体论”是生态现象学的新发展

梅洛-庞蒂在海氏“此在本体论”的基础上将之发展为“身体本体论”。在这里，“此在”变成了“身体”。“身体”是人与世界的“媒介物”，是人与世界关联的“枢纽”，是存在的基础。他说，“身体是在世界上存在的媒介物，拥有一个身体，对一个事物来说就是介入一个确定的环境，参与某些计划和继续置身于其中”①。这里的“身体”并不是生理的身体，而是存在的身体，是意向的身体，也是生存的身体。所谓意向的身体就是意向性所达到的身体，所谓生存的身体就是人的生理机能与精神机能借以凭借的身体。由此，才产生了著名的“幻肢”现象，也就是截肢者仍然会在自己的意向中呈现其被截的肢体从而产生幻觉，当然这也是截肢者的一种生存的记忆与愿望。梅氏认为这是一种“习惯身体”而不是“当前身体的层次”。正是这种意向的存在的身体成为人与自然生态的“媒介物”与“枢纽”。梅氏认为这个身体就是真正的先验，就是生命。他说：“胡塞尔在他的晚期哲学中承认，任何反省应始于重新回到生命世界（Lebenswelt）的描述。”②这就将身体现象学推向了生命现象学，从而将生态现象学推向新的阶段。在生命的层次上人与自然生态的平等共生就具有了更强的理论合理性。

2. “肉身间性”（Intercorporeality）是人与自然生态共生关系的深化

梅氏的理论中身体与自然生态的关系是一种间性的、可逆的关系，也就是所谓“肉身间性”的关系。这种肉身间性就是一种整体性的关系，共生共

---

① [法]梅洛-庞蒂：《知觉现象学》，商务印书馆2001年版，第116页。

② 同上书，第459页注①。

荣的关系。梅氏提出著名的“双重感觉”的观点，也就是著名的左手触摸右手的“触摸”与“被触摸”的双重感觉。他说，“我们的身体是通过它给予我的‘双重感觉’这个事实被认识的：当我用我的左手触摸我的右手时，作为对象的右手也有这种特殊的感知特性”，这是“两只手能在‘触摸’与‘被触摸’功能之间转换的一种模棱两可的结构”[①]。这种“双重感觉”存在于身体整体性之中，犹如左手与右手、身体任何部分与其他部分的整体关系。为此，他提出著名的“身体图式”概念。他说，“身体图式应该能向我提供我的身体的某一部分在做一个运动时其各个部分的位置变化，每一个局部刺激在整个身体中的位置，一个复杂动作在每一时刻所完成的运动的总和，以及最后，当前的运动觉和关节觉印象在视觉语言中的连续表达”[②]。这其实是一种统一性或整一性的感觉能力，不仅身体各部分之间，而且包括身体各种感觉之间，都是一种整体的关系。不仅如此，梅氏还认为人与世界也是一种整一性共生共荣的关系。在这里梅氏继承发展了海氏的“此在与世界”关系的理论，认为身体与世界的关系不是一个在一个之中而是须臾难离不可分离。他说，“不应该说我们的身体是在空间里，也不应该说我们的身体是在时间里。我们的身体寓于空间和时间中”[③]。他认为这其实是坚持现象学所必然导致的结果。他认为人与世界关系中的“身体”是一种“现象身体”即意向性中的身体，这种意向中的“现象身体”不仅包括意向所达到的整一性的身体，而且包括意向所达到的与身体紧密相连的世界。他说，“我们的客观身体的一部分与一个物体的每一次接触实际上是与实在的或可能的整个现象身体的接触”[④]。“现象身体”的提出是梅氏对于现象学的新创见，意义重大。

3. 生态语言学的新拓展

生态语言学虽是1972年提出，但前文已经说到其实海德格尔早在1927年的《存在与时间》中就已经涉及生态语言学的有关问题。梅洛-庞蒂则在其写于1945年的《知觉现象学》中进一步对生态语言学有了新的拓展，主要是他将语言与身体紧密相连并由此达到自然生态世界。在这里梅氏实际上论述的是身体语言学，当然他这里的身体是现象学的身体、是寓于世界之中的身体。他明确提出“言语是身体固有的”[⑤]。这就将言语与身体紧密联系。

① [法]梅洛-庞蒂：《知觉现象学》，商务印书馆2001年版，第129页。
② 同上书，第136页。
③ 同上书，第185页。
④ 同上书，第401页。
⑤ 同上书，第252页。

继而提出，言语“是身体在表现，是身体在说话”[①]。身体如何在说话呢？梅氏认为是身体通过动作在说话。他说，“言语是一种动作，言语的意义是一个世界”[②]。这就揭示了言语的本质，说明无论作为言语的发声还是说话时的表情，言语都是一种身体的动作，当然这个动作并不局限于身体本身，而是从现象学的身体而言是紧密联系于世界的。他认为，动作具有深广的世界意义，不同地域人的动作都含有特殊的不相同的意义，“日本人和西方人表达愤怒和爱情的动作实际上并不相同”[③]。这当然有其环境、地域、文化与水土的差异，揭示了生成语言的自然生态背景。梅氏还进一步阐述了语言的文化本质，认为言语是对“身体本身的神秘本质的”揭示，明确说明言语通过身体所蕴含的深刻文化内涵。主要是言语与生存的紧密联系，“言语是我们的生存超过自然存在的部分”[④]。

4. 现象学自由观是对人类改造自然生态的限制

关于自由观，传统认识论一直认为自由是对必然的认识与掌握。在传统认识论看来只要认识并掌握了事物的必然规律人类就获得了自由，可以放手地去改造自然生态，肆意进行所谓“人化自然”的活动，由此产生一系列严重破坏自然生态的环境事件，导致人类目前已经难以维持基本的生存权利。梅氏一反传统认识论自由观提出现象学自由观。现象学自由观是经过意向性悬搁之后的自由观，也就是经过意向性将客观的必然性与主观的选择性统统加以悬搁，最后剩下受到主客体限制的相对的自由性。梅氏认为，“没有决定论，也没有绝对的选择”[⑤]。这就将客观的决定论与主观选择的绝对性全部加以悬搁。他对现象学的自由进行回答道：“自由是什么？出生，就是出生自世界和出生在世界。”[⑥]在这里，无论“出生自世界”还是“出生在世界”都要受到出生与世界两个要素的制约，自由不是绝对的，不可能存在无任何制约的人对自然的“人化”。梅氏明确指出，“被具体看待的自由始终是外部世界与内部世界的一种会合”[⑦]。外部世界与内部世界都会对自由形成约束，“甚至在黑格尔的国家中的介入，都不能使我超越所有差异，都不能

---

① [法]梅洛-庞蒂：《知觉现象学》，商务印书馆 2001 年版，第 256 页。
② 同上书，第 240 页。
③ 同上书，第 245 页。
④ 同上书，第 255 页。
⑤ 同上书，第 567 页。
⑥ 同上书，第 567 页。
⑦ 同上书，第 569 页。

使我对一切都是自由的"[1]。梅氏认为黑格尔所推崇的作为最高理性体现的"国家"也不会具有绝对自由的权力，这就对工具理性时代的认识论自由观进行了深刻的批判，提出一种崭新的现象学相对自由观，对于人的肆意掠夺自然进行了必要的约束。

5. 现象学生命哲学走向东西生态哲学的融通

梅洛-庞蒂于1960年在《符号》一书中指出，东方的古代智慧同样应当在哲学殿堂中占据一席之地，西方哲学应当向印度哲学和中国哲学学习。梅氏甚至在对灵感的论述中提出艺术创作中呼吸的问题。他说，艺术创作的灵感状态中"确实是有存在的吸气与呼气，即在存在里面的呼吸"[2]。这已经是与中国古代生命论艺术理论中的阴阳与呼吸相呼应了，进一步说明东西方艺术在生命论中的相遇。由此可见，梅氏在《符号》一书中有关中西文化的论述说明他认识到现象学生命哲学充分体现了中西哲学的融通。他所说的生命哲学是相异于西方传统认识论语境下人类中心的生命论哲学，主客二分对立的生命哲学，而是力主万物一体、主客模棱两可与间性的生命哲学。这就与东方的万物齐一、生生不已与天人合一的生命论哲学具有了相通性。身体与生命成为沟通东西方哲学的桥梁。

四、生态现象学是生态存在论美学的基本方法与根本途径

诞生于20世纪初的现象学是人文学科领域的一场深刻的革命，它颠覆了工业革命以降的认识论哲学代之以存在论哲学，颠覆了主客二分的思维模式代之以整体性、关系性与间性的思维模式，颠覆了人类中心主义代之以生态整体论。这就为新的生态哲学与生态美学的诞生开辟了道路。诚如梅洛-庞蒂所言，"真正的哲学在于重新学会看世界"[3]。现象学让我们确立了一种新的"看世界"的视角与方法，这就为新的生态哲学与生态美学提供了基本的方法。我们曾经多次说过，生态美学是一种新的生态存在论美学，只有从生态现象学与生态存在论哲学的崭新视角才能理解生态美学。生态美学的产生其实也是美学领域的一场革命，是对传统认识论美学、实体性美

---

① [法]梅洛-庞蒂：《知觉现象学》，商务印书馆2001年版，第569页。

② [法]梅洛-庞蒂：《眼与心》，中国社会科学出版社1999年版，第137页。

③ [法]梅洛-庞蒂：《知觉现象学》，商务印书馆2001年版，第18页。

学、形式论美学的突破。而胡塞尔、海德格尔与梅洛-庞蒂随着他们在生态现象学上的逐步深入生态美学也逐步走向深入。可以说胡塞尔对于生态美学是一种开路与奠基的作用；到海德格尔则是生态美学的深入；而梅洛-庞蒂则是生态美学的走向成熟。

首先，胡塞尔的现象学是对于传统认识论的美学的突破，也是新的生态存在论美学的开启。

众所周知，传统认识论美学是一种实体性美学，力主美在客观物质或美在主观精神。而现象学则颠覆了这种实体性美学，开启了新的生态存在论美学。胡塞尔在其完成向先验现象学突破的同时写下了有关艺术直观与现象学直观的一封信。在这封信中胡塞尔为新的生态存在论美学开辟了道路，奠定了方法。他明确提出了现象学是把握哲学基本问题和解决这些问题的方法。他说："为了把握哲学基本问题的清晰意义和为了把握解决这些问题的方法，我曾进行了多年的努力，我所得到的恒久的收获就是'现象学的'方法。"[①]在这里，胡塞尔将现象学提到根本方法的高度并充分看到其在建设新的生态存在论美学形态中的重要作用。他首先运用了现象学的直观的纯粹的方法对传统认识论哲学与美学的实体性思维进行了解构。他说，"对一个纯粹美学的艺术作品的直观是在严格排除任何智慧的存在性表态和任何感情、意愿的表态的情况下进行的……或者说，艺术作品将我们置身于一种纯粹美学的、排除了任何表态的直观之中"[②]。说明现象学方法是一种排除凭借智慧对于客观存在物的审美以及凭借感情的主观性审美，它是一种纯粹的直观的意向性的审美。他说，"现象学的方法也要求严格地排除所有存在性的执态"，要求"把一切认识都看作是可疑的并且不接受任何已有的存在"。"剩下要做的只有一件事：在纯粹的直观中（在纯粹直观的分析和抽象中）阐明内在于现象之中的意义。"[③]他进一步对美学与艺术的特点论述道，"现象学的直观与'纯粹'艺术中的美学直观是相近的"，而艺术家"他不是观察着的自然研究者和心理学家，不是一个对人进行实际观察的观察家，就好像他的目的是在于自然科学和人的科学一样。当他观察世界时，世界对他来说成为现象，世界的存在对他来说无关紧要，正如哲学家（在理性

---

① 《胡塞尔选集》（下），三联书店1997年版，第1201页。

② 同上书，第1202页。

③ 同上书，第1202、1203页。

批判中)所做的那样"[1]。这说明,在他看来艺术与审美不是对于自然与人的科学研究,并不关心世界的实际存在,而是对于世界的一种纯粹的直观,世界以意向中的"现象"的形态呈现出来,世界与人是一种意向性的关系,不是实体的关系。这就对于传统实体性美学进行了有力的解构,从而为新的生态存在论美学的诞生进行了准备。胡塞尔还在后来的《笛卡尔的深思》一文中提出"相互主体性"的重要问题,为生态哲学与生态美学的发展奠定了基础。

其次,海德格尔的生态存在论是生态美学理论的系统表达。

海德格尔第一次自觉地将现象学与存在论哲学紧密相连,他说"存在论只有作为现象学才是可能的"[2]。在他看来,传统认识论将存在与存在者加以混淆,只有现象学才通过悬搁在意向性之中直观世界之本质。因而现象学与存在论是密不可分的,因为,只有现象学才真正突破了传统认识论哲学。海氏贯穿始终的一个观点就是"生存论",他说,"此在无论如何总要以某种方式与之相关的那个存在,我们称之为生存"[3]。"此在"的存在就是在世界中生存,是一种具有时间性的生命过程,从而为梅洛-庞蒂的身体哲学与身体美学奠定了基础,也使生态美学成为异于传统认识论美学形式之美的更高级美学形态。他还借助现象学提出了"此在与世界"的存在论在世模式,以此与"主体与客体"的认识论在世模式加以区别。这种"此在与世界"的在世模式形成一种在世界之中的人与自然的须臾难离的间性关系。他说,"在之中"等于说"我居住于世界,我把世界作为如此这般熟悉之所而依寓之、逗留之"[4]。后期,海氏对于人与世界的关系进一步加以探讨,提出著名的"天地神人四方游戏"之说,从而为生态哲学与生态美学的人与自然生态的间性关系充实了丰富的内涵。海氏又对美加以界定:"美是作为无敝的真理的一种现身方式。"[5]在这里,海氏将由遮蔽到澄明之真理的呈现作为美之发生过程,是在"世界与大地"的天人关系中,在"此在"的阐释中使美逐步呈现。美是过程,美是阐释,也是此时此刻的体验。这就赋予美以生态与体验的内容。当然,海氏对于美的更加具体的阐释就是著名的"家园意识"。早在 1927 年的《存在与时间》中海氏就指出了当代严重存在的"无家可归"状

---

① 《胡塞尔选集》(下),三联书店 1997 年版,第 1203、1203—1204 页。
② 《海德格尔选集》(上),三联书店 1987 年版,第 70 页。
③ 同上书,第 41 页。
④ [德]海德格尔:《存在与时间》,三联书店 1987 年版,第 67 页。
⑤ 《海德格尔选集》(上),三联书店 1987 年版,第 276 页。

态,成为人生之畏。此后,海氏于1943年纪念荷尔德林逝世100周年之际提出重要的"家园意识"。他认为,"'家园'意指这样一个空间,它赋予人一个处所,人唯在其中才能有'在家'之感,因而才能在其命运的本己要素中存在"[①]。"家园意识""在家""诗意的栖居"成为人与自然生态美好和谐关系的贴切表述,从而使得生态美学成为一种关系之美、栖居之美。

最后,梅洛-庞蒂使得生态存在论美学走向"身体-生命美学"。

梅洛-庞蒂的身体哲学不仅开启了生态哲学的新篇章,而且开启了生态美学的新篇章。他在晚年写作了非常重要的《塞尚的疑惑》一文,通过印象派画家塞尚对于艺术创作中现实与知觉关系的疑惑,将其身体哲学与现象学直观的方法成功地运用于艺术创作理论,创造了一种新的身体—生命美学,是一种新的生态美学形态。我们现在考虑,为什么梅洛-庞蒂选中塞尚作为阐释他的审美与艺术观的典型呢?通过研究我们发现原来塞尚的作品与创作经验非常符合现象学、特别是知觉现象学直观的基本观点。梅洛-庞蒂借助塞尚提出的这种"身体-生命美学"在"本质直观"、"身体本体"与"肉身间性"理论的指导下提出了"师法自然"与"原初体验"等极为重要的美学观点。所谓"师法自然"是梅氏所记塞尚在其晚年去世前的一个月所说的对于自己的疑惑和焦虑的看法。塞尚的一生除了绘画还是绘画,绘画是他的全部世界,他的存在之本。他没有门徒,没有家人的支持,没有评论家的鼓励,在母亲去世的那个下午,在被警察跟踪的时光他都在画着,他不断地被人质疑,甚至说他的画是一个醉酒的清洁工的涂鸦,如此等等。面对这一切,塞尚在生命最后的回答是:"我师法自然"。可以说这是他一生艺术创作的总结。在这里,梅洛-庞蒂引用这个观点说明他非常赞同这个观点。这个"师法自然"包含极为丰富的内容,是梅氏特有的"自然本体"的观点。这里的自然既不是客观的大自然,也不是主观的意念中的自然,当然也不是中国道家的自然而然,是知觉现象学中的自然,即是作为整体性的"身体图示"中的自然,是知觉中身体与世界可逆性的自然,可以说是身体与世界共同的"自然",梅氏曾说,画家"正是在把他的身体借用给世界的时候,画家才把世界变成绘画"[②]。他对"自然"极为推崇,借塞尚的话说:"我们所有的一切皆源于自然,我们存在于其中;没有什么别的更值得铭记的了";又说:"他们(指古典主义画家)创造绘画;而我们做的是夺取自然的片段。"他举出法国

---

① [德]海德格尔:《荷尔德林诗的阐释》,商务印书馆2000年版,第15页。

② [法]梅洛-庞蒂:《眼与心》,中国社会科学出版社1999年版,第128页。

画家雷诺阿的油画《大浴女》,明明是画家对着大海画的,但画面呈现给我们的却是四位浴女在河水中浴后歇息与远景洗浴的景象,特别表现了河中蓝蓝的水。其实这幅画是雷诺阿对着大海画的,但茫茫的大海变成了河流,海水的蓝色变成河水的蓝色。这其实本真地道出了梅氏所谓"师法自然"之"自然"的具体内涵,自然不是现实,不是观念,而是最原初的诗性感受。在这幅画里,梅氏认为雷诺阿不是表现大海或大河,只是表现了一种对于海水这种液体的询问与解释,雷诺阿之所以这样画,"是因为我们向大海询问的只是它解释液体、显示液体并把液体与它自己交织在一起,以便使液体说出这、说出那,简而言之,使之成为水的全部显现中的一种方式[①]。"这就是所谓"师法自然"。梅氏还对于这种"师法自然"作了进一步的阐发,那就是艺术家需要一种"原初的体验"。他说:"在这里,把灵魂与肉体、思想与视觉的区别对立起来是徒劳的,因为塞尚恰恰重新回到了这些概念所由提出的初始经验,这种经验告知我们,这些概念是不可分离的。"[②]这个"原初的体验"是一种未经人类的知识和社会的环境所影响的体验。首先,这不是一些"人造客体"即通常所谓的"环境"。他说:"我们生活在一个由人建造的物的环境当中,置身家中,街上,城市里的各种事物当中,而大部分时间我们只有通过人类的活动才能看见这些东西。对人类的活动,它们能成为实用的起点。我们早已习惯把这些东西想象成必要的、不容置疑地存在着的。然而塞尚的画却把这种习以为常变得悬而未决,他揭示的是人赖以定居的人化的自然之底蕴。"[③]例如,梅氏认为巴尔扎克在《驴皮记》中所写的"桌布的洁白""新落的雪""对称的玫瑰红"与"黄棕色的螺旋纹"等都能在绘画中表现,但诸如"簇拥"这样的人造景象就不好表现了。他还认为,"原初的体验"与科学的透视是不相容的,"激活画家动作的永远不会只是透视法,几何学,颜色配合或不论什么样的知识。一点点作出一幅画来的所有动作,只有一个唯一的主题,那就是风景的整体性与绝对充实性——塞尚恰当地称这为主题"[④]。最后呈现给我们的是一个未经人类影响的前文明时期的风景。梅氏具体描写道:"而自然本身也被剥去了为万物有灵论者们预备的那些属性:比如说风景是无风的,阿奈西湖的水纹丝不动,而那些游移着的冰冷之物就

---

① [法]梅洛-庞蒂:《世界的散文》,商务印书馆2005年版,第69页。

② [法]梅洛-庞蒂:《眼与心》,中国社会科学出版社1999年版,第49页。

③ 同上书,第50页。

④ 同上书,第51页。

像初创天地的时候那样。这是一个缺少友爱与亲密的世界，在那里人们的日子不好过，一切人类感情的流露都遭禁止。”①可见这是一个回到人类本源的原初世界，也是人的原初体验。这与维柯的“原始诗性思维”非常相像，也是万物有灵时期人凭借身体感官所进行的人与自然统一的思维。这正是一种生态的审美的艺术的思维，需要我们很好地借鉴与运用。梅氏的生态审美观是很彻底的，他借助胡塞尔的思想提出了“地球根基”的思想，说道：“当我们居住在其他星球时，我们能移动或搬动的我们的思想和我们的生活的‘地面’或‘根基’，然而，即使我们能扩展我们的祖国，我们也不能取消我们的祖国。由于按照定义，地球是独一无二的，是我们成为其居民时行走在它上面的土地，所以，地球的后裔能与之进行交流的生物同时成了人，——也可以说，仍将是独一无二的更一般的人类之变种的地球人。地球是我们的时间和我们的空间的母体：由时间构成的任何概念必须以共存于一个唯一世界的具体存在的我们的原始时期为前提。可能世界的任何想象都归结为我们的世界观。”②这里的“地球”按照“肉身间性”理论也就是“身体”，在这里“地球根基”也就成为“身体根基”。“自然之外无他物”就成为真正的生态整体论，关爱地球与关爱身体是一个事物的两面，人与生态真正地统一了起来。

现象学开辟了生态哲学的新天地，也开辟了生态美学的新天地，在中西古今结合的背景下，我们还有许多工作要做。

（原载《求是学刊》2014 年第 9 期）

① ［法］梅洛-庞蒂：《眼与心》，中国社会科学出版社 1999 年版，第 50 页。

② ［法］梅洛-庞蒂：《符号》，商务印书馆 2003 年版，第 224 页。

试论人的生态本性与生态存在论审美观

生态美学是1994年由中国学者首次提出的。[①] 2001年在西安召开的全国第一届生态美学研讨会上，受国内外诸多学者的启发，我提出了“生态存在论审美观”。在我看来，生态美学是一种生态存在论审美观，本身还不能构成一个新的美学学科分支，只能当作是美学学科在当代新的发展、新的延伸和新的丰富。很明显，生态存在论审美观是建立在当代生态文明时代生态存在论哲学观的基础之上的。正是从当代生态存在论哲学观的独特视角，我们才拨开迷雾，真正认识到人所具有的生态本性与生态存在论审美观，并由此产生了一种由人的生态本性出发、包含着生态维度和生态存在论审美观的新人文精神。从这一新的理论视角出发，有必要对当代哲学理论、美学理论等给予必要的价值重估。

一

20世纪60年代以来，人类社会和思想观念发生了巨大的变化。从人类社会方面来说，工业文明的畸形发展，造成了生态环境的重大污染破坏，这在严重危及人类生存发展的同时，也促使人类对现代工业文明进行必要的反思与探索超越之路。目前，人类社会正处于由工业文明到后工业文明或生态文明的过渡阶段。1962年，美国著名生态学家莱切尔·卡逊(Rachel Carson)在《寂静的春天》一书中，以“万物复苏繁茂生长的春天走向寂静”的深刻寓意对传统工业文明造成的严重环境污染进行了有力的揭露和批判，引起巨大反响。1970年，美国举办了第一个“地球日”，它标志着“生态学时代”的到来。1972年，联合国召开首届环境会议，发布《人类环境宣言》。1991年，美国著名世界观察研究所发表《世界情况报告》，指出“世界正处于

① 李欣复:《论生态美学》,《南京社会科学》1994年第12期。

历史性的转折点，一个新的时代即将来临”，在这个新的时代中，“拯救地球的战斗”将“成为建立世界新秩序的主旋律”[①]。我国从20世纪70年代以来开始逐步重视起生态问题，先后提出了可持续发展战略与科学发展观，并将生态文明作为社会经济发展的重要目标之一。社会的转型和生态文明时代的到来，必将引起思想理论观念上的重大变化，其重要表征就是长期以来一直被忽视、被漠视的自然维度开始进入到当代学术思想的视野之中。

众所周知，工业革命和启蒙运动以来，工具理性和“人类中心主义”在思想理论领域占据绝对优势，自然处于被主宰的地位。但自20世纪60年代以来，这种情况开始发生很大的变化，人类思想理论的焦点逐渐转移向自然和环境，各种生态理论层出不穷。“人类中心主义”观念受到严重挑战，自然的地位逐步提高，乃至被提高到关乎人类生存的本体论高度。当代生态存在论哲学观以及有关理论的产生与发展，是其最重要的代表。1973年，挪威哲学家阿伦·奈斯(Arne Naess)提出“深层生态学”理论，将生态维度引入哲学、价值理论、政治学和伦理学领域，阐述了“生态自我”“生态平等”与“生态共生”等一系列生态哲学和生态伦理学观念。1995年，美国生态理论家霍尔姆斯·罗尔斯顿III(Holmes Rolston III)出版《哲学走向荒野》一书，提出哲学的“荒野转向”(wildturn)，他指出：“衡量一种哲学是否深刻的尺度之一，就是看它是否把自然看作与文化是互补的，而给予她以应有的尊重”，从而正式确立了“自然维度”在当代哲学中的重要地位。同样是在20世纪90年代，美国著名生态理论家大卫·雷·格里芬(Griffin D·R)提出更具当代性的“生态论的存在观”[②]，将生态问题与人的生存问题紧密联系起来，生态存在论哲学作为哲学学科的前沿方向开始引起人们的高度重视。中国生态理论家余谋昌对当代生态理论的存在论内涵也有极好的阐发，他反复强调说：“人的生命和自然界是相互依存的，人与自然作为完整的系统，人对自然的态度也就是对自己的态度，人对自然做了什么也就是对自己做了什么，人对自然的损害也就是对自己的损害”；“环境问题的实质是人的问题，保护地球是人类生存的中心问题”[③]。除了学术界以外，胡锦涛在阐述科学发展观时也深刻地指出：“良好的生态环境是社会生产力持续发展和人们生存质量不

---

① 余谋昌：《生态伦理学》，首都师范大学出版社1999年版，第115页。

② [美]大卫·雷·格里芬编：《后现代精神》，中央编译出版社1998年版，第224页。

③ 余谋昌：《生态伦理学》，首都师范大学出版社1999年版，第87页。

断提高的重要基础。”[①]将生态环境看作是中国社会发展与人的生存质量提高的重要基础，这对于我们重新认识经济学、哲学领域中的一系列问题，具有重要的理论意义与指导作用。总之，生态文明时代的到来，生态存在论哲学观的提出，为我们更加深入地认识人的本性、人文精神的内涵以及一系列哲学美学问题，不仅提供了时代的条件与前提，同时也提供了更加先进的理论观念。

二

从生态存在论哲学观出发，开辟了把握人的本性的新视角。众所周知，把握人的本性是人类精神生活的永恒主题。古希腊德尔斐神庙的墙上就镌刻着“认识自我”的铭文。但自古以来，在把握人的本性上却有着两种截然不同的路径。一是目前在许多领域仍然盛行的认识论路径，它以认识、把握人的抽象本质为最高使命。在这种路径下有人是理性的动物、人是感性的动物、人是政治的动物与人的本质是人本主义之“爱”等说法。[②] 它们的片面性在于，对人的本性的把握完全脱离了现实生活实际，因为在现实生活世界中从来不存在具有上述抽象“本质”的人。恩斯特·卡西尔(Ernst Cassirer)试图从功能性的角度去突破认识论的局限，他把人的本性归结为创造和使用符号的动物。他说：“如果有什么关于人的本性或‘本质’的定义的活，那么这种定义只能被理解为一种功能性的定义，而不能是一种实体性的定义。我们不能以构成人的形而上学本质的内在原则来给人下定义，我们也不能用可以靠经验的观察来确定的天生能力或本能来给人下定义。人的突出特征，人与众不同的标志，既不是他的形而上学本性，也不是他的物理本性，而是人的劳作(work)。正是这种劳作，正是这种人类活动的体系，规定和划定了‘人性’的圆周。语言、神话、宗教、艺术、科学、历史，都是这个圆周的组成部分和各个扇面。”[③]卡西尔从创造和使用符号的“功能性”角度界定人的本性，应该说是一种突破性的尝试，但却没有从根本上突破本质主义的束缚。

---

① 胡锦涛：《在中央人口资源环境工作座谈会上的讲话》，《光明日报》2004 年 4 月 5 日。

② 以上是一种概括性的归纳，具体包括：柏拉图认为人分有了“理念”；亚理士多德认为“人是政治的动物”；英国经验派哲学把人的本质归结为“感性”“感觉”；费尔巴哈认为人的本质是人本主义的“爱”。

③ [德]卡西尔：《人论》，甘阳译，上海译文出版社 1985 年版，第 67 页。

因为，所谓创造和使用符号的能力仍然是对人的本性的一种抽象描述，而实际上，在活生生的生命活动与创造、使用符号的抽象主体之间，仍然是不能完全划等号的。前者比后者要丰富、具体得多。

与认识论的本质主义路径相反，现代西方哲学家马丁·海德格尔(Martin Heidegger)提出一种“存在论与现象学的”方法，他说：“存在论与现象学不是两门不同的哲学学科而并立于其他属于哲学的学科。”①这在某种程度上是对存在论现象学的发展，它突破了认识论主客二分的本质主义窠臼，采取将一切实体性内容“悬置”从而“回到事情本身”的方法，直接面对“存在”本身。在这样一种哲学观与世界观中，人所面对的就不是“感性”“理性”“政治”“爱”“符号”之类的实体，而是人的“存在”本身；不是社会与自然的对立，而是生命与自然的原初性的融合。海德格尔对人的本性的认识与把握具有明显的现世性，也为当代生态存在论哲学与美学观提供了丰富的思想资源。海德格尔认为：“此在的任何一种存在样式都是由此在在世这种基本机制一道规定了的。”②德国哲学家沃尔夫冈·韦尔施指出：“人类的定义恰恰是现世之人(与世界休戚相关之人)，而非人类之人(以人类自身为中心之人)。”③所谓“现世性”就是指所有的人都是现实生活之人，而不是抽象的存在物。这种现实生活之人一时一刻也不可能离开自然和生态环境，是自然和生态环境中的存在者。这种对人的本性的把握还具有某种整体性。也就是说，不存在感性与理性、社会与自然二分对立之人，所有的生命都只能生存在万物相互交融的生态系统之中。正如罗尔斯顿所指出的：“我们的人性并非在我们自身内部，而是在于我们与世界的对话中。我们的完整性是通过与作为我们的敌手兼伙伴的环境的互动而获得的，因而有赖于环境也保有其完整性。”④这种对人性的把握还具有某种人文性。也就是说，真正的人性是充满着人文情怀的，而不应该是冷冰冰的工具理性，在其中深层存在的正是充满人文情怀的当代生态理念。与理性生命理念不同，当代生态理念充满着有史以来最强烈的人文情怀，如，1972 年的世界第一次环境会议就提出：“只有一个地球，人类要对地球这颗小小的行星表示关怀。”1991 年，联合国环境规划署等国际机构在制定《保护地球——可持续生存战略》时指

---

① [德]海德格尔：《存在与时间》，三联书店 1987 年版，第 47 页。

② 同上书，第 145 页。

③ [德]沃尔夫冈·韦尔施：《如何超越人类中心主义?》，《民族艺术研究》2004 年第 5 期。

④ [美]霍尔姆斯·罗尔斯顿：《哲学走向荒野》代中文版序，吉林人民出版社 2000 年版，第 93 页。

出："进行自然资源保护，将我们的行动限制在地球的承受能力之内，同时也要进行发展，以便使各地能享受到长期、健康和完美的生活"。

从生态存在论哲学观的独特视角，可以把当代人的生态本性概括为三方面。第一，人的生态本原性。人类来自于自然，自然是人类生命之源，也是人类永享幸福生活最重要的保障之一。这一点非常重要，长期以来，人们在观念上更多地强调的是人与自然的相异性，而忽视了它们之间的相同性，这就很容易造成两者在实践上的敌对与分裂。正如恩格斯所说："特别是本世纪自然科学大踏步前进以来，我们就愈来愈能够认识到，因而也学会支配至少是我们最普通的生产行为所引起的比较远的自然影响。但是这种事情发生得愈多，人们愈会重新地不仅感觉到，而且也认识到自身和自然界的一致，而那种把精神和物质、人类和自然、灵魂和肉体对立起来的、反自然的观点，也就愈不可能存在了……"[①]第二，人的生态环链性。人的生态本性中包含的一个重要内容是，人是整个生态环链中不可缺少的一环，人人都具有生态环链性，个体一旦离开生态环链，就会失去他作为生命的基本条件，从而走向死亡。莱切尔·卡逊在《寂静的春天》中具体论述了作为生命基本条件的生态环链性。她说："这个环链从浮游生物的像尘土一样微小的绿色细胞开始，通过很小的水蚤进入噬食浮游生物的鱼体，而鱼又被其他的鱼、鸟、貂、浣熊所吃掉，这是一个从生命到生命的无穷的物质循环过程。"[②]生态环链性是人的生态本性之基本内容，一方面，它反映了人与自然万物的共同性与密切关系。人与万物均为生物环链之一环，相对平等，他们须臾相连，一刻也不能分开。另一方面，它还包含着人与自然万物的相异性方面。因为人与自然万物又分别处于生态环链的不同环节，各有其不同的地位与功能。长期以来，人们完全从人与自然的相异性来界定人的本性，严重忽略了人与自然万物的共同性与密切关系，工业文明那种征服自然、掠夺自然的实践方式，正是以此为内在生产观念的。一旦意识到生物环链中人与自然的相同性，并根据它的基本原理来界定人的本性，人与自然的关系，不仅更加符合人的本性，也会使人类的思想与活动具有更高的科学性。第三，人的生态自觉性。人类作为生态环链之中唯一有理性的动物，他不能像动物那样只顾自己的生存，而对自然万物不管不问。人类不仅要维护好自己的生存，而且应该凭借自己的理性自觉维护生态环链的良好循环，维护其他生命的正常生存，只有这样，人类才能最终维护好自己的美好生存。罗尔斯顿认

① 《马克思恩格斯选集》第3卷，人民出版社1972年版，第518页。

② [美]莱切尔·卡逊：《寂静的春天》，科学出版社1979年版，第64页。

为，人类与非人类存在物的真正区别是，动物和植物只关心自己的生命、后代及其同类；而人类却能以更为宽广的胸襟维护所有生命和非人类存在物。他说，人类在生物系统中位于食物链和金字塔的顶端，“具有完美性”，但也正是因为这个原因，“他们展示这种完美性的一个途径”是“看护地球”[①]。从生态存在论出发做出的对人的本性的新阐释，对于包括美学在内的当代人文学科必然要产生重要影响，为它们调整内在观念与学科框架提供新的哲学基础。

三

现在我们进一步探讨人的生态本性对当代美学研究的重要影响。长期以来自然在美学中是没有地位的。柏拉图提出“美即理念”说，将包括自然事物在内的现实世界排除在美学之外。黑格尔则将自己的美学称为“艺术哲学”，将自然作为前美学阶段。当代生态文明时代的到来、生态存在论哲学观的提出和人的生态本性的确认，必然会将自然维度引入美学领域，极大提高自然在美学中的地位，这是对当代美学极为重要的改造和丰富。

从当代生态存在论的独特视角出发，生态哲学、人学和美学才必然地结合在一起，构成当代生态存在论审美观。在当代存在论哲学语境中，存在的澄明、与真理、与美是一致的，它们的逻辑关系可以阐释为，“真理”是“存在”由遮蔽状态走向澄明之境，而这种“存在”的显现也就是“美”。另一方面，在当代生态哲学对人与自然亲和关系的特别强调中，也必然包含着极为浓浓的美学内涵。著名生态学者何塞·卢岑贝格在谈到地球——犹如大地女神该亚一样——具有生机勃勃的生命时，也曾使用了它有一种“美学意义上令人惊叹不已的观察与体悟”[②]这样的论述。由此可见，在当代生态哲学与美学之间存在着内在一致性。在某种意义上讲，当代生态存在论审美观与海德格尔后期美学理论有着一种渊源关系。按照现代西方哲学史家的一般看法，以 20 世纪 40 年代前后为界，海德格尔美学思想经历了一个明显的变化过程，在前期，海氏是通过“世界与大地”的争执去实现“存在”的澄明的，所以仍然难以完全摆脱“人类中心主义”的束缚，而后期则由“人类中心主义”过渡到生态整体主义，提出了著名的“天地神人四方游戏说”。也正是因为

① 余谋昌：《生态伦理学》，首都师范大学出版社 1999 年版，第 136 页。

② [巴西]何塞·卢岑贝格：《自然不可改良》，三联书店 1999 年版，第 63 页。

这个后期的重要转向，西方理论界才将海氏誉为“生态主义的形而上学家”[①]。

在海德格尔后期美学思想中，生态存在论审美观已经相当明显，它可以概括为这样三个方面。

第一，真理自行揭示之生态本真美。对于真理，哲学史上有符合说和揭示说两种观点。前者是传统认识论的观点，主张主客二分，真理是通过认识产生的思想与某种实体的一种符合。这是一种本质主义的抽象真理论。而后者则是当代存在论的真理观，认为所谓符合说是混淆了存在者和存在，它反对本质主义的主客二分法，认为“真理”是存在自身通过遮蔽走向澄明的过程，它不是通过主体的意识活动达成的，而是“存在”自行揭示自身、自行显现自身的过程。正是在这种存在主义真理观的指导下，海氏提出了美是“真理”自行揭示、自行置入的重要观点。他说：“美是一种方式，在其中，真理作为揭示产生了。”[②]又说：“艺术就是自行置入作品的真理。”[③]这里所说的“揭示”“置入”都是指存在之由遮蔽通过解蔽而走向澄明之境，他所谓的“真理”也完全不同于认识论语境中的抽象“本质”，正如海氏在解释梵高的油画《鞋》与古希腊神殿时所指出的那样，所谓“存在”不是人的意识中的一个灰色的影像，而是一种与具体的存在者、与时间境域中具体展开的一切密不可分的有机整体。这与生态学视野中的人的存在，或者说与人的生态本性是完全一致的，正如美国的生态理论家小约翰·B·科布指出：“生态学教导给我们一个非常简单的道理是，事物不能够从与其他事物的关系中分离出去。它们可能会从一组自然的关系中被转移到一组人为的关系当中(例如实验室)，但当这些关系改变后，事物本身亦发生变化。”[④]因此可以说在海氏的“本真生存”之意中明显包含着人的生态本性。人的生态本性的核心内涵是人的生物环链性，人作为生物环链之一环是须臾不能离开这个生物环链的，正如梵高《鞋》不能离开农妇的日常生活，以及古希腊神殿不能脱离众神与朝圣的人群一样，一旦离开，就没有了“存在”，也没有了“美”。

第二，天地神人四方游戏之生态存在美。海氏哲学尽管从一开始就试图突破主客二分的认识论范式，但很显然，在他早期并没有完全摆脱人类中心主义的影响，而是在相当的程度上保留着传统形而上学的明显痕迹。其

---

① 王诺：《欧美生态文学》，北京大学出版社2003年版，第44页。

② [德]海德格尔：《诗歌·语言·思想》，文化艺术出版社1991年版，第56页。

③ [德]海德格尔：《林中路》，时报文化出版企业有限公司1994年版，第21页。

④ [美]大卫·雷·格里芬主编：《后现代科学》，中央编译出版社1998年版，第149页。

中最明显的例子是，他将“世界”界定为“开放”，把“大地”界定为“封闭”，“世界”优于“大地”，两者处于矛盾状态中。而且正因为这个矛盾，存在才获得了由遮蔽走向澄明的可能。这种“世界”与“大地”的二元对立，无疑打上明显的人类中心主义烙印。他甚至还说：“自然作为对一定的在世界之内照面的存在者的存在结构范畴上的总体把握，是绝不能使世界之为世界被理解的。”[①]由于这个原因，尽管他批评传统认识论从存在者的角度出发去把握人与世界，因而迷失了自己，遗忘了存在，但由于受人类中心主义的影响，所以他并不能找到真正的存在。只有在他完成了从人类中心主义向生态整体主义的过渡之后，他对于“存在”的理解才上升到一种全新的境界。1958年，海氏在《语言的本质》一文中指出，“时间—游戏—空间的同一东西（dasselhige）在到时和设置空间之际为四个世界地带相互面对开辟道路，这四个世界地带就是天、地、神、人—世界游戏（weltspieal）”[②]，这就是著名的“天地神人四方游戏说”。以后海氏还在多篇文章中从不同个角度谈到“四方游戏说”，成为其后期哲学与美学理论的一大亮点。“四方游戏说”内涵丰富。首先，“四方”包含了宇宙、大地、存在和人，自然理所当然地被纳入其中。而“游戏”在西方美学中历来有“无所束缚，交互融合，自由自在”的内涵，它说明本来相互矛盾的“四方”在此已达到浑融一体的境界。而这里的“相互面对”则是对“游戏”性质的进一步补充，意在说明四者在交往中达到彻底平等的地步。此外，海氏还用“婚礼”“亲密性”等来阐述四者之自由、平等与和谐。这就充分体现了人的生态本性，特别是人的生态环链性、生态平等性，同时它也是具有现世性的活生生的人之现实生存状态，只有在这种生存状态中，人才能走向真正的澄明之境。如果说处于“世界统治大地”中之人，绝对不会有真正自由之生存，也绝对不会真正追寻到存在并走向澄明之境，那么也可以说，只有“四方游戏”之人才使人的本真存在得以走向澄明。这是因为，处于“世界与大地”矛盾之中的人迷失了他的生态本性，而只有在“四方游戏”之结构中，他才找回了与世界万物和谐相处的生态本性。

第三，诗意地栖居之生态理想美。海氏是一个理想主义者，把他的所有的期望寄托在人类对于未来的创造，寄托在美的理想之上。其原因是，他对于他所处的时代的深深失望。他认为，资本主义发展到20世纪，由于过度迷信科技的力量，过度追求利润的增长，因而导致了自然环境的严重破坏，人

---

① ［德］海德格尔：《存在与时间》，三联书店1987年版，第81页。

② ［德］海德格尔：《走向语言之途》，时报文化出版企业有限公司1993年版，第184页。

的生存状态的恶化。他将这种情况比喻为技术的“促逼”。他说:“这片大地上的人类受到了现代技术之本质连同这种技术本身的无条件的统治地位的促逼,去把世界整体当作一个单调的、由一个终极的世界公式来保障的、因而可计算的储存物(Bestand)来加以订造。向着这样一种订造的促逼把一切都指定入一种独一无二的拉扯之中。这种拉扯的阴谋诡计把那种无限关系的构造夷为平地。”[①]这就是说,由于对科技的过分迷信,导致工具理性的无限膨胀,将世界的整体性、人类生活的无限丰富的关系性统统加以抹杀、夷为平地。无可否认,海氏有某种片面性,他没有看到现代科技的重要地位及其对于社会发展的重要贡献,但另一方面,我们也不能不佩服他对当代现实的深刻认识。科学技术本身的确是伟大的,但对它过分依赖和迷信的后果也同样是可怕的,它直接导致了工具理性的恶性膨胀和人文精神的严重缺失,其结果之一就是生态环境受到严重破坏,并直接威胁到人类的现实生存。海氏将之喻为人类的茫茫黑夜,也许有点悲观,但人类对这样的文化危机如果还不警醒,难道不是真的掉进茫茫黑夜而难以自拔吗?

同西方的许多大理论家一样,海氏也把自己的希望寄托给古希腊,认为古希腊那种人与自然的和谐一致是人的本质的体现,而当代人与自然的对立则是人的本质的失落。他说:“希腊本身就在大地和天空的闪现中,在把神掩蔽起来的神圣者中,在作诗着运诗着的人类本质中,走近人之本质,在一个唯一的位置那里达到人之本质,而在这个位置上,人诗意的漫游已经获得了宁静,为的是在这里把一切都包藏入追忆之中。”[②]海氏在这里把大地、天空、神和人类的和谐统一作为人之本质,并与人的“诗意的漫游”联系在一起。然而由于这只是古希腊的情形,所以它又只能包藏在“追忆之中”。在这里他实际上已经阐述了人的生态本性,并将其与人的“诗意的漫游”的审美理想联系起来。人的生态本性直接体现在他多次提出的“诗意地栖居”[③]命题之中,所谓“诗意地栖居”是相对于“技术地栖居”而言的。前者是一种审美的生活方式,后者则是前者的异化,它背离了人的生态本性,是非人性的,也是非美的。只有突破现实的“技术地栖居”方式,才能实现人的“诗意地栖居”的审美的、本真的生存方式。这既是海氏的美的理想,也是他对生态理想美的不懈追求。从生态本真美、生态存在美和生态理想美三个层面

---

① [德]海德格尔:《荷尔德林诗的阐释》,商务印书馆2000年版,第221页。

② 同上书,第199页。

③ 同上书,第198页。

看，在海德格尔晚期的美学思想中，已经将自然维度纳入审美领域，对于当代生态存在论审美观来说，是具有极其重要的理论与现实意义的。

四

提出人的生态本性和生态存在论美学，也面临着一系列挑战和难题，其中最主要的是它与当前倡导的“以人为本”的人文主义精神是什么关系，强调了生态是否就会导致漠视人的生存？在这些问题上存在着相当尖锐的不同意见。以美国前副总统阿尔·戈尔为例，尽管他一方面是具有强烈环保意识的政治家，甚至写过环保论著《濒临失衡的地球》，但另一方面，他对当代深层生态学理论却持反对的态度，视之为一种“反人类”的危险理论。他说：“有个名叫深层生态学的团体现在名声日隆。它用一种灾病来比喻人与自然关系。按照这一说法，人类的作用有如病原体，是一种使地球出疹发烧的细菌，威胁着地球基本的生命机能。——他们犯了一个相反的错误，即几乎从物质主义来定义与地球的关系——仿佛只是些人型皮囊，命里注定要干本能的坏事，不具有智慧或自由意志来处理和改变自己的生存方式。”[①]戈尔的看法具有代表性，就是以为提倡生态学以及与之相关的理论会违背“以人为本”观念，甚至是与人类为敌。我们认为，以戈尔为代表的批评者，并没有真正理解深层生态学或其他相关的生态理论的深刻内涵。真正的科学生态理论是一种整体主义的生物环链理论，它将人的生存发展与自然联系在一起进行考虑。可以说，当代深层生态学、生态存在论哲学观和生态整体主义，以及我们提出的人的生态本性论与生态存在论审美观等，本身就是真正具有当代性的人的生存理论，它充分体现了当代世界的新人文精神。所以，有的理论家干脆将当代生态理论称作“生态人文主义”。它既与传统的人文主义有联系，同时又增添了新的时代内容，其中最主要的就是把自然纬度纳入人文主义精神的框架之中，在传统“以人为本”的人文精神（如希腊名言“人是万物的尺度”、文艺复兴时期对人性解放的呼唤和对人的感性欲望的歌颂，培根的“知识就是力量”，康德的“人为自然立法”等）与当代的“生态存在论哲学观”（包括人的生态本性理论和生态存在论审美观等）之间建立了

---

① 雷毅：《深层生态学研究》，清华大学出版社2001年版，第136—137页。

一种对话、交流渠道。这是符合时代需要的理论创新，它蕴涵着新时代人类长远美好生存的重要内涵，是人文主义精神在新时代的延伸和发展。

具体说来，人的生态本性理论及当代生态存在论哲学—美学，它们特有的新人文主义内容主要表现在这样几个方面。

第一，由人的平等扩张到人与自然的相对平等。“公正”与“平等”是人文主义精神的基本内涵。当代生态理论力主“生态平等”，将人文主义的“公正平等”原则扩张到自然领域。有的论者据此批评当代生态理论排除了人类吃喝穿用等基本的生存权利，因此具有明显的反人类色彩。这其实是一种误解，因为当代生态理论所说的“生态平等”不是绝对平等，而是相对平等，也就是生物环链之中的平等。它的意思是，包括人在内的生物环链之上的所有存在物，既享有在自己所处生物环链位置上的生存发展权利，同时也不应超越这样的权利。深层生态学的提出者阿伦·奈斯所说的“原则上的生物圈平等主义”，讲的就是这个意思。他说：“对于生态工作者来说，生存与发展的平等权利是一种在直觉上明晰的价值公理。它所限制的是对人类自身生活质量有害的人类中心主义。人类的生活质量部分地依赖于从与其他生命形式密切合作中所获得的深层次愉快和满足。那种忽视我们的依赖并建立主仆关系的企图促使人自身走向异化。”①

第二，人的生存权之扩大到环境权。人文主义的重要内容就是人的生存权，力主人生而具有生存发展之权利。这种生存权长期限于人的生活、工作与政治权利等方面，而当代生态理论却将这种生存权扩大到人的环境权，这恰是当代生态理论所具有的新人文精神内涵。美国于1969年颁布的《国家环境政策法》明确规定：“每个人都应当享受健康的环境，同时每个人也有责任对维护和改善环境作出贡献。”1970年，《东京宣言》明确提出：“把每个人享有的健康和福利等不受侵害的环境权和当代人传给后代的遗产应是一种富有自然美的自然资源的权利，作为一种基本人权，在法律体系中确定下来。”1972年，联合国《人类环境宣言》指出：“人类有权在一种能够过尊严和福利的生活环境中，享有平等、自由和充足的生活条件的基本权利，并且负有保证和改善这一代和世世代代的环境的庄严责任。”1973年在维也纳制定的《欧洲自然资源和人权草案》中，环境权作为一项新的人权得到了肯定。很明显，当代环境权包含享有美好环境和保护美好环境两方面的权利。前

① 雷毅：《深层生态学研究》，清华大学出版社2001年版，第51页。

者为了当代和人类自身，而后者则是为了后代和其他生命与非生命物体，全面地概括了人的环境权利。

第三，将人的价值扩大到自然的价值。价值从来都是表述对象与人的利益之间的关系，维护人的价值向来是人文主义必不可缺的重要内容。但长期以来人们对于自然的价值却相当忽视，似乎河流、海洋、空气和水是天然存在的，本身不具有什么价值。当代生态理论突破了这一点，将人的价值扩大到自然领域，充分肯定了自然所具有的重大的不可代替的价值。1992年，罗尔斯顿在中国社科院哲学所的讲演中将自然的价值概括了13种之多：支持生命的价值、经济价值、科学价值、娱乐价值、基因多样性价值、自然史和文化史价值、文化象征价值、性格培养价值、治疗价值、辩证的价值、自然界稳定和开放的价值、尊重生命的价值、科学和宗教的价值等等。[①] 自然价值的确认，对于进一步维护人的美好生存具有极为重要的意义，是人文精神的新的拓展。

第四，将对于人类的关爱拓展到对其他物种的关爱，这是人的仁爱精神的延伸。人文主义具有强烈的关爱人类、特别是关爱弱者的仁爱精神与悲悯情怀。当代生态理论将这种仁爱精神和悲悯情怀扩大到其他物种，力主关爱其他物种，反对破坏自然和虐待动物的不人道行为。1992年，联合国发布的《保护地球—可持续生存的战略》提出有关环境道德的原则，其中包括"人类的发展不应该威胁自然的整体性和其他物种的生存，人们应该像样地对待所有生物，保护它们免受摧残，避免折磨和不必要的屠杀"[②]。

第五，由对于人类的当下关怀扩大到对于人类前途命运的终极关怀。人文主义历来主张对人的前途命运的终极关怀，但却没有包含自然纬度。当代生态理论将自然纬度包含在终结关怀之中，使之具有更深刻丰富的内涵。特别是当代提出的可持续发展理论，就是从人类的长远发展出发，是终极关怀理论的丰富与发展。总之，生态存在论哲学—美学和有关人的生态本性的理论尽管突破了传统人类中心主义，但却不是对于人类的反动，而恰是新时代对人类之生存发展更具深度和广度的一种关爱，是新时代包含自然纬度的新人文精神。

（原载《人文杂志》2005年第3期）

① 余谋昌：《生态伦理学》，首都师范大学出版社1999年版，第66—68页。

② 同上书，第146页。

生命之美

——一种新的生态诗学原则

1978年美国生态文学家鲁克尔特在其著名的首倡“生态批评”的文章《文学与生态学:一项生态批评的实验》中提出了建立新的生态诗学的问题,意义重大。我国著名生态批评理论家鲁枢元教授早在2000年即出版《生态文艺学》一书,提出“文学艺术活动必然全部和人类的生存状况有着密切联系的”的重要观点,对生态诗学建设有着重要的价值意义。但总体上看,无论是在世界范围还是在国内,生态诗学仍然是在建设的过程之中。为此,我们曾经提出过“家园意识”“诗意栖居”“场所意识”“四方游戏”“参与美学”等等生态的美学与诗学观念,但我现在要说的是,应该将“生命之美”作为新的生态诗学的核心概念。

“生命之美”是对于传统的占据统治地位的西方诗学理论的突破。众所周知,传统西方诗学理论无论是模仿说、表现说,还是符号论、阐释论等,但都没有摆脱人类中心主义的束缚。我们对于生态诗学的“家园意识”与“诗意栖居”等的阐释,虽不能说没有新意,但仍没有完全切中要旨。因为家园、场所、栖居等等只有在有利于生命繁衍生长的意义上才是美的,而参与、游戏也都是一种生命的样态。所以,我们认为,生态诗学的要旨就是新的生命美学。这种新的生命美学不同于西方传统的生命美学,西方传统的生命哲学与生命美学是将人的生命置于万物生命之上的,仍然是一种人类中心主义,而新的生命哲学与生命美学是东方式的“万物一体”的生命之美。

这样一种生命之美的观念在中国传统文化中是占据主导地位的,它是中国原生性文化样态。中国传统文化以“天人合一”为基本文化理念,儒家主张“民胞物与”,强调“万物并育而不相害,道并行而不相悖”;道家力倡“万物齐一”,追求“天地与我并生,而万物与我为一”。建立在此基础上的中国古代美学力倡生命之美,是一种东方式的生命美学。《周易》的“生生之为易”“天地之大德曰生”“保合太和,乃利贞”“天地交而万物生”、绘画美学的“气韵生动”等高扬生命之美,体现了中国古代生命美学的价值理想。西方近代以来有识之士鉴于过度的工业革命对于自然生命的破坏，开始力避物质的形式之美而倡导生命之美。著名的湖畔派诗人柯勒律治就曾提出“样子美好的东西与有生命的东西的统一”，俄国著名民主主义思想家车尔尼雪夫斯基则提出“美是生活是健康地活着”的重要观点，美国哲学家杜威明确提出所谓“美”即是人作为“活的生物”与环境相互作用而产生的完满经验。生态理论家利奥波德则在其大地伦理学中提出了著名的价值标准：“当一个事物有助于保护生物共同体的和谐、稳定和美丽的时候，它就是正确的，当它走向反面时它就是错误的”，这一标准被称之为“可以充当全新田园观念的试金石”。如此等等，说明生命之美作为生态诗学的重要原则已经有着非常丰富的东西方理论支撑，它的成立应该是没有任何问题的。当然，现实更是教育我们，一切事物只有有利于万物生命的繁茂旺盛时才是美的，反之则是丑的！

生命之美可以作为生态诗学的评价标准。著名环境美学家卡尔松在审视某些道路用耐用的与实物一样大小的塑料的树和灌木丛美化时就认为，这是一种“相当令人生厌的”，其原因是他运用了霍斯普斯的一种观点：形式的美是浅层含义的美，而生命的美是深层含义的美。生命之美也可以作为生态诗学以之帮助人们树立的健康的审美与诗学观念，甚至是生活的观念。例如，我们曾经非常向往工业革命的景象，有人将烟囱的黑烟比喻为“一朵朵黑玫瑰”，有人曾经设想将某座城市遍布烟囱等等。在生命之美的原则之下，在我们遭受雾霾侵害的当下，我们绝对是不会再认为其美，再只能视之为无比丑陋了。因为这种遍地烟囱的“黑玫瑰”是对包括人类在内的万物的戕害啊！

生命之美，是当代生态美学的要旨，也是生态诗学的要旨，更是我们生活与经济文化发展的要旨，是建设美丽中国的原则！

（原载《中国绿色时报》2013 年 12 月 14 日）

“生态”与“环境”之辩

在我国生态美学建设的过程中需要回顾很多问题，其中对于“生态”与“环境”之辩的回顾非常重要，因为这关系到生态美学研究的本体问题，而且主要是中西之间的对话问题，至今仍在进行，意义重大。

首先是在2006年的成都国际美学会议上，当我就生态美学问题发言后，国际学者集中询问我的问题，就是生态美学与环境美学的关系问题，我当时作了初步回答。2009年本人在山大召开的国际生态美学会议上，专门就生态美学与环境美学的关系问题作了专题发言。由此，生态与环境之辩引起国际美学界的一定关注。山大美学会的参加者、著名美国环境美学家伯林特于2012年在他的新著《超越艺术的美学》中指出，相对于环境美学这个术语，中国学者更加偏爱生态美学的原因是：在生态美学语境中，“生态”这个词不再局限于一个特别的生物学理论，而是一种相互依赖、相互融合的一般原则。① 显然，伯林特表现出一种理解的态度。山大美学会的另一位参加者、加拿大著名环境美学家卡尔松则在为本期专栏所写文章中，特别就中国学者关注的“生态”与“环境”的关系问题发表了重要意见，卡尔松教授仍然坚持他的惯有的科学认知主义的审美立场。在这里需要特别提到的是，美国著名生态批评理论家布伊尔在他的生态批评三部曲之一的《环境批评的未来》一书中认为，“生态批评”是一种知识浅薄的卡通形象，已经不再适合，必须以“环境批评”代之。②

“生态美学”与“环境美学”本来都是生态文明时代的崭新美学形态，两者是非常重要的同盟军，而中国生态美学的发展又受到西方环境美学与环境批评的诸多滋养，涉及的许多学者都是我们尊敬的专家。但就某种学术问题辨明是非，坦诚地发表我们的看法则是完全应该的。

---

① ［美］伯林特：《超越艺术的美学》，英国阿什盖特出版社2012年版，第140页。

② ［美］劳伦斯·布伊尔：《环境批评的未来：环境危机与文学想象》，刘蓓译，北京大学出版社2010年版，第9页。

一、从词源学的角度看西文的"生态学"(ecology)与"环境"(environment)的根本区别

众所周知,一定的词语是一定时代的产物,其内涵具有特定的时代特性。"生态"由于反映的是人与自然的亲和性关系,是一个关系性概念,没有包含实体性内容,所以只有构词成分"eco"表示"生态"而没有名词形态的"生态"。我们看到的英语词汇中第一次出现的是"生态学"(ecology)。"生态学"(ecology)一词是1866年由德国生物学家海克尔创立的。他在1866年出版的《普通生物形态学》一书中提出"生态学"一词,旨在描述"有机体与其无机环境之间相互关系的科学"①。这一概念的提出不是偶然的,而是人们对于工业革命时代工具理性与形而上学统治的一种反思与超越。首先是对于二分对立思维模式与"一元论"哲学观的超越。海克尔在后来谈到他提出"生态学"一词的背景时提到,当时他受到达尔文进化论著作与一元论哲学思想的启发,认为自己是"提供一种将生命有机综合起来的方法路径"。其次是对于见物不见人的科学哲学思维的超越、对具有后现代人文特性的"生存"、"栖居"观念的引进。海克尔于1866年在《普通生物形态学》一书中提出"生态学"概念时,即对"Ecology"一词的构成进行了词语学的阐释:该词前半部分"eco"来自希腊语"oikos",表示"房子"或者"栖居";后半部分"logy"来自"logos",表示"知识"或"科学"。这样,从词面上说,"生态学"就成为有关人类美好栖居的学问,将人的生存问题带入自然科学。这是对于见物不见人的工具理性进行突破。再就是对于"一就是一,二就是二"的二分对立思维的突破与"自然家族"概念的提出。传统工具理性思维是一种僵化的"一就是一,二就是二"的二分对立思维,而海克尔在提出"生态学"时引进了"自然家族"这一重要概念,从而使得"联系性"、"相关性"进入自然科学领域,意义重大。其四是呈现了"生态学"这一自然科学概念向人文学科发展的重要态势。海克尔在提出"生态学"概念之初就已经明确指出,"生态学关涉到自然经济学的全部知识"②,这里已经必然地包含了人类的经济活动,而"生态学"词义中的"栖居"本身就是人类的生存。因此,"生态学"由自然科学发展到

① 林祥磊:《梭罗、海克尔与"生态学"一词的提出》,《科学文化评论》2013年第2期。
② 同上。

人文学科就是一种必然的趋势。诚如马里兰大学罗伯特·考斯坦萨在《生态经济学:复兴有关人类与自然的研究》一文中所说,“无论对生态学的界定如何演变,作为地球上占主导地位的动物人类及其与环境的关系,显然一直被囊括在生态学的视野范围之内。”这就预示着生态哲学、生态伦理学与生态文明的必然产生。

关于“环境”(environment)一词,有环绕、周围、围绕物、四周、外界之意。其来源于动词“envion”,“环绕”之义,源于中世纪。作为名词于19世纪前30年被引进《牛津英语辞典》,原指文化环境,后来经常指物理环境,可以指某一个人、某一物种、某一社会,或普遍生命形式的周边等。在这里,“环境”是一个与人相对的实体性概念,因此具有人类中心主义的内涵。因此,不能将“环境”与“生态”两个词汇相混淆。

我国三位相关专业的院士指出,“生态是与生物有关的各种相互关系的总和,不是一个客体。而环境则是一个客体,把环境与生态叠加使用是不妥的。生态环境的准确表达应当是自然环境”①。而在“环境”一词的实际运用中也具有人类中心主义内涵,诚如布伊尔所言,在历史发展中“环境有了一定程度的悖论性呈现:它成了一个更加物化和疏离化的环绕物,即使当其稳定性降低时它也还发挥着养育或者约束的功能”②。芬兰环境美学家瑟帕玛在论述“环境”一词时说道:“环境围绕我们(我们作为观察者位于它的中心),我们在其中用各种感官进行感知。在其中活动和存在。”又说:“环境可以被视为这样一个场所:观察者在其中活动,选择他的场所和喜好的地点。”③如此等等,可见“ecology”(生态学)是一个打破主客对立的关系性词汇,反映了人类对于传统工具理性思维的反思与超越;而“environment”(环境)则是一个对象性的实体性词汇,没有反映人与自然的和谐一致。

二、生态美学研究的生态整体论哲学立场

“生态”与“环境”之辩实际上是人类中心论、生态中心论与生态整体论

① 侯甬坚:《“生态环境”用语产生特殊时代背景》,《中国历史地理论丛》2007年第22卷第1辑,第121页。

② [美]劳伦斯·布伊尔:《环境批评的未来:环境危机与文学想象》,刘蓓译,北京大学出版社2010年版,第69页。

③ [芬]瑟帕玛:《环境之美》,武小西、张宜译,湖南科技出版社2006年版,第23页。

的哲学立场之辩。上面我们曾经提及，“生态学”的产生与发展实际上是对于传统工业革命主客二分、工具理性与人类中心论的突破。因此，离开生态学立场必然走向人类中心论或者生态中心论。正如美国著名环境美学家伯林特所言：“与所有的基本范畴一样，环境的观念，植根于我们对身处世界、经验及自身的本质的哲学思考。”[①]伯林特虽然是环境美学家，但他是一位现象学理论的信奉者，他所说的“环境”实际是“自然”，而他力主“自然之外并无一物”[②]，这里的“自然”即是“生态”。他主张一种整体性的“自然观”，认为“不区分自然与人，而将万事万物看作生命整体的一部分”[③]。这种包含着自然与人、万事万物并构成整体的“自然”就是“生态”，这就是一种“生态整体论”的哲学立场。正是在这样的“自然之外并无一物”的“生态整体论”哲学立场前提下，伯林特提出了著名的“结合美学”的生态美学观。他说：“因为自然之外并无一物，一切都包含其中。在此情形下，一般形成两派截然对立的选择。……前者遵循传统的美学，后者则要求摒弃传统，追求能同等对待环境与艺术的美学。这种新美学，我称之为‘结合美学’(aesthetics of engagement)，它将会重建美学理论，尤其适应环境美学的发展。人们将全部融合到自然世界中去，而不像从前那样仅仅在远处静观一件美的事物或场景。”[④]这就是一种从“生态整体论”出发的生态美学形态。但如果从环境主义出发，结果就是“环境围绕我们，观察者在其中心”，必将导致“人类中心论”。布伊尔教授在其《环境批评的未来》一书的术语表中已经预见到“也可能有人认为环境暗含人类中心之意”[⑤]。伯林特也在其《环境美学》一书中表达了同样的担心。他说：“诚然，环境是由充满价值评判的有机体、观念和空间构成的浑然整体，但我们几乎无法从英语中找到一个词来精确地表述它。一般常用的语词，如‘背景’‘境遇’‘居住的环境’等诸如此类的说法都不合适，不可避免地陷入了二元论。其他的如‘母体’‘状态’‘领域’‘内容’和‘生活世界’等稍好一些，不过也得时刻警惕它们滑向二元论和客体化的危险，比如将人类理解成被放置在环境之中，而不是一直与其共生。的确，我们现

① [美]阿诺德·伯林特：《环境美学》，张敏、周雨译，湖南科技出版社2006年版，第4页。

② 同上书，第9页。

③ 同上书，第10页。

④ 同上书，第12页。

⑤ [美]劳伦斯·布伊尔：《环境批评的未来：环境危机与文学想象》，刘蓓译，北京大学出版社2010年版，第154页。

有文化中割裂形而上与形而下的偏见几乎无法完全消除。"[①]这进一步说明了伯林特为了避免二元论与割裂论已经将"环境"理解成整体论的"自然"与"生态"。我们注意到布伊尔其实也是整体论的支持者,他在《环境的想象:梭罗、自然文学与美国文化的形成》一书中,对于"环境想象"确立了四条"标志性要素":非人类环境的在场并非仅仅作为一种框架背景的手法;人类利益并不被理解为唯一合法的利益;人类对环境负有的责任是人本伦理取向的组成部分,自然并非一种恒定之物或假定事物。说明这四条"标志性要素"其实已经包含生态整体论元素。而布伊尔在《环境批评的未来》中更加明确地提出生态整体的观点。他对自己的"言说立场"阐述道:"既对人的最本质需求也对不受这些需求约束的地球及其非人类存在物的状态和命运进行言说,还对两者之平衡(即使达不到和谐)进行言说。严肃的艺术家两者都做。我们批评家也必须如此。"[②]这里所说的人的需要与地球需要的平衡就是生态整体说。

卡尔松教授的"科学认知主义审美"因为特别强调了科学知识在审美中的决定性作用,所以我认为卡尔松的环境美学所持的哲学立场是知识决定论的人类中心论。他说:"认知立场认为,所有这些环境都必须审美地欣赏为它们实际所是的那样,这就要求欣赏者必须具备相关的知识,懂得它们的独特特性与起源。这种知识是由科学揭示出来的,因此,在分析对于环境的审美欣赏时,认知立场通常被称为'科学认知主义'。"[③]又说:"与环境审美欣赏相关的科学是生态科学,因此,生态知识与恰当的环境审美欣赏最为相关。"[④]他举了美洲落叶松与松树两片森林,外形几乎完全相同,都在夕阳下散发出金色的光辉,但美洲落叶松是因为秋天而变成金色,而松树却由于甲虫的致命感染而变成金色。他说:"假如我们具备关于美洲落叶松、季节变化、松树以及松树甲虫的相关生态知识,就会知道我们对这两片树林进行恰当的审美欣赏。美洲落叶松在夕阳下散发光辉,最有可能被体验为一种美的事物;而已经死亡与正在死亡的松树,尽管同样在阳光下散发光辉,但有可能被审美的体验为丑陋的,或者至少不是一种审美愉悦的直接来源。"[⑤]很

---

① [美]阿诺德·伯林特:《环境美学》,张敏、周雨译,湖南科技出版社2006年版,第11页。

② [美]劳伦斯·布伊尔:《环境批评的未来:环境危机与文学想象》,刘蓓译,北京大学出版社2010年版,第140页。

③ [加]艾伦·卡尔松:《生态美学在环境美学中的位置》,《求是学刊》2015年第1期。

④ 同上。

⑤ 同上。

显然，树木的生态知识成为欣赏者判定美丑的最重要根据。这是明显的知识决定论，应该属于人类中心论哲学立场，充分说明了卡尔松教授的科学主义的分析哲学背景，分析哲学的科学主义具有某种人类中心论是十分明显的。

当然，坚持某种审美的哲学立场在某个学者来说均有其各自的道理，但我们从生态整体论出发加以必要的辨析，也是学术研究中对于一种立场的坚守与阐明。在这里需要说明的是，对于生态整体论哲学立场持不同意见者颇多。有的学者认为人与自然的对立是永恒的，不可能协调成为整体；有的认为生态整体论中的人与自然的主体间性关系是不可能的，因为只有人是主体，自然不可能是主体。如此等等。我们认为必须摆脱传统的认识论立场。在认识论立场看来，人与自然只能是一种二分对立的关系，不可能成为整体。我们必须与之相反，持一种新的立场与视角。首先是持一种深生态学的“生态自我”的立场，这里的“自我”不是传统的人这个“自我”，而是扩大了的包含人与自然的生态系统的“生态自我”，这样的“生态自我”就是一个“整体”，在这种“生态自我”中人与自然就是一种主体间性关系；二是持一种存在论的哲学立场，这种哲学立场否弃传统的“主体与客体”对立的在世模式，力主一种“此在与世界”的在世模式，此在与世界是一种休戚相关、须臾难离的关系，构成一种存在论或生存论意义上的“整体”；三是持一种现象学的哲学立场，通过现象学的“悬搁”消解了主客二分对立，在意向性之中构成一种人与自然的现象学整体，这是一种关系性与生命性的整体。当然，以上三种立场是有着内在联系的，内中贯穿着统一的生态现象学立场。深生态学的“生态自我”吸收了佛学中“万物一体”的内涵，本身就是一种东方式的现象学；而存在论是以现象学为哲学根据的；现象学立场正是走向生态整体的哲学根据。

三、存在实体性的环境之美吗？

众所周知，“生态”不是一个实体性概念，而是一个关系性概念。因此，不存在一种实体性的“生态之美”，只有关系性的生态之美。因此，我们将生态之美称作“家园之美”、“栖居之美”等等。但“环境”即指人的环绕物，包括自然环境与人造环境。因此，从这个角度说“环境”是实体性的。但这种实体性的“环境”只在认识活动与科学活动中存在，在现实生活中不存在这种实体性的“环境”，只存在与人的生活密切相关的“环境”，而这种与人的生活密切相关的“环境”即为“生态”。那么，有没有实体性的“环境之美”呢？按照现象学的立场，只存在在人的意向性中呈现的“环境”与“环境之美”，没有独立的实体性的“环境”与“环境之美”。包括没有人烟的“荒野”，也是一种一种关系性的存在物，只有在知觉的意向中才会产生某种美感，离开了知觉的意向，“荒野”尽管仍然存在但却不再产生美感。因此，实体性的“环境之美”是不存在的。

现在我们来看看环境批评家与环境美学家的意见。布伊尔教授将对于环境的人文评价具体落实到“地方”(place)这一具体的人居环境之上。他说：“环境性的重要意义被一种关于存在与其物质语境之间不可避免而又不确定的转变性关系的自觉意识所界定。这一考察是通过集中研究地方的概念进行的。”[①]而地方的研究包括三个方向：“环境的物质性、社会的感知或者建构、个人的影响或者约束。”[②]可见，在他看来，地方也不是客观的，而是包含着社会建构与个人影响。他进一步更加明确指出必须做到“空间转变为地方”[③]。这就更加明确地表达了他否定“地方”之中的“空间性”实体性内涵。因为，“空间”是客体的，人似乎可以放置于空间之中，两者是游离的；但“地方”却是人生活于其中的场所，与人息息相关的。存在论哲学认为“地方”对人来说可以有在手与不在手和称手与不称手之别。宜居的场所(即地方)应该是在手的与称手的，这就将人的感受与体验放到重要位置。所以，布伊尔的“空间转变为地方”的观念说明他否定了环境之美的客体性，那么在他只能选择宜居的“地方”这种集客观、社会与个人为一体的关系性之美了，而这就是生态之美。

卡尔松教授在他的《环境美学》一书中着力论述了他所认识的环境之美。他首先否定了具有客体性的形式美是环境之美。他说：“自然环境不能根据形式美来鉴赏和评价，也就是说，诸形式特征的美；更准确地说，它必须根据其他的审美维度来鉴赏和评价。”又说：“自然环境的形式特征相对来说几乎没有地位和重要性。”[④]他在论述环境之美时除了强调生态学知识的作

---

① [美]劳伦斯・布伊尔：《环境批评的未来：环境危机与文学想象》，刘蓓译，北京大学出版社2010年版，第69—70页。

② 同上书，第70页。

③ 同上书，第71页。

④ [加]艾伦・卡尔松：《环境美学》，杨平译，四川人民出版社2006年版，第64页。

用之外，特别论述了“生命价值”的作用。他首先借鉴普拉尔与霍斯普斯有关审美的“浅层含义”与“深层含义”的区分，认为浅层含义主要指线条、形状和色彩相关的形式特征，而深层含义则指“表现的美”与“生命价值”。他说：“因而，一个对象要表现一种特征或生命价值，而特征或生命价值并不一定由其暗示出来。的确，那种特征必定联系于对象，这样它能感受或感知成为对象本身的一种特征。”[①]这样，生命价值是对象的特征与欣赏者的感受感知结合的结果，不是一种实体性的美。总之，在卡尔松看来，环境之美也不是客观的实体性之美。由此可见，“环境”一词内涵的实体性决定了它只能是一种实体之美，但现实生活中“环境”的关系性又决定了这种实体之美不可能存在，这就构成一种解构“环境之美”实体性的悖论。结论是“环境之美”不具实体性，而关系性的审美则必然导向生态美学。

四、“生态”一词的东西包容特点

布伊尔教授在论述生态文化的资源时指出：“有西方思想体系内其他有影响的理论线索，如斯宾诺莎的伦理一元论；更有很多来自非欧洲地区的思想启迪：甘地对奈斯的影响；南亚和东亚各种哲学思潮的广泛传播，其中佛教和道教的影响尤深。”[②]这种概括是符合事实的，生态文化发展的历史已经告诉我们，生态文化的思想资源更多来自欧洲之外的东方，在各种前现代的文化中蕴含着丰富的生态文化智慧。从我们中国来说，尽管“生态学”的知识概念是近代以来从西方引进，但我国古代却包含着极为丰富的生态文化与生态审美智慧。“天人合一”成为我国古代哲学与文化的共同诉求，正如司马迁所言古代文人的追求是“究天人之际，穷古今之变，成一家之言”。“生生为易”成为我国古代文化哲学的核心，所谓“天地之大德曰生”。生命论成为各种文化形态的特点，儒家追求“爱生”，道家追求“养生”，而佛家则追求“护生”。儒家经典中的“己所不欲，勿施于人”与“民胞物与”已经成为公认的生态“金规则”。而道家的“心斋”“坐忘”；儒家的“养性”；佛家的“修行”“禅定”都是著名的古典想象学的“悬搁”，成为当代进行生态文化教育的

---

① [加]艾伦・卡尔松：《环境美学》，杨平译，四川人民出版社2006年版，第208页。

② [美]劳伦斯・布伊尔：《环境批评的未来：环境危机与文学想象》，刘蓓译，北京大学出版社2010年版，第112页。

重要资源和方法。我国古代艺术中的“气韵生动”“寄兴于景”“风雅颂赋比兴”等等均包含浓郁生态意蕴,成为发展当代生态美学与生态艺术的重要借鉴。总之,“环境”一词作为科学主义的概念无法包含东方“天人合一”等生态哲学与审美智慧;而“生态”一词的关系性与生命性内涵则必然包含着东方生态智慧。因此,从生态文化与生态美学的长远的健康的发展来看,我们认为“生态”一词更加合适。如果,继续使用“环境”一词,那就必然将大量丰富的东方生态文化排除在外。

“生态”与“环境”之辩,不是简单的词语之辩,而是涉及包括生态美学在内的生态文化如何更好继续前行的重要问题。我们认为不应因为受具体发展过程中某些现象的干扰而影响到对于“生态”这一概念的正确理解与使用。

(《求是学刊》2015 年第 1 期)

关于生态美学的几个问题

——在少林寺的讲演

我今天讲的题目是《关于生态美学的几个问题》。这个题目可能大家都有一点陌生，首先我想讲一下什么是美学。我简单地介绍一下。“美学”这个词，是18世纪中期德国哲学家鲍姆加登创立的一个词，同时也是一个学科，西语里面叫“Aesthetica”，这个词本身是一个感性的完善之意，中国历史上没有这个词，后来这个Aesthetica经过日文转译成中文变成了“美学”，所以这里面有点别扭。“美学”的这个“美”，中文里面含有漂亮的意思，英文就是Beautiful。实际上，广义的美学不单纯是漂亮，广义的美学是研究人和对象的审美关系的这样一门学问，就是我们和对象发生很多关系，比如说我们和嵩山有很多关系，我们人和人之间也有很多关系，有工作的关系、有经济的关系、有贸易的关系等等，其中还有一个审美的关系。

什么叫审美的关系呢？就是这个对象能够使你产生一种肯定性的情感体验。就是你看了一个东西你喜欢不喜欢、高兴不高兴，就是给你产生一个喜欢、高兴的肯定性的情感体验。因此，恶心、反感则不是美，这叫做人与对象的审美关系。美学是研究审美关系的学问，长期以来在美学这个领域里面，大自然是被边缘化的，基本上不在美学的范围之内，因为大家都知道有一个德国的大哲学家叫黑格尔，马克思和恩格斯他们的哲学就继承了黑格尔的哲学，经过改造之后加以发扬。黑格尔有一本很著名的书，我们把它翻译成《美学》，他对美学的定义是什么呢？是“美学就是艺术哲学”，是研究艺术的美学。自然在什么情况下才美呢？自然只有在像艺术一样反映出人的时候才美，也就是说，是有人对其“移情”才美。到了20世纪后半期，特别是21世纪，我们认为这个观点是有问题的，生态和自然应该进入美学领域，所以提出了生态美学的问题，这是一个新的学科、新的领域。这和我们的传统文化，和我们的生活都有密切的关系。

我今天就讲生态美学的几个问题。一共是四个问题：第一个是生态美学的产生和发展；第二个是我们为什么要提出生态美学，既然有原来的美学,我们为什么还要提生态美学;第三个什么是生态美学;第四个是中国传统文化所包含的一些生态智慧与生态审美智慧。

第一个问题,生态美学的产生与发展

生态美学是在后现代经济、哲学与文化的历史背景之下产生的。这里面出现个名词叫做“后现代”,什么叫“后现代”呢?我们当下就应该是“后现代”,所谓“后”就是对现代的一个反思和超越。什么是“现代”呢?现代就是工业革命。我们今天吃饭的时候还在那儿说,我们一刻也离不开现代。比如说电,如果没有了电就不可想象,如果没有了电,我们今天下午的报告也很难进行,我们不能照明、不能取暖,我们的工作、学习、生活都出现了问题。总之,现代化给世界带来了巨大的变化,但是现代化也有现代的弊端,环境污染、生态恶化就是弊端之一,所以生态美学、生态理论是后现代哲学文化背景下出现的一个新的美学观念,它经过了一个漫长的发展过程。

首先是海德格尔。众所周知,当代西方有几个大的哲学家,一个是马克思,一个是弗洛伊德,讲潜意识的那个精神心理和精神分析的哲学家和心理学家,另外一个就是海德格尔。首先,海德格尔1950年写了一篇文章叫《物》,就是“物体”的“物”。他在这个文章里面提出了个非常重要的观点,叫做“天地神人四方游戏”,这个观点和神学有一点关系说白了就是我们中国的“天人合一”。他将其概括为“天地神人四方游戏”,这也是海德格尔对自己早期的另外一个观点“世界与大地的争执”的一个突破。1927年海德格尔有一本书叫做《存在与时间》,他提出个命题,就是人们如何了解世界,人们如何生存?他认为,人只有在世界和大地的争论当中才能生存,在天人之争当中才能生存。而后来,他的“天地神人四方游戏”是对这个观点的一个突破。

第二个出现的是,1962年美国的生态学家叫做莱切尔·卡逊写了一本非常重要的有名的书,叫做《寂静的春天》。这本书成为作为生态审美观实践形态生态批评的里程碑。莱切尔·卡逊是一位女性,美国的著名生态理论家,也是个海洋生物学家。莱切尔·卡逊终生未婚,她把自己的一生都献给了生态事业。她这本书针对一个什么问题呢?就是针对当时工业化的开始,在农业当中使用一种农药叫做DDT,现在不太使用这种农药了,我们小的时候还使用过这种DDT,现在打蚊子时仍使用DDT。当时大规模地使用这种农药来杀灭害虫，由于过量地使用DDT，造成了对庄稼的伤害，也造成了对人的伤害，所以她虚拟了一个美国中部的乡村。大家都知道美国的面积比我们中国略小，但是人口只有两个多亿，它的生态资源应该是比较丰富的。美国中部的一个乡村，本来繁花似锦，植物繁茂，人丁兴旺，但是由于使用了DDT，造成了喧闹的春天变成了寂静的春天，不仅庄稼枯萎，人也生了各种怪病，各种鸟类也灭绝了。这本书在1962年出版以后，引起了巨大的反响。它的一个反响是这本书的出版后，使得化学农药行业受到了致命性的摧毁，人们不买DDT了，不买农药了。由此，化学农药行业里的商人、资本家，包括它背后的官员，甚至有些科学家都联合起来攻击莱切尔·卡逊，所以当时《纽约时报》有一个通栏的标题叫做《"寂静的春天"变成了喧闹的夏日》，因为这本书6月份出版正是夏天。此外，他们还对莱切尔·卡逊进行人身攻击。莱切尔·卡逊正在这个时候患了乳腺癌，但她非常坚强，顶住了压力，还因这本书导致美国出台了限制农药使用的环境保护法。这是第二个事情。

第三个就是环境美学的出现。环境美学是1966年开始出现的，但是有代表性的著作是1992年美国著名美学家阿诺德·伯林特出版的《环境美学》。在环境美学产生之前，在1978年美国还有一个文学家鲁克尔特发表《文学与生态学》一文，首次提出"生态批评"与"生态诗学"这两个概念，逐渐使生态批评逐步成为显学。我是研究美学和文学理论的，在我们文学领域，有社会的批评，有审美的批评，有精神分析的批评，有原形的批评，现在又增加了一个生态批评。

而生态美学在我国的发展历程是这样的。大概是1994年我国学者李欣复教授首次提出生态美学。李欣复是曲阜师范大学的教授，他发表了第一篇论生态美学的文章，是在《南京社会科学》发表的，提出了"生态美学"的概念。但是生态美学的真正发展则是2001年秋在西安召开的"全国首届生态美学学术研讨会"。我是2001年开始介入生态美学这个事业，一直坚持到了现在。一开始形势很不好，我们到外面讲生态美学，基本上受到的都是批评和质疑，现在的形势好多了。目前，我国已经出版专著10多部，大约有10名博士生选择生态审美观或生态批评为博士论文题目，另外大概有七八个国家社科项目是生态美学、生态文学和生态批评，说明它已逐步被学术界认可。

这是我国生态美学的提出及发展的历程。2007年以后，我国提出生态文明建设，生态美学建设得到了更好的支持，相应的也有了更好的理论上的支撑,形势会愈来愈好。

第二个问题,为什么提出生态美学

原来已经有美学理论了,我们为什么要提出生态美学?如果把为什么用一句话来概括的话,我们可以把它概括成是为了适应现实的需要。任何时候,包括科学与社会科学的产生与发展,必须要适应现实的需要。恩格斯曾经有句名言:“社会和现实的需要比十所大学对学科的推进作用都要大”。所以,生态美学的发展是为了适应社会的现实需要。

应该讲,我们国家的现代化取得了巨大的进步,但是我们的生态问题也已经非常紧迫地摆在我们每一个人的面前。在日益严峻的生态问题面前,我们每一个人,特别是每一个学者都有一种责任,就是生态责任。我们每个人、每一个学者都不应该缺席,这是我们所有的学者,也是我们所有的公民都应该有的态度。所谓“现实的需要”,一共有四个方面:

(1) 是为了适应当代社会由工业文明到生态文明转型的需要,就是我们这个社会形态由工业文明到生态文明的转型。人类发展的社会形态经过了四个阶段:第一个阶段是人类对自然无限膜拜崇拜的这样一个原始文明时代,那个时候刀耕火种,自然神论,万物有神,这是第一个阶段。第二个阶段是人和自然很初级的统一的和谐的农业文明时代。农业文明时代是很初级的、很初步的一种统一和谐。人们对农业文明的通俗表述就是“三十亩地一头牛,老婆孩子热炕头”,过得很舒服,烧个柴火,喝个糊糊,日出而作,日落而息。第三个阶段是蒸汽机发明的时代,就是工业文明时代,这个时候人类的科学技术空前的发展,人类要开始自觉地改造自然,大规模地改变自然、战胜自然,这时人类就和自然产生了尖锐的矛盾,叫工业文明时代。工业文明大概经过了200多年的时间,我们发现这一条路并不是一条很通畅的路,于是要走一条既要尊重科学技术同时又要尊重自然的路。第四阶段是生态文明时代。进入了一个新的时代,生态文明的标志是1972年联合国发表《人类环境宣言》,将环境问题作为全人类所面临的最紧迫的共同课题提到我们全世界所有的人面前。

我们国家是20世纪90年代开始提出“可持续发展”的战略方针,开始关注这个问题。我们属于工业化和现代化的后发展的国家。2004年4月30

日我国学者更加明确提出“人类文明正处于由工业文明向生态文明的过渡”的问题。这个生态文明的建设对我国显得特别重要，我国是一个资源紧缺型的国家，是个环境压力大的国家。过去我们小学的时候，教材上说我国是“地大物博”。现在我们看地也不大，物也不博。我曾经在加拿大维多利亚大学待了几个月，加拿大是1000多万平方公里，只有3000多万人口，我们中国是960多万平方公里，比加拿大要小点，13亿人口。这个意味着什么问题呢？就是说加拿大是13平方公里养一个人，我们国家是一平方公里有13个人在那生活。而且这个每一平方公里含的物质财富还不一样。我们的国家是以世界9%的土地养活占世界22%的人口，我们的土地可耕面积很有限，只有世界的9%。我国的森林覆盖率不到整个国土的14%，国际上人均的覆盖率是30%，是国际水平的一半不到。我们的淡水资源是世界人均的四分之一，所以我们国家是一个缺水的国家。我们环境污染的严重性也是空前的。温家宝总理最近有一句话说，“发达国家上百年工业化过程中分阶段出现的问题，在我国已经集中出现。”发达国家200—300年工业化过程中逐步出现的环境污染的问题，大家都很熟悉的。比如日本的水俣病，日本水俣这个县由于工业化过度，河水里面沉淀了很多的水银，人们吃了河里面的鱼以后，把这个水银吃到肚子里以后得了一种奇怪的病，后来查出这个病叫做“水俣病”。还有一个是“伦敦雾”，伦敦雾不是白色的，是紫色的。为什么伦敦雾是紫颜色的？因为伦敦是一个工业化的城市，它的烟尘使它薄薄的雾呈现出紫颜色。但经过几十年的治理，这些问题得到了解决或缓解，说明发达国家的环境污染得到很大的遏止。我们国家呢？我国的现代化是1978年以后开始的，在30年的时间里面我们走过西方国家200年已经走过的历程，取得巨大成就。但同时在这30年的时间当中，环境污染问题也在我国集中发生。我们现在的环境污染对国民生产总值的冲击，据权威经济学家分析，已经占了国民生产总值很大比例，很惊人的，这种情况就叫“生态欠债”，这个债是需要逐步偿还的。我们太湖的蓝藻、松花江污染，最近的陕北的重铅污染，都是非常严重的问题。所以，在这样的情况下，我们必须要改变我们的发展模式和文化态度，走环境友好型之路，用审美的态度来对待我们的自然。这是第一个需要。

(2) 是为了适应20世纪以来哲学领域从主客二分到主体间性以及由人类中心到生态整体转型的需要。大家都知道，对于哲学领域的转型，学术界一般把它定格在1831年，因为1831年有一个非常重要的人物去世了，黑格尔去世了。黑格尔是一个理性主义哲学家,他是侧重人类中心的、主体性与理性主义之路。他的去世导致了哲学的转型,由原来的主客二分的理性主义的哲学过渡到人和自然的和谐统一的主体间性的哲学。什么叫间性呢?原来是认为人类高于自然,人类改造自然。这个“间性”就是主张人类和自然是朋友,他们之间是两个主体之间的间性的关系,这是一个转型。这个转型经过了漫长的过程,首先是德国的尼采于1872年发表的《悲剧的诞生》里面提出重要的“酒神精神”,这个“酒神精神”是不同于传统的理性精神的。这个“酒神”是古希腊的一个神,这个神是非理性的,整天喝得醉醺醺的,但是有蓬勃的创造力,有艺术的创造能力。尼采就用这样的精神代替了黑格尔的理性精神。同时,还有胡塞尔与海德格尔的现代现象学与存在论哲学,其后又有法国哲学家德里达的“去中心”、福柯的“人的终结”、阿伦·奈斯的“深生态学”等等,都反映了这样的转型。这是第二个需要。

(3)是为了适应美学与文学从20世纪60年代以来逐步发生的由无视生态纬度到十分重视生态纬度的转型的需要。我刚才讲了,美学和文学领域本来对自然生态是无视的。我讲的是西方,中国历史上大概不存在这个问题。但是我们现在同样是无视生态纬度,由无视生态纬度,不重视生态纬度,到逐步地重视生态纬度这样一个转型。20世纪60年代以来,生态批评、生态文学、生态诗学与环境文学在国际学术界逐步成为显学。

这里面有几件事,一件是1966年有个美国的美学家叫做赫伯恩,他写了一篇文章,这个文章是专门批判黑格尔的,他就认为黑格尔把美学规定为“艺术哲学”,对自然的忽视和否定是错误的,应该恢复自然在美学和文学里面的地位,这是第一个向“美学是艺术哲学”发难的学者。第二件是1984年日本有个美学家叫做今道友信,今道先生是东京大学的教授,他学问做得非常好,他现在80岁左右了,他老人家还健在。日本有两个非常著名的美学家,一个叫佐佐木,一个叫今道友信。今道在东京大学退休以后到一个私立的大学去当总长去了,美学不做了,我们觉得非常的可惜。今道友信邀请了两个人,一位是法国的杜夫海纳,另一位是澳大利亚的帕斯默,这三位著名哲学家聚会东京研究一个问题,研究生态伦理学不断发展以后,美学应该怎么办,就是要把生态伦理学引到美学当中。在文学上,我刚才讲到,就是美国的文学家、文学批评家鲁克尔特,他在1978年写了一篇论述生态文学和生态批评的文章,这一篇文章发表在《衣阿华学报》的冬季版,第一次提出“生态批评”这样一个概念。这是第三个需要。

(4) 是为了适应新的经济全球化背景下振兴我们中国优秀传统文化的需要。这个和我们的“禅宗中国”课题有紧密的关系。大家都知道我们当前是经济全球化,我们国家的经济与世界上所有的国家的经济都是一体的,经济危机、金融危机影响到所有的国家,包括我们国家也概莫能外。在这样一个背景下,西方的强势文化对我们的压力日益增强。大体上我们核算了一下,我们中国文化和西方文化的交流,在输入和输出上的比例是 9∶1。大概我们输入是 9,输出是 1。9∶1,这是一种文化上的“入超”。众所周知,我们的现代化不仅需要经济与工业的现代化,而且需要在文化上实现新的伟大复兴,我们的现代化需要中华文化的伟大复兴。所以我国人民在现代化的过程当中,也需要从优秀传统文化当中找到自己的精神家园。所以,在这种情况下,优秀的中华传统文化的振兴成为历史的需要。在我们中国的优秀传统文化当中,生态智慧是非常宝贵的思想财富,这是国际公认的。我们的古典生态智慧是非常宝贵的思想财富和资源。传统儒家的“天人合一”、道家的“道法自然”观念;北宋学者张载提出“民胞物与”,即人民是我的同胞,大自然万物是我的朋友,这样的思想等等。还有佛教,佛家的善待众生、众生平等这些思想都有它重要的价值,为国际学术界所看中,成为开展国际学术交流非常好的领域。所以,罗马俱乐部非常重视我国古代生态智慧。大家都知道有个罗马俱乐部,是 1967 年罗马重要的社会活动家叫贝切伊组成的一个文化俱乐部,把国际上重要的科学家和思想家都聚集在一起讨论国际上的重大问题,其中一个重要问题就是生态环境问题。有一本大家非常熟悉的书,已经改了第三稿,叫《增长的极限》,是美国麻省理工学院学者受罗马俱乐部的委托写的,这本书认为我们的经济增长是有一个极限的,经济增长和物质的基础之间有一条函数线,这两条线如果相交了就会发生灾难了。罗马俱乐部有个中国分部讲了一句话:老子几千年前提出了“无欲”与“天人合一”,这正是人间“正道”的基本前提。老子的思想提供的价值观念真正切中了以西方文化为主体的现代文明异化的种种问题与要害,是抑制现代文明病的良方。这个“无欲”和佛学关系很大,所谓“清净无为无欲”。

第三个问题,什么是生态审美观

1. 什么是生态审美观?

生态审美观是一种当代生态存在的论审美观。就是说所有的美学观点，在很长一段时间里都是认识论的，认为审美是对人和世界的一种认识，但是生态美学是存在论的，审美不是为了认识某个东西，我们审美是为了人类，为了个体，为了使其生存状态越来越好，这是一个非常大的差异。我刚才也讲了，我们生态美学观是1994年首次提出来的，这种观念有广义和狭义的两种理解。狭义的理解就仅仅局限在人与自然的审美关系，人和自然要达到亲和和谐。广义的理解指建立人与自然生态的审美关系延伸到人与社会、人与人之间的审美关系。首先包括人和自然的审美关系。所以，广义的生态美学是一种符合生态规律的当代存在论的生态美学。

2. 生态审美观在一些重要的理论问题上有新的发展。

这个发展我们把它归结为四个方面：

(1) 在美学学科的哲学基础方面的发展。它标志着我国美学学科的哲学基础将由认识论过渡到当代存在论，并从人类中心过渡到生态整体。长期以来，我们的美学是认识论的美学，我国20世纪60年代和80年代有两次大的美学讨论，这两次大的美学讨论产生了四个观点：第一个观点，就是美的客观说。这是中国社科院文学所的蔡仪先生主张的。什么是美的，典型就是美的，就是说如果说你这个对象是比例适中的，是典型的，就是美的。所以反对者与蔡老争论的时候，讽刺的说法就是：难道一个典型的毛毛虫也是美的吗？这是蔡仪先生有关美的客观性的观念；第二个观点，就是美是主观的，这是高尔泰先生提出的。他用了一个通俗的话叫“情人眼里出西施”，就是你喜欢的人你怎么看都好，就是美是主观的；第三种观点认为，美是主客观统一的，这是朱光潜先生提出的；第四种观点认为，美是客观性与社会性的统一，是李泽厚先生提出的。这四家里面，有三家是从认识论的角度来审视美的问题，或认为美是一个实体，美是一个可以看得见并客观存在的东西；或认为美是主观的；或认为美是客观性和社会性统一的。只有朱光潜先生没有把美看作一个实体。我们也认为审美不是一个实体，审美是个过程，是一个经验。所以审美和人的生存存在紧密相关。而且只有从存在的立场我们才能理解人与自然的一致，从传统认识论的立场无法理解这种一致性。如果从认识论的立场，对这个对象就要改造它、认识它，它和人是对立的。只有这个对象变成我们人类的生存的必要条件，才能够使主体和对象真正统一。

大家都知道，人生在世有两种模式，一种是认识论的模式，认识论的模式就是主体和客观二分对立的模式，我要认识这个手表，我就要把这个表打开，看看这个表的结构怎么样，这里面有指针有铁皮，还有一个电池等等，这是我认识到的；另外一种人生在世的模式就是“此在与世界”的这种“在世”模式。“此在”就是一个在具体时空中的人，这个人不是一个静止的不变的事物，这个“此在”是在发展当中的，是一个过程，有时间有空间；所谓“世界”就是人生活的世界，世界离不开人，人离不开世界。世界和人是什么关系呢？就用佛学的话来讲，就是一种机缘性的关系，是一种缘分。今天我在这里演讲和在座的各位相聚是种缘分，我今天到少林来也是一种缘分，是一种机缘性的关系。在这种“此在”的在世模式中人和自然才能统一，才能产生一种新的包括自然的人文主义，叫“生态人文主义”。人文主义是对人的关怀，但是我们这种“此在与世界”的这种在世模式告诉我们，对人的关怀不能离开对自然的关怀。我们坐在这儿，如果外面发生地震了，我们能安稳地坐在这儿吗？如果外面的空气是浑浊的，我们能舒服地坐在这儿吗？

（2）从美学理论本身来看，生态美学的出现标志着我国美学理论将由无视生态纬度、过分强调“人化的自然”过渡到重视并包含生态纬度。我们的美学理论长期以来不重视自然。我刚才已经讲了传统的观点是“美学是艺术哲学”，同时讲什么是美呢？就是“人化的自然”，就是人改造了对象，在对象之上打上主观的印记，然后在被改造的这个对象身上自我欣赏，这就叫美。把美、“人化的自然”和对象的改造完全结合在一起。但生态美学的出现就改变了这种状况，从传统的不包含生态纬度的美学到把生态纬度放在一个重要的位置。

（3）从人与自然的审美关系来看，将从自然的完全“祛魅”过渡到自然的部分“复魅”。这个里而出现一个新的概念，叫做“魅”。“魅”就是魅力、神秘等等。在远古时代，由于自然科学的不发达，人们把万事万物都看成神秘的不可解的，是一种“魅”。科技发展以后，工业革命以后，人类以为自己什么自然现象都可以掌握，都可以改造，所以要“祛魅”。这时有一个德国的理论家叫马克斯·韦伯，这个马克斯·韦伯提出了“祛魅”这样一个概念，就是工业革命和科技的发展，人类对自然的所有的“魅”都去掉了，出现“祛魅”这样一个概念。生态美学和生态哲学的产生提出了部分的“复魅”，这个里面就有科学和宗教的关系，这个纬度也包含在里面了。“魅”就是神秘性，就包含在这里面了。“复魅”是复什么“魅”呢？我们不是回到远古时代万物有灵那样的时代，而是部分的“复魅”。恢复什么样的“魅”呢？三个内容，第一是自然的神圣性。大自然是神圣的，我们人是自然的儿子，大自然是人类的母亲。每一个人的个体在大自然母亲面前是渺小的,每一个人最后都要回归自然。今天社科学院的郑老师跟我说,嵩阳书院有一棵4500年的柏树。一个人活100岁都不得了了,但是一棵树竟然能活4500年,所以人和自然相比是渺小的,自然是神圣的。自然是不是神圣的,这个问题在我们国家到目前仍然有争论,那就是要不要敬畏自然。有人对敬畏自然提出了批评,而且是一位重要的学者。我本人也在《人民政协报》发表了篇名叫《人类是否应该敬畏白然》的文章。第二是要部分地恢复自然的神秘性,对于自然,人们是可以认识的,但是自然的秘密人类却永远不可能穷尽,人类可以逐步地走进自然,但无法穷尽其秘密。恩格斯有一个非常有名的著作叫做《自然辩证法》,可能我们大家都知道。《自然辩证法》里面有一段谈到宇宙的生成。到底宇宙是从哪里来的?我想每个宗教对宇宙从哪里来的都有回应,但是宇宙到底是如何产生的,到现在仍然是一个谜。恩格斯对宇宙的产生,两个地方连续写了“不知道”。宇宙是怎么产生的呢?星云说认为是由星云产生的,还有的理论认为是由什么宇宙中微型物体的聚合产生的等等。目前,仍然有许多大自然的神秘性无法解释,无法求证。第三是恢复大自然潜在的审美性。大自然赋有潜在的审美性,你看我们的山,北方的山和南方的山形态不一样,南方的山雨雾蒙蒙的,北方的山连绵不绝,气势磅礴。大自然有一种潜在审美性,正是由于这种潜在的审美性,所以人们用审美的目光欣赏的时候才能产生美感,所以美不纯粹是主观的。

(4)从审美研究的思维方式来看,从传统的认识论的主客二分的思维方式过渡到生态现象学的方式。现象学这个方法是德国哲学家胡塞尔提出来的,这个方法包含这样几个要点:一个是要回到原初,回到人思维的开始。如何回到原初呢?要悬搁,要把人的一切乱糟糟的错误的观念、人的欲望加以悬搁。这又和佛家有关系,佛家是通过修炼加以悬搁。只有这样,人和自然才能达到平等共生。我们要悬搁什么呢?一个就是要把过分的科技理性、工具理性悬搁起来,第二个要把我们过度的私欲悬搁起来,达到人与自然的“平等共生”。大家都知道我国有许多非常美丽的滨海城市,有许多美丽的海湾,在这些城市修建沟通两岸的通道是必要的,但有的城市修了海底隧道还不过瘾,还要修跨海大桥,不仅破坏了海湾的环流,而且破坏了海湾的生态,后果很严重。还有的滨海城市将美丽的海岸线全部加以硬化,修成通衢大道,破坏了大量的沿岸植物,包括珊瑚礁等,极大地降低了海岸线抵御洪水的能力。这就是一种过度的开发,表现了人的过度的错误的欲望,应该加以限制。

3. 介绍一下生态审美观的具体内涵。

我从四个方面来介绍一下：

(1) 生态美学的文化立场。生态美学、生态批评是一种文化批评。生态美学之所以对传统美学是一种革命，首先是文化立场一个巨大的变化。有这么几个重要的文化立场：

第一个就是生态存在论的文化立场，由传统认识转变到生态存在论，这是由美国圣巴巴拉大学"后现代研究中心主任"和"过程研究中心执行主任"大卫·雷·格里芬首先提出来的。他针对认识论和人类中心主义提出"生态论的存在论"。格里芬是建设性的后现代理论的创始人之一，他有一句非常有意义的话，我读给大家听一下，这句话对我们有帮助，格里芬说："人类应该轻轻地走过大地，只获取自己应该获取的东西，把充分的财富留给我们的后代与邻居。"这句话写得像诗一样，人类当然要走过大地，每个人生下来以后都要走过。就拿本人来说，我出生在安徽，在上海念中学，在山东念大学，然后在山东工作至今。在这过程中曾经走过好多的地方，现在又到了河南。每个人的一生都要走过大地，都要获取自己生存所需要的物品，但要"轻轻地走过，只获取自己应该获取的东西，把充分的财富留给我们的后代和邻居"。邻居是谁？就是动物和植物。因为在地球的大家庭中，人类与动植物就是一种比邻而居的关系，大家都是大家庭中的成员。这就是格里芬说过的话，非常有诗意，带有终极关怀的内涵。

第二个就是"有机世界观"，这是美国环境哲学家科利考特提出来的，包含有机整体的内涵，是对机械论的批判。机械论把地球想象成一个机械、一个钟表，什么都是预定好的。有机世界观说这是不对的，万物特别是人类，特别是人和自然是一个有机整体，是有生命的。

第三个是"共生"理论，由挪威的哲学学会的会长阿伦·奈斯提出的。阿伦·奈斯写了本书叫做《深生态学》。这个《深生态学》是针对浅生态学讲的，浅生态学是1866年由德国生物学家海克尔提出的，他主要讲的是植物的生态现象。每个地方都有自己的生态系统，我们嵩山有嵩山的生态系统，武当山有武当山的生态系统，每个地方都有每个地方的生态系统。阿伦·奈斯认为，运用生态学观念解释人类社会就是深生态学，其实就是我们现在所说的"生态哲学"。他提出两个重要观念，一个是"生态自我"。什么叫"生态自我"呢？就是认为所有的生物都是有自我价值的，是有内在价值的。第二个就是“生态共生”，就是生态系统里面所有的物体都是息息相关的，必须要有动物和植物与地球万物，才会有人类，没有了动物植物，没有了大地和水，就没有人类。人类与自然万物形成一种“共生”的关系，共生共荣的关系。

第四个“生态环链”理论。生态环链理论涉及的学者比较多，英国历史学家汤因比有一个非常著名的观点，就是我们人类犯了弑母之罪，因为地球是人类的母亲，人类破坏大自然等于犯了杀害自己母亲的罪。人类犯了弑母之罪，这是汤因比讲的。另外是莱切尔·卡逊讲的。什么叫生态环链呢？她认为所有的物体，在生态系统上都构成了一个环链，环环相扣，一环不可缺少。这个生态环链里面，据生态理论家研究说呈金字塔形，人在金字塔的最顶端，下面是哺乳动物，再下面是一般的动物，再下面是鸟类昆虫，再下面是苔藓，再下面是大地。这个金字塔形，下面的这个部位可以离开上面的部位，植物可以脱离动物，大地可以脱离动植物和人。可是上面的部位呢？一刻也不能脱离下面的部位，人能离开动物、植物，能够离开大地和水吗？不能离开，所以这个金字塔形的环链当中最脆弱的是人。

第五个是“该亚定则”。这个是由英国科学家拉伍洛克提出的。拉伍洛克是火箭方面的工程师。他是英国科学家，但是在美国的火箭的研究机构工作，他提出一个“该亚定则”。也就是说，把地球比喻为古希腊神话中的地母“该亚”。有一个绘画，这个绘画就是古希腊神话的形象，该亚的整个的身体和大地连在一起，但上身露出地面用自己饱满的乳汁哺乳了、养育了地球上的子女。这里面就包含了“敬畏自然”和“自然是有生命的”这样一些理念。由此，他提出了个非常重要的学科设想，就是地球生理学，地球是有生命的，有健康与不健康之别；地球是有生理的，是一个有生命的循环。地球从太阳接受能量，然后进行新陈代谢，吸收氧气，植物创造果实给人类营养，然后是一种循环，能量的循环，生命的循环。我们就把地球有生命的这种情形叫做地球生理学，这产生一个概念，就是地球健康不健康的概念，就是我们现在讲的：健康黄河、健康长江。我们的黄河现在不算健康，我们的长江也在生病，我们的污水，我们对环境的破坏，对江河的健康影响非常大。

第六个就是“复魅”。我刚才已经讲了，是大卫·雷·格里芬提出来的。

(2) 西方美学中生态美学的范畴。西方美学的生态美学范畴大概也有这么几个重要的观念。

第一个叫做“诗意地栖居”。生态美学的范畴与我们过去的传统美学范畴有非常大的差异，我们传统的美学范畴有美、丑、美感、悲剧、喜剧等等这样一些范畴，还有崇高等等。生态美学基本上摆脱了上面这些概念，是一个新的美学观念。第一个就是“诗意地栖居”，就是把人的生存状态作为一个重要的指标，是海德格尔提出的。什么叫“诗意的栖居”呢？就是人审美的生存之意，这个诗意的栖居是与工业革命当中完全凭借技术的栖居相对立的，我们的工业革命完全靠技术来生存。不知道各位到过纽约的华尔街没有，到过香港的旺角没有，或者到过上海的南京路没有，没有到过那些地方的话肯定到过郑州的繁华闹市，反正我觉得差不多，一个一个林立的高楼，人站在那里感觉特别的压抑。中国的城市基本上一样，先向美国学，然后再向香港学，然后再向上海学，一样，很难说有什么“诗意的栖居”。

第二个是“家园意识”。也是海德格尔提出的，非常丰富，包括人要回归最本真的与自然和谐相处的精神与生活家园之意，表现了我们当代工业社会中人失去家园的茫然之感。在座的各位法师和朋友，我想问问你们，你们有一种找不到家的感觉吗？我有时候就觉得找不到家，我觉得所有的地方都差不多，从外形上来讲差不多。我刚才讲了，我觉得自己好像忙忙碌碌的有一种找不到家的感觉。当代社会有一个非常重要的特征，就是大家都有一种茫然若失之感。所以我们首先要找到自己物质的家园，现在家都是一样的，所有的公寓房子都是一样的，敲错门找错地方的事常有。当然，最重要的是找不到自己的精神家园，精神的依归在哪里？我们的优秀传统文化就是我们的精神家园。

第三个是“四方游戏”。也是海德格尔提出来的。什么叫游戏呢？就是自由。“天地神人四方游戏”，游戏就是自由，在游戏即玩的过程当中人们是自由的平等的，是与人类中心相对立的。

第四个是“场所意识”。“场所意识”比“家园意识”要小一点，是我们具体生活的地点。我现在在少林寺的小禅房里面做学术讲演，周围的这些物体对我来讲，是在手不在手的问题，在不在我的手边的问题。旁边的东西再重要，不在我的手边，也与我没有关系。现在我用的麦克风和我的电脑是在手，在手还有上手不上手、称手不称手的问题，也就是我用着舒服不舒服的问题。比如现在这么强的电灯照得我有点不舒服，就是不称手，其他的都很称手，这是环境。如果环境污染，现在有污浊的空气，我们感觉不舒服，就是不称手。

第五个是“参与美学”。这是美国环境美学家阿诺德·伯林特在《环境美学》一书中提出的，这个“参与美学”非常重要，就是人们对自然环境的欣赏，全方位地参与。传统美学即静观美学，是康德在《判断力批判》一书中提出的，认为审美中人和对象必须保持距离。康德认为，如果主体不与对象保持距离，就不是无功利的，但一旦有功利，就不是审美的，就是实践的。譬如一个苹果，你在欣赏它的时候，你对这个苹果就是审美的。如果你口渴，你产生一个吃的念头，你想吃它，那就离开了审美。如果你真的把它拿过来咬一口，那就更加离开审美了，就变成一种吃的实践了。正是因为审美是静观的、有距离的、非功利的，所以康德认为审美只有两个器官就是眼睛和耳朵，因为只有眼睛和耳朵才能和对象保持距离，其他的鼻、舌、身以及嗅觉、味觉、触觉等不能参与审美。但是在我们的现实生活里面，在我们对自然的审美里面，我们所有的眼耳鼻舌身都是参与审美的。譬如我们到少林寺来，我们喝的水如果不甘甜，我们会不愉快的。如果嵩山空气不好，我们也不会有美感。所以，“参与美学”是主张人类的眼耳鼻舌身全部参与美的构成，这是生态美学非常大的一个飞跃与突破。

(3) 中国古代生态美学范畴。因为非常丰富，我只举几个例子。

第一个是“天人合一”的观念。“天人合一”很显然是中国很有价值的生态理论和生态智慧，这个问题有很多分歧，我们学术界也有很多的讨论。但是我认为总的来说应该是成立的，因为，“天人合一”是中国传统文化中最带有标志性的一个概念、一个范畴，不能把这个东西丢掉，有一些讨论是很正常的。“天人合一”是中国古代具有总体性的一个范畴。大家都知道，司马迁写《史记》，就是说自己是要“究天人之际，穷古今之变”，说明中国古代文化就是追求天人之际，研究古今之变。“天人合一”是非常核心的个范畴，中国的传统文化就是主张人和自然统一的。

第二个是《诗经》里面的风体诗。《诗经》有风雅颂赋比兴“六体”，共305首，其中风体诗包括国风160篇，大雅、小雅105篇。对于这105篇大雅和小雅，我的老师高亨先生考证，“雅者夏也”，说“雅”不是指雅乐，实际上是指夏地的夏。夏者王畿也，什么是夏呢？夏这个地方是周天子所在的地方。这样，160篇加105篇共265篇，《诗经》305篇中就有265篇是风体诗，所以《诗经》中绝大部分是风体诗。什么是风体诗呢？繁体字的“风”是怎么写的呢？中间有一个“虫”，风从虫，《说文》里面讲，“风动虫生”。我们很多朋友都是从农村来的，大家都知道，春分之后是惊蛰，惊蛰过了以后，这个春风吹动，虫就开始从土里面生出来，故“虫八日而化”。因此，“风体诗”就是反映人的生命律动和自然关系的原生态的诗。

第三个是比兴法。比兴是《诗经》的主要艺术创作手法，和自然的关系非常密切。《说文》指出，“比，密也”，也就是说所谓“比”就是两个人非常的亲密。又说：“从两大也。两大者，二人也”，就是两个人很亲密，这就是“比”。那么，什么是“兴”呢？“兴者，举也”，“兴”字下面不是两点吗？“谓两人共举一物。”我们现在查甲骨文的“举”字，两个人举什么物呢？是两个人在祭祀的时候用手把一个鼎举起来，这个鼎里面放着祭祀的物品，祭祀祷告上天。这样我们可以看出来，所谓“比兴”，就是指人和自然的亲密，是一种东方式的与自然平等的艺术表现手法，后来发展到“比德”，还有“意境”等等。

第四个是“饥者歌其食，劳者歌其事”。后汉何休所言“男女有所怨恨，相从而歌。饥者歌其食，劳者歌其事”，说明我们中国古代艺术来自民间的艺术，特别是民歌反映的是人的生存状况的。也就是说饥者没有饭吃，通过歌唱表现他的饥饿；劳苦者通过诗歌歌唱他劳苦的事情。所以我们《诗经》里面，集中表现了劳动人民生存的情状与感悟，属于古代的生态存在论美学范围。如“怨怼诗”、“桑间濮上诗”、“思夫诗”、“怀归诗”与“乐诗”等等。所谓“怀归诗”是因为长期的劳役，把家里面的男劳力拉去服劳役了，妇女在家里带着儿女孝敬公婆，产生无比的困难与怨恨。“怨怼诗”的代表是大家都熟悉的《伐檀》。大家都知道这个歌，唱什么东西呢？是对剥削者的一种控诉。诗歌声言我们辛辛苦苦的劳动，你这个富人也不劳动，也不种庄稼，却白白得到三百石上好的稻谷。这是劳动人民为自己的生活而歌，为自己的不平而歌。

（4）审美批判的生态纬度。就是说我们美学有个功能，通过我们审美的美学的特殊视角来批评和批判我们当下非美的现实。当代美学以席勒为开端对资本主义开展了审美的批判，这正是美学的重要功能之所在。我刚才说的《寂静的春天》使用了这样的手法，批评 DDT 的使用对自然的破坏，对大地的破坏。美国作家赫尔曼・梅尔维尔在 19 世纪后期写了一部小说叫《白鲸》。他写了一艘捕鲸船，暗喻资本主义对海洋生物鲸鱼的疯狂掠夺。大家都知道，我们现在是用电灯，之前也有用汽油，在用汽油之前西方的照明是用鲸油，就是从海洋生物鲸鱼身上提取的鲸油。当时资本主义国家疯狂掠夺捕杀鲸鱼，这部小说就是对人类有意与自然为敌的批判。当时哪个国家捕鲸多，哪个国家就富裕，那个时候捕鲸成了资本主义一个非常强大的动力。小说描写美国有一个捕鲸船叫披谷德号，船长叫做埃哈伯，他经常捕鲸,他捕鲸一个重要的目的为了报复一只名叫莫彼·迪克的抹香鲸。因为这个抹香鲸曾经吞掉他的一条腿,他已经捕得很多的鲸鱼,但他却执意要找这个抹香鲸复仇,最后他们遭遇在太平洋上,经过殊死的恶战最后是船毁人亡。这部小说是以形象的力量有力地批判了人类与自然为敌的行为。另外,就是我们大家都知道的中国作家徐刚写的《伐木者醒来》,是对滥伐森林的批判。还有个加拿大的作家叫阿特伍德,他的《羚羊和秧鸡》写了一个科学狂人叫秧鸡,这个人试图通过生物技术来改造人类,改造自然环境,结果恰恰是在他制造的病毒爆发的时候,把人类文明,包括他自己都统统毁灭了。这是一部典型的反乌托邦小说。通过乌托邦的毁灭来批判人与自然为敌的行为。

第四个问题,中国传统的生态审美智慧

传统的生态美学智慧我刚才说了,儒家“天人合一”“和而不同”“民胞物与”等等。中国传统画论之“外师造化,中得心源”等等都包含了丰富的内容。现在再介绍两家,佛家大家都非常的熟悉了,下面我介绍一下道家。

道家的古典形态的生态存在论审美观非常丰富。第一个是“道法自然”之宇宙万物运行规律的理论。老子的《道德经》里面有一句话,叫做“道可道,非常道”,就是说我这里讲的道不是你们可道的道,不是通常的道,这个道是什么呢?通常讲的道是一些大白话,一般的道理,是些通常的道理,我讲的道是无为无欲,是一种自然之道。“自然”并不是大自然,而是一种状态,一种态度,叫无为无欲、无为则无不为。对自然应该什么态度呢?老子说:“辅万物之自然而不敢为”,这个自然你不要轻易地改变它。一般要顺应自然,这是宇宙运行的规律,就是“道法自然”。

第二个是“道为天下母”。这个理论是什么呢?就是宇宙诞育根源的理论。宇宙是哪里来的呢?我们刚才讲了宇宙运行的规律,道家老子说过,“道”是宇宙万物生成的最根本的原因,但是“道”的生成中间有个环节叫“气”。“道”必须经过“气”才能诞育万物。老子有一句话:“道生一,一生二,二生三,三生万物。万物负阴而抱阳,冲气以为和”。这就讲了道通过气产生万物的过程。

第三个就是“万物齐一”论,即人与自然万物平等的关系理论。这是庄

子在《齐物论》中说的，所谓“天地与我并生，万物与我齐一”。他在《知北游》这一篇中讲了一个故事，说有一个东郭子，这个人跟庄子有一个对话。东郭子问庄子说：“道在哪里？”庄子说：“道无所不在。”东郭子这个人很絮叨，就继续问：“道还在哪里，到底在哪里？”庄子就说：“道在蝼蚁。你看地上爬的那个蚂蚁，蚂蚁身上就有道。”这个东郭子又问：“道到底在哪里？”庄子就看到旁边有一个人在吃饭，吐出个稗子，就说：“道在稊稗。”但东郭子还不罢休，继续问：“道还在哪里？”庄子他又看到旁边的房子，说：“道在瓦砾，在房子的砖里。”东郭子又问道：“还在哪里？”庄子不耐烦了就说，“道在屎尿。”庄子的意思是说，万事万物无不有“道”，万物是平等的，从万物都包含“道”这个角度来讲是平等的，所以万物也是平等的。

第四个是“天倪”论。庄子提出个非常重要的思想，就是万世万物形成一个环链，构成一个生活环链。这样一个思想，很了不起。两千多年以前讲这个话很了不起了，已经猜想到我们的生命宇宙是个环链。

第五个是“心斋”“坐忘”说。我们佛教界的朋友应该非常的清楚，我们就是平常打坐修炼。那么什么叫“心斋”“坐忘”呢？庄子有一个表述，叫做“堕肢体，黜聪明，离形去智，同于大通”，就是说只要把你的肢体放下，把你的所谓聪明实际是错误的思想观念丢掉，你将自己的外形抛开，把你的小聪明丢掉，然后才能与大道相通，这和佛家的坐禅和打坐是相通的，这是一种古典的现象学，是一种“悬搁”。

第六个是“至德之世”论。大家都知道古希腊对理想国有一个追求，柏拉图专门有一篇文章写理想国，我们的古代也对理想国有个追求，就是叫“至德之世”，是最高的道德境界。这样一个社会，“至德之世”是一个什么样呢？老子有一个说法，叫做“小国寡民，使有什伯之器而不用，使民重死而不远徙。虽有舟舆，无所乘之；虽有甲兵，无所陈之。使人复结绳记事而用之。甘其服，美其食，安其居，乐其俗，邻国之声相闻，民至老死不相往来”。这是老子对“至德之世”的形象描述。所谓“虽有舟舆，无所乘之”，就是说虽然有船我不去坐；“虽有甲兵，无所陈之”，就是说我有很多的部队但是我不陈列出来，不用它参加战争；“使人复结绳记事而用之”，就是说回到古代结绳记事这个状态；“甘其服，美其食，安其居，乐其俗”，“邻国相望，鸡犬之声相闻，民至老死，不相往来”，这是描绘的古代“至德之世”的状态。过去我们对这个理想与状态是持批判态度的，说这是一种倒退的思想。但是大家别忘了，西方的很多政治家与哲学家也将他们的理想国放到古希腊，实际上是用以表现他对当下现实的不满意。这也是他们的“至德之世”。庄子也提出了“至德之世”一个标准,什么叫“至德之世”呢?最高的理想就是“同与禽兽居,族与万物并”。这个理想社会就是与禽兽平等相居,和万物同时相生,这是一种古典的生态社会。

《周易》当中也有丰富的生态科慧。我们把它概括为这么几个方面:

(1)“太极化生”之古代生态存在论思想。万物怎么来的呢?老子说,“道为天下母”。《周易》说万物怎么来的呢?万物产生于“太极”,“太极”是什么呢?太极是阴阳相会,交互施受,化生万物。韩国的国旗就是一个太极图,“太极”是混沌的,阴阳交混的。万物不是由物质产生的,也不是由精神产生的,而是由混沌的太极产生的。

(2)“生生之为易”的古代生态思维。《易经》的核心是什么?是“生生”,是生命的创造,“天地之大德曰生”,大地给予我们最大恩赐的是什么,就是生命,生气勃勃的生命,天地间最高的德行就是生生。《周易》最核心的东西就是“生生之为易”,就是“生生”。我们的禅宗里面非常重要的就是“现世”,就是我们现世的生命。

(3)“天人合德”之古代生态人文主义。《周易》有句话:“夫大人者,与天地合其德,与日月合其明,与四时合其序”,什么是“大人”,大人就是君子,小人和君子相对的。有的人讲《论语》的时候,讲“唯女人与小人为难养也”,把“小人”讲成小孩子,是不对的。“夫大人者,与天地合其德,与日月合其明,与四时合其序,与鬼神合其吉凶”,就是要求人文要符合天文,这是一种生态人文主义的思想,人文要符合天文的运行,人类的活动和生活才能健康有序。你预测到地震了,还坐在家里不管它?那你不是自找倒霉吗,人是不可抗天的。

(4)“厚德载物”的古代大地伦理观念。《周易》坤卦集中讲的大地的“厚德载物”这样一个功德。乾卦讲的是“天行健,君子以自强不息”。大家看看坤卦:“至哉坤元,万物资生,乃顺承天。坤厚载物,德合无疆,含弘光大,品物咸亨”。这里的“至哉坤元,万物资生”,是说万事万物都是大地产生;“乃顺承天”,是说正是由于你大地人们才能够和天呼应;“坤厚载物,德合无疆”,是说大地能够把世界宇宙的万物生长出来,大地的德行是广大无边的;“含弘光大,品物咸亨”,是歌颂了大地的妇道,大地的一种安于辅助的美德。大地扮演了一位贤惠的母亲的默默无闻奉献的品格,在这里对大地的母性的品格进行了尽情地歌颂。这其实是一种古典形态的大地伦理学,在世界上是无与伦比的。

（5）“大乐同和”之古代生态审美观。我们来的时候，一个法师放了一个佛教的曲子给我们听，很美，我们中国古代对乐是非常重视的，认为乐是本体，“大乐与天地同和，大礼与天地同节”。“礼”使我们与天地同节，“乐”则使我们保持和天的和谐。《乐记》里面有这么一句话：“乐在宗庙之中，君臣上下同听之，则莫不和敬；在族长乡里之中，长幼同听之，则莫不和顺；闺门之内，父子兄弟同听之，则莫不和亲。”在这里，“乐”已经无所不在。在朝堂之上、庙堂之内，君臣同听，能做到上下敬爱；在族长乡里之中，老少长幼同听则莫不和顺；在闺门之内，父子兄弟同听之则莫不和亲。乐不仅能使“天人同和”，而且能够促使人群与社会和谐。

我们传统的智慧不仅影响到我们国家，还对西方也有重要的影响。我们现在接触到的资料，西方对我们儒家、道家和佛家的生态智慧非常重视。现在就举个例子，我讲海德格尔，海德格尔是非常了不起的生态哲学家。海德格尔的思想是怎么形成的呢？海德格尔思想在 1936 年有个转型。1936 年海德格尔逐步的由人类中心到生态整体，我们现在研究以后发现，海德格尔在 1936 年前后，经常使用两本《道德经》德文译本，家里面挂着副对联是《道德经》里面的一句话。而且在 1936 年前后他请了一个中国的哲学家叫萧师毅，这个人是台湾人，在德国留学，跟海德格尔学习，他就来翻译《道德经》。海德洛尔不懂中文，萧师毅告诉他中文，然后给他翻译德文，一共翻译了《道德经》八章。海德格尔并不是要他翻泽，而是通过他重新学习《道德经》对他影响很大。有这么几个影响：第一个就是海德格尔吸收了道家的思想。老子说，“道大，天大，地大，人亦大。域中有四大，人为其一焉”。海德格尔学习了这个思想，然后提出了“四方游戏说”。第二个运用了道家《道德经》里面句话，叫“知其白，守其黑”，就是说你要知道一个事物最清楚的情况，你要从它最不清楚的时候开始，从“黑”开始你才能把握它的“白”。这个很有道理，海德格尔把这个理论用在于什么地方呢？那就是提出了“由遮蔽走向澄明”的哲学思想；第三，他运用庄子《秋水篇》里面一段对话来论证他的存在论思想。《秋水篇》里面有一个故事，庄子和他的朋友惠子的论辩。我们大家看到庄子的论述里面总是出现惠子，还有东郭子这些人。惠子是个什么人物呢？他和庄子过从甚密，但是观点又不同，两个人经常发生思想交锋。有一天惠子约了庄子聊天，两个人游于濠梁之上。什么叫濠梁呢？就是河的堤坝，游于堤坝之上。庄子和惠子在堤坝上散步聊天，庄子对惠子讲，你看河里面的鱼多么快活啊！惠子就说，你不是鱼，你怎么知道鱼的愉快呢？庄子又回他句话，你不是我，你怎么知道我不知道鱼的愉快呢？这里说明惠子有些小聪明，但那是一般认识论的小聪明，无法理解存在论的大聪明，无法用他的观点来解释存在论思想的深邃高妙的玄思。第四个就是运用老子《道德经》里的“道可道，非常道”这个思想来阐释他的“道说”不同于“言说”。“道可道，非常道”，“可道”的“道”不是通常讲的“道”，通常讲的“道”是我们普通说的话，那是“言说”，我讲的“可道”的“道”是宇宙的运行规律。这样的“道”，不是一般的“道”。

（原载《在少林寺听讲座》（下），上海交通大学出版社 2010 年版）

生态美学是“客观论美学”吗?

最近,有学者在文章中认为,生态美学由于反人类中心主义,所以成为蔡仪的“客观论美学”。这一看法涉及学术之真实情况,所以有说明之必要。

首先需要说的是,本人倡导的生态美学并非蔡仪之客观论美学。本人早在2002年即在《文艺研究》与《陕西师大学报》发表《试论生态美学》与《生态美学:后现代语境下崭新的生态存在论美学观》等文章。此后又发表一系列文章,出版《生态美学导论》等,阐明了生态美学是20世纪中期在反思与超越现代性的文化环境中产生的一种崭新的美学形态。生态美学的哲学基础是超越传统认识论与主体性的“生态存在论”,其基本内涵是“诗意地栖居”与“审美地生存”。生态美学反对“人类中心主义”,但并不主张“生物中心主义”,而是力主一种协调两者的“生态整体论”。生态美学不仅依托“生态存在论哲学”,而且依托中国传统的以“天人合一”“生生为易”与“气韵生动”为其代表的哲学与美学,努力在中西对话中建设新的形态的生态美学理论。因此,说生态美学是一种“客观论美学”纯属误解。

当然,在国际生态与环境美学研究领域确实有与“客观论美学”类似的美学形态,那就是加拿大卡尔松的科学认知主义环境美学。卡尔松教授是国际上最早倡导环境美学的美学家,他以科学认知主义为指导,认为应该将生态学知识运用于自然审美,力倡一种“自然全美”的观点。这一点的确与蔡仪的“客观论美学”有相似之处。但卡尔松教授又倡导一种“生命之美”,认为这是高于形式之美的美学形态,他在这一点上又超越了“客观论美学”。而另外两位著名环境美学家则并不是科学认知主义的“客观论美学”,美国的伯林特是以现象学为指导,力倡“参与美学”;芬兰的瑟帕玛则是以分析美学为指导,着力于构建“环境美学的理论模型”。因此,笼统地说生态美学是“客观论美学”,也是不符合实际情况的。

这里需要说明的是,我们没有任何否定蔡仪“客观论美学”之意。因为“客观论美学”是历史的产物,在历史上有其特定的作用与地位,这是已经被美学史所证明了的。

我们从事生态美学研究尽管已经十多年时间，但仍然很不成熟，需要各方面学术性的批评，在学术批评中进一步完善。

（原载《生态美学与生态批评通讯》2015 年 1 月号）

辑三　中国生态美学之探索

◎ 生态美学的中国话语探索

——兼论中国古代“中和论生态—生命”美学

◎ 中国古代“天人合一”思想与当代生态文化建设

◎“天人合一”——中国古代“生态—生命美学”

◎ 中国古代生命论美学的舞台呈现

——试论中国戏曲所包含的生态生命论美学意蕴

◎ 敦煌艺术中由“天”的形象到“天人”形象的历史嬗变

◎ 宗白华“气本论生态—生命美学”评述

◎ 刘纲纪教授有关《周易》生命论美学研究的重要意义与价值

生态美学的中国话语探索

——兼论中国古代“中和论生态—生命”美学

一

生态美学在中国的发展已经历经了将近20年的时光，目前在“生态文明建设”的氛围中呈现良好发展态势。当前生态美学进一步发展的重要课题之一就是“中国话语”的建设。按照当代文化理论，话语是一种权力，是一种文化力量的表征。福柯指出，“权力和知识是直接相互连带的；不相应地建构一种知识领域就不可能有权力关系，不同时预设和建构权力关系就不会有任何知识”[①]。作为知识载体的话语当然也与权力密切相关，这就是通常所谓的“话语权”，是一个国家民族的经济力与文化力的表征。同时，话语也是文化交流的中介。乐黛云认为，在中西诗学的对话与沟通中，既不能用西方话语，也不能用“本土”话语，如何走出这一困境？途径之一就是寻求一个双方都感兴趣的“中介”，一个共同存在的问题，从不同的角度，在平等对话中进行讨论。[②] 所以，寻找到一种中西都感兴趣的作为“中介”的生态美学话语正是当前生态美学研究所急需解决的重要问题。

目前，我们在生态美学研究中基本上使用的是西方话语，主要是西方三个方面的理论资源。其一是以分析美学为背景的“环境美学”，以加拿大卡尔松、芬兰的瑟帕玛为代表；其二是以现象学与存在哲学为背景的“环境美学”，主要是美国的伯林特，当然还有尽管没有标示出生态美学但却是被公认为“形而上的生态学家”的海德格尔；其三是早期的生态理论家，例如著名的美国生态哲学家利奥波特的《沙乡年鉴》提出著名的“生物共同体”思想以及“保护生物共同体的和谐、稳定和美丽”的重要理念。这些理论为当代生

---

① ［法］福柯：《规训与惩罚》，三联书店1999年版，第29页。

② 乐黛云：《比较文学与比较文化十讲》，复旦大学出版社2004年版，第110页。

态美学建设奠定了初步的基础，有其积极的意义。但这些话语在相当程度上与中国传统文化与现实存在诸多差异，甚至有些西方话语与我们的文化传统与现实生活难以兼容，就是俗话讲的有点“水土不服”。其表现之一：是西方“环境美学”与“环境批评”中仍保留了的某些“人类中心主义”痕迹。如所谓环境美学之“环境”，按照环境美学家对于“环境”的解释，就是“环境围绕我们（我们作为观察者位于它的中心），我们在其中用各种感官进行感知，在其中活动和存在”①。这种观念的“人类中心主义”的色彩非常明显；表现之二：是它们的分析哲学的理论背景，诚如瑟帕玛在《环境美学》中所言，“我这本书的目标是从分析哲学的基础对环境美学领域进行一个系统化的勾勒”②。众所周知，分析哲学是一种以语言分析作为哲学方法的现代西方哲学流派或思潮，与中国古代与当代审美文化是有着较大差异的；表现之三：是有关“自然全美”论述中的生态中心主义，著名环境美学家卡尔松认为，“全部自然界是美的。按照这种观点，自然环境在不被人类触及的范围之内具有重要的肯定美学特征……简而言之，所有原始自然本质上在审美上是有价值的”③。显然，这种“自然全美”的肯定美学完全忽略了审美中的人的因素，也是难以被我们接受的；表现之四：是自然审美中借用艺术美学的“艺术中心论”的“景观式”欣赏习惯等等。环境美学家们将环境审美概括为对象模式、风景模式或景观模式和环境模式，而其中的风景模式或景观模式就是带有边框的风景画的欣赏模式，仍然没有摆脱艺术审美的窠臼。

从目前我们掌握的情况来看，西方真正的生态哲学与美学话语大多受到了东方儒道佛文化的影响。因此，探索生态美学的中国话语不仅是发掘中国文化宝藏的需要，还是真正弄清西方生态美学真谛的需要。

二

现在我们需要回过头来探索中国古代美学中的生态审美智慧。事实告诉我们，中国古代美学从某种意义上说就是一种“中和论生态—生命论美学”。当代，人类在经济与文化危机的形势下普遍地到“轴心时代”去寻找理

① [芬]约·瑟帕玛：《环境之美》，湖南科技出版社2006年版，“环境美学的一个模型”。

② 同上书，第23页。

③ [加]卡尔松：《环境美学》，四川人民出版社2006年版，第206—207页。

论资源。中国先秦时代就是人类的重要"轴心时代",是提供人类前行智慧的不竭源泉。而且,正因为中国先秦时代理论的独特性及其"天人相和"的哲学特点以及"保合太和"的生存论内涵,所以一直未曾被工业革命时期强调逻辑与理性的西方所接受,但它在反思与超越现代性的当代即"后现代"的"生态文明"时代却有其特殊价值。

中国古代哲学与美学的诸多形态与诸多"后现代"理论具有少有的相合性,这是已经被证实的事情。中国古代的生态理论就是如此。蒙培元认为,中国古代哲学就是深层生态学,与当代生态哲学有其相通之处。他说,"通过认真的反思,我们发现,中国哲学是深层次的生态哲学"[①]。这是一种极有见地的看法。尽管真正的学科的建立是现代以来的事情,但以"天人合一"为其基本内涵的中国古代哲学为当代西方生态哲学的建设贡献了理论资源并与其有着相通之处,这是没有问题的。而且,中国古代人几千年来均以这种"天人合一"为其思维方式与生存方式。在这个意义上,说中国古代哲学是一种古典形态的生态哲学,应该是没有问题的。由此,我们也认为,与哲学紧密相关的中国古代美学在某种意义上也就是前现代形态的生态美学。其原因是由先秦时期的农耕文化类型决定的。文化人类学告诉我们,特定的地域对于文化具有一种"调适"的作用,使之形成特定的文化形态(即文化区)。所谓"在特殊地区,生活在类似环境中的人们往往相互借用在那些环境中看来很有效的风俗习惯。一旦获得成功,调适可能长时期明显地稳定下来,甚至数千年不变"[②]。中国的内陆地域与农业经济决定了中国古代是一种"天人相合"的生态文化,生态文化是中国的"原生性"文化。而古代希腊由于濒临地中海,是一种海洋文化、商业文化与科技文化。冯友兰先生认为,中国哲学家在社会、经济思想中,有他们所谓的"本"与"末"之区别。"本"指农业,"末"指商业。农事时时跟自然打交道,所以他们赞美自然,热爱自然。[③] 钱穆先生认为,中国人一向在农业文化中生长,自我安定,不须向外寻找,因此中国人一向注重向内看,看人生和社会只是浑然一体,大言之是"自然之天",小言之是各自的小我,小我与大自然浑然一体,这便是中国人的"天人合一"。[④] 正是这种地理环境与经济文化背景才产生了中国古代

---

① 蒙培元:《为什么说中国哲学是深生态学》,《新视界》2006年第6期。
② [美]威廉.A.哈维兰:《文化人类学》,上海社科院出版社2006年版,第161页。
③ 冯友兰:《中国哲学简史》,北京大学出版社1996年版,第15页。
④ 钱穆:《中国文化史导论》,九州岛出版社2001年版,第17页。

特有的“天人相合”的生态哲学与亲和自然生态的生态美学与艺术。这就是文化人类学所谓地域对人的调适所形成的“原生性文化”，具有特殊的魅力。而西方的“原生性文化”则是科技文化，其生态文化则是后生性文化，在很大程度上是受包括中国在内的东方影响的结果。例如，海德格尔“天地神人四方游戏”的生态美学受到《老子》影响；怀特海有机论“过程哲学”吸收了中国儒家文化等等。

由此可知，中国古代哲学是一种以“天人合一”为其基点的生态哲学，而其美学则是一种生态的美学。那么，如何对这种古典形态的生态美学话语进行必要的归类与阐释呢？当然，我们应从中国“轴心时代”的先秦时期寻找这样的话语，并在中西互证、互应与交流对话中建设一种亦中亦西，甚至是不中不西的当代生态美学话语，做到既具有明显的中国文化元素与中国文化之根，又能够为世界学者所理解，所欣赏。

我们先来看基本的生态哲学话语，主要是“天人之和”的生态—生命论哲学与美学思想。这里主要是作为“六经之首”《周易》提出的“生生之为易”（《系辞上》）。易者，简也，变也，道也。所谓“易”就是中国古代以最简洁的方式揭示有关天地人宇宙万物变化发展的学问，即是中国古代的“元哲学”。而这种“元哲学”就是“生生”。“生生”作为使动结构，可解为“使万物生命蓬勃生长旺盛”。这就是中国古代最基本的“生生之学”，用当代哲学的基本表述，就是一种生态的生命哲学。这种生态与生命的“生生”之学可以理解为中国哲学的统领性概念，贯彻于儒道佛各种学术之中。从儒家来说，其“仁爱”思想体现了一种“仁者爱人”的“爱生”的思想。因为，在“天人合一”之中，儒家更加偏向于人，由对于人的关爱发展到对于万物生灵的关爱。所谓“己所不欲，勿施于人”（《论语・卫灵公》）的“恕道”思想，正是对于人与万物的关爱的“爱生”思想的表露。发展到宋代，则形成张载的“民胞物与”思想。“生生”在道家中的表现即为“自然”，所谓“道法自然”。这里的自然即为“道”，“道生一，一生二，二生三，三生万物。万物负阴而抱阳，冲气以为和”（《老子・四十二章》），反映了“阴阳相生”的“生生”的规律。而“生生”之生态与生命论哲学表现在佛学之中则是“慈悲”的“普度众生”的“护生”的佛学思想。佛学在印度本为“出世”之学，但传到中国之后加强了人文情怀，表现出浓郁的“护生”思想。由此可见，“生生”的生态与生命论哲学是贯通中国古代各家各派哲学思想的统领性概念，是中国哲学之根。但“生生”之学的根源却在“天地交感”之“中和论”哲学。《礼记・中庸》：“中也者，天下之大本也；和也者，天下之达道也。致中和，天地位焉，万物育焉”。在这里，“中和”被提到“大本”与“大道”的高度，而其内容则为“天地位”“万物育”。也就是说，天地各在其位，相交相感，万物诞育。对于这种“天地位，万物育”的形态，《周易》有着专门的表述。泰卦卦辞：“泰，小往大来，吉，亨”，其《彖传》云：“天地交而万物通也，上下交而志同也”。这告诉我们，“乾下坤上”“天下地上”的泰卦为天地交感之象，在“易者变也”的天地乾坤往复运动中，就会天地交感，上下志通，是一种风调雨顺的天象，丰收安康的年景。所以，坤卦《文言传》云：“君子黄中通理，正位居体，美在其中而畅于四肢，发于事业，美之至也”。这种“天地交感”也可以解释为“阴阳交感”，也就是《老子》所谓的“万物负阴而抱阳，冲气以为和”。正是根据于这种天地交感，中国“中和论生态与生命哲学”包含着丰富的美学内涵。所谓“保合太和，乃利贞，首出庶物，万国咸宁”(《周易·乾·彖》)，呈现一种万物繁茂，喜获丰收，举国安宁的景象，是一种生命的与生存的美好状态。这就是中国古代“中和论生态与生命美学”的基本内涵，与西方古代希腊“比例，对称与和谐”的实体之美有着明显差异。

可以说，这种“天人之和”、“阴阳相交”的生态与生命论美学思想是贯穿整个中国古典哲学与美学的，构成了中国古代哲学与美学在“天人”关系中的特有的生命意蕴，渗透于中国艺术与生活的各个方面，成为特殊的东方审美境界，包含着基本的古典形态的生态美学话语：第一，是有关生态共同体与生态家园的理论，这就是著名的“天地人三才”“天父地母”“天圆地方”等，是将宏阔的宇宙作为人类的“家园”，将人类与“天”与“地”紧密相连，须臾难离。第二，是有关生命论美学的理论。包括大家熟知的“生生之为易”“天地之大德曰生”“阴阳相生”“四时与养生”等。非常重要的是，中国古代中和论生态-生命论哲学之中引入了“时”的内涵。《周易》诸卦的《彖传》有非常明显的重“时”观念，如“时义”“时用”“随时”等，而《黄帝内经》也将“四时养气”作为重要的养生法则。这是一种生命在时间中生存与流动的生命论哲学，与西方主客二分的实体论哲学与“静观”的模仿论美学相异。第三，是有关生存论美学的话语。《周易》的“元亨利贞”的“四德”之美，即相异于西方古代的形式之美。第四，是有关生态美学审美类型的理论。《周易》包含着明显的“阴柔之美”与“阳刚之美”的区分，所谓“天行健，君子以自强不息”(《周易·乾·象》)，“地势坤，君子以厚德载物”(《周易·坤·象》)，可与西方的优美与崇高相比较与对话。第五，是有关生态语言学之理论。先秦时期以来的“比德”观,所谓“仁者乐山,智者乐水”(《论语·雍也》),将美好的品德与自然山水相比附;《毛诗序》提出著名的“风雅颂赋比兴”“六义”,也都是与自然生态密切相关。所谓“风”,“从虫,凡声”,“风动虫生,故虫八日而化”(《说文解字》),又曰“比,密也”(《说文解字》),“其本义为相亲密也”(段玉裁《说文解字注》),“兴者,托事于物”(郑众《周礼·大师注》)等等,均说明中国古代诗歌语言是与自然生态相亲和的。第六,是生态哲学与美学之古代现象学方法。《老子》有“守中”说,《庄子》有“心斋”“坐忘”之说。中国道家与佛家都以“清净无为”为基本修炼方法,都有“堕肢体,黜聪明,离形去知,同于大通”(《庄子·大宗师》)之意,与当代现象学的“悬搁”具有几乎相当的内涵。

下面,我们再来分析基本的生态艺术话语:第一,从绘画艺术来看,就是著名的“气韵生动”说与“散点透视”方法。所谓“气韵生动”,按照宗白华的理解,是讲一种“有节奏的生命”①,是生命论美学的典型表述。而“散点透视”则是一种包含生命活动的透视之法,所谓“人随景迁,景随人移,步步为美”,是人随风景在行动中的欣赏,是一种时间中的介入。例如,著名的《清明上河图》,纵 20.8 厘米,横 528.7 厘米,反映了北宋清明时节汴京汴河两岸的风光与生活场景。该画是一种“散点透视”的,所涉及的每一个场景都是一个视点,而我们的欣赏也是人随景走,仿佛进入景中,边行边看,是一种时间中的流动。因此,中国画是一种生命的渗透与活动,不同于实体性的西方绘画。第二,从音乐艺术来看,主要是力主“律和声”(《尚书·舜典》),“大乐与天地同和”,“乐者天地之和”(《礼记·乐记》),“和实生物”(《国语·郑语》)等等。在这里强调一种“和”的意蕴,所谓“和”其实最早就与生命生殖的活动紧密相关。所谓“同姓不番”,是对于先民族内同姓通婚造成后裔退化的矫正,强调异姓通婚。此后,又通过烹调的生命活动说明多种味道与物品的相杂才能产生美味的道理,并运用于音乐,说明由此产生一种天地相和与阴阳相生的生命之乐。古代诗乐舞不分,甲骨文中的“舞”字即为一位巫者手持牛尾翩翩起舞,是一种生命的生存活动。第三,中国诗学中的“诗言志”,“意象”“滋味”与“神韵”等等,强调一种“象外之象”“言外之意”与“味在咸酸之外”等等,不是对于在场的实体之物的感受,而是对于不在场的生命意蕴的体悟与感受。而言与志、意与象等等也包含了“天人”与“阴阳”的复

① 《宗白华全集》第 2 卷,安徽教育出版社 2008 年版,第 109 页。

杂关系。第四,民间艺术中所体现的吉祥安康,风调雨顺,瑞雪兆丰年,年年有余等等,都是一种生命的生存美学的直接体现。第五,建筑艺术之中的“法天象地”与“利生”等等更是明显地体现了生命与生存美学的意蕴。事实告诉我们,中国古代的中和论生态与生命美学是一种具有自己特殊优势的美学形态,在某些方面优于西方古代的静观的形式的美学。中和论生态与生命美学是一种活生生的美学,在中国古代哲学、美学与艺术中所表现的永远是活勃勃的生命,从不表现没有生命的静物,更不表现死物;中和论生态与生命美学还是一种时间的美学,不是无时间性的静态的美学与艺术,因为所有的生命都是在时间之中生存与活动的。

总之,中国古代的中和论生态与生命美学是相异于西方传统美学的特殊形态,诚如刘纲纪所言,中国古代恰恰是在没有“美”字的地方常常有丰富的美学。因此,这是一座有待进一步开发和认识的美学富矿。

三

中国古代生态美学如何走向现代呢?首先,对于中国古代的“中和论生态—生命美学”资源应该有着清醒的认识,要有一种文化的自觉性。那就是,要认识到它是一种普世价值与迷信色彩及地方性表达的同在。中国古代的“中和论生态-生命美学”当然具有某种普世价值,它的那种亲和自然、敬畏自然、顺应自然以及天人相和、阴阳相生的生命论与有机论思想恰恰是当代唯科技时代所欠缺的,特别在当前生态文明新时代,更加具有极为重要的思想资源价值。同时,它还是一种具有明显中国风格地方色彩的文化表达,许多话语形式具有广泛的群众基础,是我们建设新的生态文化的话语基础之一。但我们也要充分看到,这是前现代的产物,是“万物有灵”、文化落后时代的产物,具有很多的封建迷信色彩,需要对其进行批判地继承。

其次,应该在深入研究基础上进行现代阐释。因为一切历史都是现代史,不能拘泥于以古论古,自说自话,要在这种现代阐释的基础上创造一种新的具有现代性的生态美学话语。

再次,其创造过程是一种改造(剔除糟粕,吸收精华)、互证(与西方有关话语互证)、借鉴(适当吸收西方有关话语内涵与表达)与创造新的话语的过程。在这里,需要特别强调中西的对话与吸收。一百多年前,梁启超在著名的《清代学术概论》中提出，“欲以构成一种不中不西、即中即西的新学派”[①]。其实，我们的老一代学术前辈都在进行这种努力，但目前仍在路上。我们在19世纪末与20世纪初曾经遭遇了一种中西文化的交流对话。但那时正值鸦片战争之后，国家贫弱，中西文化的对话处于一种极不平等的状态，是一种“西学东渐”，连我们的许多学术前辈都缺乏文化自信，相对看低了我们的传统文化的价值，在一定程度上走上“以西释中”的道路。一百多年后的20世纪80年代至今，我们又迎来一场新的中西文化的交流对话。特别是当前，在中华民族走向复兴的伟大道路上，中西文化的交流对话的语境与形势发生较大变化。我们应该有着充分的文化自信，相信中国五千年文化自有其特有的魅力与生命，从而将这种特有的魅力与生命发掘出来。而且，在这一轮中西文化交流对话中形势也有了变化，开始由19世纪后期单纯的“西学东渐”，转变到在后现代背景下西方到包括中国的东方寻找有价值的智慧，以弥补纯工具理性的弊端。例如，海德格尔通过对于道家思想的吸收，走出了人类中心主义，提出了“天地神人四方游戏”的崭新理论；德里达对汉字的充分肯定，以汉字文化的哲学意蕴弥补西方语言中心主义的不足。特别需要说明的是，在进入后现代的今天，美学领域已经发生重大变化，那就是对于传统形式论美学的超越，从静观的美学发展到生命的生存的美学。在西方当代很多美学家看来，生命论与生存论美学要高于传统的形式论与认识论美学。这一点不仅在西方生命论、经验论、生存论美学中已经得到证明，即便在西方环境美学中也得到证明。加拿大著名环境美学家卡尔松将审美分为“浅层含义”与“深层含义”的区分，形式之美属于“浅层含义”的美，而生命之美则是“深层含义”的美。他说：“当我们审美地喜爱对象时，浅层含义是相关的，主要因为对象的自然表象，不仅包括它表面的诸自然特征，而且包括与线条、形状和色彩相关的形式特征。另一方面，深层含义是不仅仅关涉到对象的自然表象，而且关系到对象表现和传达给观众的某些特征和价值。普拉尔称其为对象的‘表现的美’，以及霍斯普斯谈到对象表现‘生命价值’。”[②]当然，在未来的生态文化与生态美学建设中还会有更多的学者看到包括中国古代文化在内的东方文化的极大价值。西方同行们希望看到中国学术同行能够在自己传统生态文化研究中做出更多有价值的成绩。在这种情况下，我们还应有宽阔的胸怀，大胆地吸收西方所有的有利于我们文化建

---

① 《梁启超论清史二种》，复旦大学出版社1985年版，第79页。

② ［加］卡尔松：《环境美学》，四川出版集团2006年版，第206—207页。

设的东西。

最后，是形成一种崭新的生态美学的话语形态，经过理论阐释与文化吸收，逐步走向理论形态的建构，并走向世界。例如，中国古代的“生生之为易”的生命论哲学、“气韵生动”的艺术理论与“四时养气”的养生理论等生态的生命论哲学与美学都可以在经过适当改造后介绍到世界。当然，我们并不要求国际学术界立即接受我们的中和论生态的生命美学，但我们起码争取做到“各美其美，美美与共”。

（原载《中国文化研究》2013 年第 1 期）

中国古代“天人合一”思想与当代生态文化建设

一

在我国大踏步地走向现代化之际，文化建设的重要性在不知不觉中凸现出来。很明显，没有具有特色的现代中国文化建设，我国的现代化是不可能成功的。当前，全世界生态环境恶化日益加剧，而我国又因其特定原因，生态环境恶化的问题更加严重。在这种情况下，现代生态文化建设成为至关重要的任务。但如何建设有中国特色的现代生态文化呢？学术界对此看法分歧严重，这种分歧又主要集中在对于中国古代“天人合一”思想的评价之上。众所周知，“天人合一”思想可以说是中国古代最具代表性的思想观念，它几乎统领了中国古代儒、释、道各家。但最近学术界对其评价却截然相反。季羡林认为，中国古代“天人合一”思想是当代生态文化建设的基础。他说：“具体来说，东方哲学中的‘天人合一’，就是以综合思维为基础的。西方则是征服自然，对大自然穷追猛打。表面看来，他们在一段时间内是成功的，大自然被迫满足了他们的物质生活需求，日子越过越红火。但久而久之，却产生了以上种种危及人类生存的弊端。这是因为，大自然既非人格，亦非神格，但却是能惩罚、善报复的，诸弊端就是报复与惩罚的结果。”①蒙培元认为，中国古代“天人合一”思想所表现出来的有机整体观对于现代生态文化建设有着特殊的重要意义。他说：“应当说，中国哲学的基本问题即‘天人合一’问题在《周易》中表现得最为突出，中国哲学思维的有机整体特征在《周易》中表现得也最为明显。人们把这种有机整体观说成人与自然的和谐统一，但这种和谐统一是建立在《周易》的生命哲学之上的，这种生命哲学有

---

① 季羡林：《东学西渐与东化》，《东方论坛》2004 年第 5 期。

其特殊意义，生态问题就是其中的一个重要方面。”[1]汤一介也认为：“‘天人合一’观念无疑将会对世界人类未来求生存与发展有着极为重要的意义。”[2]也有相当一些学者对中国古代“天人合一”思想持基本否定的态度。著名物理学家杨振宁在2004年北京文化高峰论坛上认为，中国古代易学中的“天人合一”思想只有归纳没有演绎，缺乏科学精神，因而阻碍了中国科技的发展。[3] 徐友渔认为，中国古代“天人合一”思想实际上是一种神学目的论，并不是生态伦理。他说：“其实，把‘天人合一’说成是生态伦理或自然保护哲学是曲意解释。这个观点最早出现时，天是一种人格神，在汉朝董仲舒那里天是百神中之大君，天人合一论是一种神学目的论。只有在庄子那里，才勉强符合上述解释，但它从未起到保护自然环境和生态的作用。”[4]由于“天人合一”论是中国传统文化的核心思想，因而对它的评价就涉及这样两个问题。其一，对“天人合一”思想本身的理解与评价。我们并不完全否认上述对“天人合一”思想持基本否定态度的学者看法的局部正确性。“天人合一”论的确具有某种神学目的论色彩，两汉时期更加明显，而它也确实缺乏近代西方哲学的演绎内涵。但从总体上来说，“天人合一”论作为一种中国古代特有的哲学理念与思想智慧，以“位育中和”为其核心内涵，深刻包含了我国古人对于“天地人”三者关系的极富哲理的特定把握，对于当代生态文化建设具有极为重要的参考价值。至于其所包含的“天命观”，实际上是人类早期的一种“自然神论”，还不能算作宗教哲学。“天人合一”论虽然不具有近代演绎法，但却包含着“象数”这样的古典形态的推算演绎。它与西方以“和谐”为其代表的哲学理念有着十分重要的区别。因为，“中和”是一种宏观的“天人之际”。而“和谐”则是微观的物质对称比例。因此，从总体上对“天人合一”思想给予应有的肯定是一种科学的、客观的态度。同样，对其进行必要的批判分析也是客观必要的。第二个问题就涉及中国当代文化建设，包括当代生态文化建设的路径问题。因为，我国在文化建设问题上从五四运动以来一直存在着“中西体用之争”。但总结近百年来的经验，特别是在当代经济全球化的背景之下，当代中国文化建设要从中国自己的传统出发而不能完全从西方文化出发，这应该是不争的事实。当然，我这里所说的“中

---

① 蒙培元：《人与自然——中国哲学生态观》，人民出版社2004年版，第110页。

② 汤一介：《在经济全球化形势下中华文化的定位》，《中国文化研究》2000年第4期。

③ 杨振宁：《〈易经〉对中华文化的影响》，《自然杂志》2005年第1期。

④ 徐友渔：《90年代社会思潮》，《天涯》1997年第2期。

国自己的传统"既包括中国古代的传统也包括中国现代的传统，而且现代传统应该占据重要位置，但也不能漠视古代传统，特别是对于中国古代那些具有明显民族性并包含有当代价值内涵的哲学与文化精神更应加以重视与继承发扬。这里就包括中国古代"天人合一"论这样的思想观念。

应该讲，它是中国古代文化精华之所在，渗透于中华民族文化与生活的方方面面，成为中国文化的标志，特别是其所包含的生态智慧具有极为重要的当代价值，理应引起我们的高度重视与正确评价。这样做，在一定的程度上也是全球化语境下的一种中华民族文化身份的认同。

二

我们已经说过，我国古代的"天人合一"思想是以"位育中和"为其核心内涵的，而"位育中和"在我国古代文化之中有其特殊重要的地位。正如《礼记·中庸》所说："喜怒哀乐之未发，谓之中；发而皆中节，谓之和。中也者，天下之大本也；和也者，天下之达道也。致中和，天地位焉，万物育焉。"这里首先讲的是君子的道德修养达到"中和"的境界，就能使得天地有位、万物化育。这就将君子之修养与天地万物的化育有序地联系在一起，从而成为"天人合一"论之核心内涵。由此可见，中国古代"天人合一"与"中和论"思想的确是包含着浓郁的生态意识的。这正如费孝通教授所说："刻写在山东孔庙大成殿上的'位育中和'四个字，可以说代表了儒家文化的精髓。"[①]由此，我们应该回过头来更深入地探讨"位育中和"思想的起源及其深刻内涵。这就要更深入地探寻与之有关的儒、道等各家的学术思想，特别是《周易》的有关思想。因为，《周易》已经被众多国学家公认为我国文化的源头。"天人合一"与"中和论"思想的起源就在《周易》之中。其一，"太极化生"之古代生态存在论思想。《周易》整个讲的是宇宙人类化生、生存、发展与变化的道理。《周易·系辞上》指出："易与天地准，故能弥纶天地之道。"因此，《周易》的内容不是讲人对于世界的认识，它不是一种认识论哲学，而是讲宇宙人类的生存发展，是一种古代存在论哲学。在宇宙人类万物生成的基本观念上，《周易》提出"太极化生"的重要观点。《周易·系辞上》指出："是故易有太极，是

① 费孝通：《"三级两跳"中的文化思考》，《读书》2001年第4期。

生两仪，两仪生四象，四象生八卦，八卦定吉凶，吉凶生大业。”这里的所谓“太极”就是对于宇宙形成之初“混沌”状态的一种描述，预示天地混沌未分之时阴阳二气环抱之状，一动一静，自相交感，交合施受，出两仪，生天地，化万物。《周易·乾·象》指出：“大哉乾元，万物资始，乃统天。”将“太极”之乾，作为万物之“元”、之“始”，也就是回到宇宙万物之起点。《周易·系辞下》还对这种“混沌”和“起点”的现象进行了具体描绘。它说“天地氤氲，万物化醇；男女构精，万物化生”。也就是说，宇宙万物形成之时的情形犹如各种气体的渗透弥漫，阴阳交感，万物像酒一般地被酿制出来，像十月怀胎一样地被孕育出来。在这里，《周易》提出了“元”和“始”的问题，也就是哲学上一再讨论的回到事物原初之“在”(Bing)。《周易》的回答是，事物原初之“在”既非物质，也非精神，而是阴阳交融的“太极”。这个“太极”就是老子所说的“道”，所谓“道生一，一生二，二生三，三生万物。万物负阴而抱阳，冲气以为和”(《老子·四十二章》)。这实际上是一种古典形态的存在论哲学观念，“太极”与“混沌”就是作为万物之源的“在”。人与万物都是“太极”与“混沌”所生，它们在这一点上是平等的。因此，庄子提出了“天地与我并生，而万物与我为一”(《庄子·齐物论》)的“万物齐一”论。“太极化生”论还为“天人合一”之“中和论”予以具体的阐释，告诉我们中国古代的“中和”不是简单地物物相加，而是天人、阴阳交互混合，发展变化，构成整体。从这个意义上说，中国古代的“中和论”就是“整体论”。著名的《中国古代科技史》的作者李约瑟(Joseph Needham)将之称为“有机的自然主义”。他说：“对中国人来说，自然界并不是某种应该被意志和暴力所征服的具有敌意和邪恶的东西，而更像一切生命中最伟大的物体。”[①]而就《周易》本身来说，这种“整体观”是非常复杂的，而且是纯粹东方式的。它是一幅丰富复杂的“八卦图”，包含着天、地、人之间阴阳、刚柔、仁义、发展、变化、往复、相生、相克等等内涵，实际上是一个更为宏阔的宇宙、社会与人生之环链。正如《周易·系辞下》所说，“古者包牺氏之王天下也，仰则观象于天，俯则观法于地，观鸟兽之文与地之宜，近取诸身，远取诸物，于是始作八卦，以通神明之德，以类万物之情”。这也就是《周易·系辞上》所言的“乾坤成列，而易立乎其中矣”。“太极八卦”中由爻象、卦象、卦爻辞构成的“乾坤成列”的系统与环链实际上反映了天地人文万物交互联系之内在规律，是更为宏阔的古典形态的生态环链模拟，其

---

① 李约瑟：《李约瑟文集》，辽宁科学技术出版社1996年版，第338页。

后庄子据此提出更为具体的“天倪论”生物环链思想。《论语·述而》中也有对于保护生态平衡的具体表述，所谓“钓而不纲，弋不射宿”。也就是说，要求人们捕鱼不要用细密的网，以便留下小鱼繁殖生长，而射鸟时不要射过夜的鸟，以免射杀过多。这些思想观念对于当代人类思考在宇宙万物生态环链中的生存有着极大的启发价值。《周易》“太极化生”中所包含的“中和论”思想，实际上渗透于几千年来中华民族的日常生活的各个方面。从人的身体的方面来说，著名的《黄帝内经》就以“太极阴阳”、“整体施治”作为其健身疗病之根据，力主“人生有形，不离阴阳”“天地合气，命之曰人”。这些都是有别于西医的“对症治疗”的原理的，并被事实证明是有其独特价值的。在精神生活方面，我国古代儒家历来主张君子应该在“天人合一”思想指导下，修仁义之德、养浩然之气，以便做到奉天承命，治国平天下。在政治伦理道德领域，儒家主张“礼之用，和为贵”、仁者“爱人”“己所不欲，勿施于人”等等。最近，学术界许多人士倡导“和合精神”，就是试图结合当前现实生活继承发扬这种“天人合一”“太极化生”“位育中和”的传统文化思想。

其二，“生生为易”之古代生态思维。《周易》的“太极化生”不仅是一种东方式的古典形态的存在论哲学，而且是一种古典形态的生态思维。这是一种以“天人之和”为基点，以生命运动为特征，以“易变”为表征，包含卦、象、数、辞等丰富内容的生命有机论思维方式。《周易·系辞上》指出：“圣人立象以尽意，设卦以尽情伪，系辞焉以尽其言，变而通之以尽利，鼓之舞之以尽神。”这里基本上将“易变”思维的基本特点讲清楚了。所谓“卦”“象”即指六十四卦，作为天地万物之象的象征，表达了“天人相和”之意，既是某种原始的具象思维，也包含着高度的归纳。所谓“辞”即是圣人对于“卦象”的阐释，是圣人之言。所谓“变通”即是“易变”思维的最重要特点，是一种“变”与“通”的结合，以发挥其特殊的沟通天人的作用。当然，这里面还有“象数”推算的活动，也是一种古典形态的演绎。而所谓“鼓之舞之以尽神”是指“易变”思维包含某种巫术思维的色彩，凭借占卦以卜吉凶，而且伴随着某种歌舞的原始祭祀活动。这种“易变”思维首先是一种整体思维，是从“太极”“阴阳”之“道”生发的一种思维。《周易·系辞上》所谓“易与天地准，故能弥纶天地之道”，这就是说，在“易变”思维看来，易与天地宇宙是一致的，它是从天地宇宙这个整体出发来进行思维的。它还认为，易与万物之源的乾、坤紧密相连，是以乾坤、阴阳、刚柔之变化莫测的关系为其基本内涵的。《周易·系辞上》指出：“乾坤，其易之蕴邪！乾坤成列，而易立乎其中矣；乾坤毁则无以见易，易不可见，则乾坤或几乎息矣。”又说：“刚柔相推而生变化”。由此可见，乾坤、阴阳、刚柔与“易变”之紧密关系。因此，“易变”思维包含着乾坤阴阳刚柔相交相应的重要内涵。所谓易者变也，爻者交也。既然有“交”那就有相生与相克之分。阴阳相应，和谐协调，即为吉，否则即为凶。《泰·象》曰：“‘泰，小往大来，吉，亨。’则是天地交而万物通也，上下交而其志同也。内阳而外阴，内健而外顺，内君子而外小人。君子道长，小人道消也”。《泰·象》中又指出：“天地交，泰。后以财成天地之道，辅相天地之宜，以左右民。”而与此相反的否卦的《象传》则为“天地不交而万物不通也；上下不交而天下无邦也；……小人道长，君子道消也”。泰与否、福与祸又都是相对的，可以互相转化的，所谓“否极泰来”“祸兮福之所倚”，即此之谓也。这就说明，人与自然关系的泰与否是相对的、可以转化的，只有“顺应天时”才能转否为泰，风调雨顺，而违背天时却要遭到“天谴”，甚至有可能陷入“天难”。“易变”思维重要的内涵是将世界上的一切矛盾问题加以简化。正如《周易·系辞上》所说“易则易知，简则易从。易知则有亲，易从则有功”，又说“易简而天下之理得矣。天下之理得，而成位乎其中矣”。也就是说，所谓易就是容易和简化，只有容易才能为很多人接受，而只有简化才能做到有效率。很明显，《易经》将天地宇宙万物人类社会那么复杂多变的事物与现象简化为“太极”“天人”“阴阳”与“八卦”。这么高度的简化实际上是一种极其哲理化的“回到原初”的把握事物的方法，也就是古典形态的现象学。这是一种从“乾坤混沌”“太极化生”的原初视角对人与自然关系一体性的把握，即为中国古代有关“天人之际”的重要观念，今天仍有其极为重要的价值。“易变”思维的最重要内涵是将宇宙万物、天地人事均视为具有生命的活力。正如《周易·系辞上》所说，“生生之谓易，成象之谓乾，效法之谓坤，极数知来之谓占，通变之谓事，阴阳不测之谓神。”也就是说，“易变”之理在于以“生生”即生命的生长演变为基础，然后才有占、变、神与阴阳等等“易理”。因此，生命是最根本的易变之理。正如《周易·系辞下》第一章所言，“天地之大德曰生”。“生”成为天地人之间最高的准则。因此，从某种意义上也可以说，《易经》的根本是“生生”，而“易变”的核心则是生命的生长演变。正是从这个角度上，我们说中国古代文化是一种生命的生态的文化。

其三，“天人合德”之古代生态人文主义。人文主义有狭义与广义之别。狭义的人文主义特指西方文艺复兴时期以对抗神学为其核心内涵的对人的本性欲望的张扬，而广义的人文主义则是自有人类以来就存在的对于人的生存命运的重视与关怀。正是从广义的人文主义的角度，我们认为我国古代的人文主义精神是一种包含着浓郁的生态意识的生态人文主义精神。这种生态人文主义精神集中地表现于以《周易》为其代表的先秦时期的典籍之中。《周易》中的“天人合德”思想就是这种中国古代生态人文主义精神的重要体现。《乾・文言》指出：“夫大人者，与天地合其德，与日月合其明，与四时合其序，与鬼神合其吉凶，先天而天弗违，后天而奉天时。天且弗违，而况于人乎，况于鬼神乎。”这里提出了一个“与天地合其德”的重要问题，其内容为“天弗违”“奉天时”，这样才能做到“与天地合其德，与日月合其明，与四时合其序，与鬼神合其吉凶”。也就是说，只有这样，人才能有一个较好的生存状态。

这就是一种将“天时”与人的生存相结合的古典形态的生态人文主义。我国古代之所以能够提出如此深刻的问题，与我国作为农业古国长期饱受自然之患有很大的关系。著名的“大禹治水”传说与《山海经》中的许多神话故事都说明了这一点。可以说是深刻的历史教训和忧患意识使得我国在先民时期就具有了较为明确的生态人文主义思想。《周易・系辞下》第七章指出：“《易》之兴也，其于中古乎？作《易》者，其有忧患乎？是故履，德之基也；谦，德之柄也；复，德之本也；恒，德之固也。”这就充分说明，《周易》的出现是与当时先民的忧患意识有着密切关系的。这种忧患除了战争之外，最重要的就是自然灾难，特别是水患。因此，顺应天时、掌握自然规律就成为人类安居乐业之本，成为有利于人的“大德”。这就是当时包含生态规律的人文主义产生的重要原因。由此，《周易》明确提出“天文”与“人文”的统一。《贲・彖》曰：“贲，亨，柔来而文刚，故亨；分，刚上而文柔，故‘小利有攸往’。刚柔交错，天文也；文明以止，人文也。观乎天文以察时变，观乎人文以化成天下。”对于“天文”与“人文”的统一，我们进一步以贲卦为例加以说明。贲卦艮上而离下，柔上而刚下，这是一种有小利而无大咎的卦象，属于“天文”的范围。人们根据这种天象规范自己的行为，使人类的行为以此为准，那就成了“人文”。观天文可以了解宇宙万物的变化，而观人文则可以规范人的行为。这就是一种天文与人文的统一，是“天人合德”的具体内涵。《周易》还更具体地阐述了天地人“三才”的理论。《周易・说卦》指出：“昔者圣人之作《易》也，将以顺性命之理。是以立天之道曰阴与阳，立地之道曰柔与刚，立人之道曰仁与义。兼三才而两之，故《易》六画而成卦。”这就是说，古代圣人根据天地人本真性命之道，通过卦象将天道阴阳、地道刚柔、人道仁义联系在一起。因而,易卦就是一种包含着天地人三个维度的古代人文主义,即古代中国的生态人文主义。当然,“易”是由圣人发现并作“卦与辞”的,只有圣人能够体现这种包含生态内涵的与天地相应的仁义之理。《周易·系辞上》指出:“是故天生神物,圣人则之。天地变化,圣人效之。天垂象,见吉凶,圣人象之。河出图,洛出书,圣人则之。”而一般的君子亦可以通过道德的修养达到“至诚”的高度,从而掌握这种包含生态维度的仁义精神。这就是所谓的“知天命”,即孔子所说的“五十而知天命”。《礼记·中庸》说道:“唯天下至诚,为能尽其性。能尽其性,则能尽人之性;能尽人之性,则能尽物之性;能尽物之性,则可以赞天地之化育。可以赞天地之化育,则可以与天地参矣。”也就是说,只有达到至诚才能顺应天性与物性,并尽人性,从而可以与天地相和。在这里,强调了一种人应与天地参,即向天地看齐的观念。《周易·乾·象》中提出“天行健,君子以自强不息”,《坤·象》中则提出“君子以厚德载物”的思想,都是因效法天地而培养的包含生态内涵的“仁义之理”。同时,中国古代还将这种“天人之和”的思想扩大到人与万物的“共生”。《礼记·中庸》所说的“万物并育而不相害,道并行而不相悖”,就是一种古典形态的“共生”思想。《周易·乾文言》提出:“君子体仁足以长人,嘉会足以合礼,利物足以和义,贞固足以干事。君子行此四德者,故曰:‘乾,元亨利贞。’”这里的“长人”“嘉会”“利物”与“贞固”都是“共生”思想的体现。《论语·子路》云:“君子和而不同,小人同而不和。”这里,所谓“和而不同”是各种事物相杂而生,而“同而不和”则是只允许一种事物独自存在而不允许不同的事物存在。只有这种“和而不同”才有利于万物的生长。《国语》云:“和实生物,同则不继。”这正是生态规律的反映,是一种生态的人文主义。

其四,“厚德载物”之古代大地伦理观念。《周易》通篇充满了对于天地的敬畏与歌颂,特别是它对于大地的敬畏与歌颂,可以说就是古典形态的大地伦理观念。这里,我们引用《周易》中的两段文字加以说明。《周易坤象》云:“至哉坤元,万物资生,乃顺承天。坤厚载物,德合无疆。含弘光大,品物咸亨。牝马地类,行地无疆,柔顺利贞,君子攸行。”《周易·坤文言》则云:“坤至柔而动也刚,至静而德方。后得主而有常,含万物而化光。坤道其顺乎,承天而时行。”又说:“阴虽有美,含之以从王事,弗敢成也。地道也,妻道也,臣道也。地道无成,而代有终也。”这两段文字可以说是对我国古代大地伦理观念的全面阐发,从大地的地位、作用、特性与人类对大地应有的态度等多个方面阐发论证了古代大地伦理观念。从大地的地位来说,“至哉坤元，万物资生”“德合无疆，含弘光大”等等，将大地的地位提到至高无上、诞育万物、功德无量的人类母亲的高度。从大地的作用来说，“坤厚载物”“品物咸亨”“天地变化，草木蕃”“地道无成，而代有终”等等，对于大地承载万物，使之繁茂发育、承续后代等等重要作用进行了深入的阐释。在大地特性方面，《周易》进行了形象而深刻的描述，用了“坤至柔而动也刚”“至静而德方”“阴虽有美，含之以从王事”等等，充分表现了大地“内柔外刚”“内静外方”“含蓄之美”等等美好的母性品格。在人类对于大地应有的态度上，《周易》首先对于大地母亲进行了充分的歌颂，使用了“至哉”“无疆”“光大”等等高尚而美好的语言。更重要的是，《周易》表现了人类应该学习大地，秉承大地优秀品格的意愿。《周易·坤·象》说：“地势坤，君子以厚德载物。”《周易·坤文言》说：“地道也，妻道也，臣道也。”也就是说，它认为人类应该像大地那样宽容厚道，容纳万物，学习大地“含弘光大”的“地道”，尽到做人的责任。在《周易·说卦传》第五章中更明确地告诉我们，“坤也者，地也，万物皆致养焉，故曰：致役乎坤”。这就歌颂了大地养育和服务于万物与人类的奉献精神。这样的古代大地伦理观念尽管时代局限性非常明显，但其所包含的对于大地地位、作用及人类应有态度的阐述，对于我们思考人类与大地的关系还是很有启发作用的。

其五，“大乐同和”之古代生态审美观。在我国古代，生产劳动与诗乐舞巫的结合可以说就是一种最基本的生存方式，《周易》中专门描写过占卜过程中的“鼓之舞之”，也就是载歌载舞的情状。特别是乐，在我国古代更有其特殊的地位，是达到天地人三才相和的重要途径。《礼记·乐记》指出：“大乐与天地同和，大礼与天地同节。和，故万物不失；节，故祀天祭地。”又说：“夫歌者，直己而陈德也，动己而天地应焉，四时和焉，星辰理焉，万物育焉。”而《尚书·舜典》则云：“八音克谐，无相夺伦，神人以和。”在我国古代，“乐”具有非常高的本体的地位，成为达到“天人之和”的重要渠道。《乐记》认为，“是故情见而义立，乐终而德尊。君子以好善，小人以听过。故曰：生民之道，乐为大焉”。将乐与“德尊”“好善”相联系，提到“生民之道，乐为大焉”，即人类生活中最高的地位。这就是中国古代的“乐本论”，将“乐”作为人的基本生存方式。《乐记》对此具体描述道：“是故乐在宗庙之中，君臣上下同听之，则莫不和敬；在族长乡里之中，长幼同听之，则莫不和顺；在闺门之内，父子兄弟同听之，则莫不和亲。故乐者，审一以定和，比物以饰节，节奏合以成文。所以合和父子君臣，附亲万民也。是先王立乐之方也。”在这里，“乐”

已经深入宗庙、乡里、家庭等社会生活的各个方面，成为我国古代人民基本的生活方式。这是一种通过“乐”来和敬天地乡里家庭的审美的生活方式，是古典的生态审美形态。

三

在当今21世纪开始之际，人类既享受到现代工业革命给我们带来的文明发展，同时也切身地感受到现代工业革命给我们带来的一系列负面影响。特别是生态的急剧恶化和环境的严重破坏给我们带来的深重灾难，水俣病、癌病、艾滋病、非典、禽流感等等，都在威胁着我们，给我们的未来和后代带来浓重的生活阴影。因此，应当改变我们的生存方式，从现代的工业文明迅速过渡到后工业的生态文明已经成为全世界绝大多数人的共识。而要实现这种文明形态的过渡，最重要的是要改变我们的文化观念，迅速地从工业文明的人类中心主义、唯科技主义、唯工具理性与主客二分的思维模式转变到有机整体的生态思维观念之上。这样的转变当然应主要立足于当代，并从各国的实际情况出发，但借鉴古代的生态智慧则是十分必要的。我国古代“天人合一”思想中所包含的生态智慧无疑不可避免地存在着历史与时代的局限，特别是因其产生在前现代的远古的背景之上，因而免不了有许多反科学的、甚至是迷信的色彩。因此，对于“天人合一”之中的生态思想，我们既不能完全接受，也不能任意拔高。但这一思想之中的许多智慧资源的确是极其宝贵的。特别重要的是，对于我们当前亟须建设的当代生态人文主义，中国古代生态智慧具有较大的借鉴意义。在当代，人与自然、生态观与人文观能否真正实现统一，从而建设当代形态的生态人文主义，这是至关重要的理论问题，也是十分紧迫的现实问题。有人说，人与自然、生态与人文是天生对立的，不可能统一。这是一种悲观主义的态度，这种态度还是建立在传统的唯科技主义认识论思维基础之上的。从传统认识论出发，当然会得出生态与人文必然对立的结论。但当前最为重要的则是需要从传统认识论转到现代存在论哲学与思维模式之上，从人与自然的必然对立转向两者在存在论基础之上的统一。从我国古代“天人合一”思想之“易变”思维来看，对其两者的关系应该从“简”“易”“合德”“共生”、古代大地伦理与“大乐同和”等特殊视角去把握。所谓“简”，就是应该将人与自然的复杂关系简化，回到事物产生之初的“太极”与“混沌”状态，就会清楚地看到人与自然所由产生的同一根源，说明其间必然存在的统一的原初性根由。从“变”的角度看，就是要以“易变”的观念充分认识人与自然之间的相生与相克及其变化，只要注重天时地利人和，创造必要的条件，就能由其相克转化到相生。而从“合德”的视角看，人类不仅应该改造自然，而且还应尊重自然，自然尽管不是神秘的但其秘密也不是人类所能穷尽的。因此，在人与自然的关系上，人类更应主动地遵循自然规律，与自然“合德”，这才是天文与人文统一的前提，是建设当代生态人文主义的首要条件。我国古代的“共生”哲学，力主“和而不同”“生生为易”与“和实生物，同则不继”，这实际上是一种特别有价值的生态哲学，值得我们借鉴。从大地伦理的角度看，我国《周易》之中对于“厚德载物”的大地母亲的敬畏与歌颂值得我们深思，它不仅揭示了大地哺育人类的真理，而且体现了人类感恩大地的情怀。而“大乐同和”则是一种古典形态的生态审美观，揭示了我国古代先民在如歌、如乐、如舞的生命境界中实现人与天地万物和谐美好生存的审美境界，值得我们在确立当代“诗意的栖居”的生态审美态度时从中获得诗意的启发。

对于我国当前提倡的科学发展观和确立建设和谐社会目标，古代“天人合一”思想中所包含的生态智慧更有其特殊价值。因为我国的现代化建设已进入关键时期，许多矛盾暴露出来，其中非常突出的就是社会经济发展与环境资源的突出矛盾。因此，人与自然环境资源的和谐协调成为科学发展观与和谐社会建设的非常重要的内容。我国要真正做到两者之间的和谐协调，除了发展模式要从中国实际出发，同样重要的是应该从我国的实际出发，建设具有中国特色的、易于为广大人民接受的生态与环境理念。这就要借鉴我国古代文化资源，从中汲取营养，建设为广大人民所喜闻乐见的当代中国生态理论，以期对科学发展观与和谐社会建设做出应有贡献。

我国古代“天人合一”思想中的生态智慧早就引起国际哲学界与生态学界的重视。美国研究环境问题的世界观察研究所所长布朗指出：“我们只应当追求维持生活的最低限度的财富，我们的主要目标应当是精神文化的。如果我们把追求物质财富作为我们的最高目标，那就会导致灾难。老子提倡无私和博爱，并认为这是人类事业中取得幸福和成功的关键。”罗马俱乐部中国分部对此评价道：“这恰与老子几千年前所提‘无欲’‘天人合一’相对应，这正是人类正‘道’的基本前提。并且老子的思想提供的价值观念真正切中了以西方文化为主体的现代文明异化的种种问题与要害，正是医治现代文明病的良方。"[①]当然,还有包括海德格尔等许多已经为大家熟悉的理论家都从我国"天人合一"思想中吸取诸多精华,说明我国古代这一理论所具有的当代普世性价值,值得我们重视并加以研究。

(原载《文史哲》2006 年第 6 期)

---

① 布达佩斯俱乐部中国分部论坛:http://www.bdpscluborg/bbs/index.asp

“天人合一”——中国古代“生态—生命美学”

今天有机会将我最近的思考向大家做一个汇报很高兴。我正在做的生态美学有两个支点，一个是西方的现象学。我认为现象学从根本上来说是生态的，因为它是对工业革命主客二分及人与自然的对立的反思与超越，从认识论导向生态存在论；另一个支点就是中国古代的以“天人合一”为标志的中国传统生命论哲学与美学。“天人合一”是对人与自然和谐的一种追求，是一种中国传统的生态智慧，体现为中国人的一种观念、生存方式与艺术的呈现方式。它尽管是前现代时期的产物，未经工业革命的洗礼，但它作为一种人的生存方式与艺术呈现方式仍然活在现代，是具有生命力的，是建设当代美学特别是生态美学的重要资源。下面我就从中国古代“天人合一”的生态—生命美学的角度讲一下自己的看法，我的发言很大程度上借鉴了前辈学者特别是宗白华先生的成果。宗先生的美学研究对我最大的启发是他对中国古代美学的一系列发现，认为中国传统美学的重要特点是与具体的艺术紧密联系，不完全是或主要不是理论形态的美学。所以我这里也尽量结合中国传统艺术进行自己的思考。我的发言分四点。

一、“天人合一”——文化传统

对于“天人合一”这一命题，学术界争论较多，主要是对“天”的理解上，有自然之天、神道之天与意志之天等不同的理解。我们这里基本上采用先秦时期，特别是“易传”中有关“自然之天”的解释，但也不排除“天”还包含包含某种神道与意志的内容。从中国古代文化传统来看，“天人合一”是中国古代农业文化的一种主要传统，是中国人的一种理想与追求。钱穆先生说，“天人合一”是中国古代文化的归宿处，是符合实际的。即便是认为“天人合一”具有极大随意性的刘笑敢先生也认为明清各家认为“天人合一”是最后的原则，最高的境界和最高的价值。何况，大家都知道，司马迁将中国古代文人的追求概况为“究天人之际，穷古今之变，成一家之言”，说明“天人合一”是中国古代文人穷尽一生的目标。而从古代经济、社会与文化艺术的实际情况来看，对“天人合一”的追求的确是中国文化的主要传统。甲骨文中的“舞”字就是两人手持牛骨翩翩起舞，显然是巫师在祭祀中向上天祈求；中国传统建筑中的法天象地，如天坛；秧歌中的一人打伞一人打扇，显然是在祈雨；春节对联中的“瑞雪雪兆丰年”等等，都说明“天人合一”是一种文化传统。而西方特别是欧洲人的文化传统，是古希腊以来对于“逻各斯中心主义”的一种追求。特别是工业革命以来，应该是一种明显的“天人相对”的人类中心主义的文化传统，康德有言“人为自然立法”，是一种“天人相对”与人对于自然的战胜。只在20世纪以后，西方才随着对于工业革命的反思与超越，逐渐以“天人合一”代替“天人相对”。大家知道，海德格尔以“此在与世界”的在世模式与“天地神人四方游戏”代替“主客二分”。当然，海氏这一思想是受到中国老子“域中有四大人为其一”的影响，是中西互鉴与对话的结果。还需要说明的是西方现代现象学将西方工业革命之“天人相对”加以“悬搁”而走向“天人”之“间性”，为西方后现代哲学的“天人合一”打下基础。“天人合一”作为中国的文化传统的另一个证明就是这一思想涵盖了儒释道各家。儒家倡导“天人合一”更偏于人；道家倡导“天人合一”，则偏向于“天”，即自然；佛家倡导“天人合一”也偏向于“天”，即为成佛之涅槃，无也。总之，都是在“天人”的维度中探索文化艺术问题。正因此李泽厚先生后期提出审美的“天地境界”问题，认为蔡元培的“以美育代宗教”命题的有效性就是中国古代的礼乐教化能够提升人的精神达到“天地境界”的高度，这样就将“天人”问题提到美学本体的高度来把握。总之，我认为从审美和艺术是人的一种基本生存方式来看，“天人合一”作为一种文化传统是中国古代审美与艺术的基本出发点是没有问题的。

二、阴阳相生——生命美学

“天人合一”与生命美学有什么关系呢？这就要从人类学的角度来看中国古代原始哲学，它是一种“阴阳相生”的“生”的哲学。所谓“天地合而万物兴也”，兴者，生长也。《周易》是中国最古老的占卜之书，也是最古老的思维与生活之书，是一种对事物、生活与思维的抽象，是一种东方古典的现象学。

所谓,易者简也,将纷繁复杂的万事万物简化为"阴"与"阳"两卦,阴阳两卦相生相克,产生万物,所谓"生生之为易也","天地之大德曰生"。《周易》是中国哲学的源头,也是中国美学的源头,其核心观念就是"生"。与之相关的是老子所言"道生一,一生二,二生三,三生万物,万物而负阴抱阳冲气以为和",核心也是一个"生"字。王振复说"天人合一"的"一"说的就是"生",生命也。所以"天人合一"作为美学命题所指向的就是"生生为易"之中国古代特有的生命美学。我国现代美学的两位著名代表人物方东美与宗白华都倡导生命美学。宗白华 1921 年就指出生命活力是一切艺术的源头,也是一切美的源头,宗白华还将中国古代美学的哲学根源归之于"律历哲学",以之与西方古希腊的"几何哲学"相区别。所谓"律历哲学"就是将音乐之音律与节气之日历相通,说明中国古代的律历之学包含着丰富的"天人"与万物生长的生命内涵。方东美于 1933 年出版《生命情调与美感》一书,阐发了中国古代生命美学的特点。

"天人合一"为何走向"生"之生命哲学与美学呢?"易传"将之归之于"气交",天地与阴阳两气相交而生万物,所谓"天地交而万物生也,上下交而志同也",这就是著名的"泰卦",阴上阳下,阴气上升阳气下降,两气相交而生万物,两气相交就是"天人合一"。在这里需要特别强调"气"在中国古代哲学与美学中的关键性作用,气者,生命之源也,老子所谓"道生一,一生二,二生三,三生万物,负阴而抱阳冲气以为和",气是诞育生命的根源,也是中国传统美学与艺术的奥妙。一阴一阳之谓道,阴阳相对生成生命之气,形成特有的一呼一吸之生命特征。而两气相交的前提是阴上阳下各在其位,要做到这一点必须是圣人,大人与君子要做到"致中和",与天地合其德,与日月合其明,与鬼神合其吉凶,从而"致中和,天地位焉,万物育焉"。在这里需要进一步解释一下《周易》坤卦文言六五的爻辞,所谓"黄中通理,正位居体,美在其中,而畅于四肢,发于事业,美之至也"。这是《周易》集中并直接论"美"的一句话,说明六五处于坤卦上挂之中位,是一种执中,所以有居位正体黄中通理之美。而居位正体也可以解释为执中是一种乾坤各在其位,从而天地交,即气交,而万物诞育繁茂。所以在中国古代"天人合一"之哲学与美学看来只有"中和","执中"才是反映万物一种繁茂与诞育的生命之美。阴阳相生的生命之美的另一种深化就是一种对于"生"的善的祝福,就是《周易》乾卦所言"乾,元亨利贞"四德之美,元者善之长也,亨者嘉之汇也,利者义之和也,贞者事之干也。包含着中国古代吉祥安康的善的祝福。在艺术中特别是民间艺术中大量存在。春节的门神、钟馗等等包括避邪趋善的内涵。

生命美学成为中国传统美学与艺术的特点,成为其区别于西方古典形式之美与理性之美的基本特征。但20世纪以来,西方在现象学哲学对主客二分,人与自然对立的工具理性批判的前提下生命之美也成为西方现代美学特别是生态美学的重要理论内涵。包括海德格尔在《物》中论述的物之本性是阳光雨露与给万物以生命的泉水;梅洛庞蒂对身体美学特别是"肉体间性"的论述;柏林特对"介入美学"的论述;卡尔松对生命之美高于形式之美的论述等等。说明中西美学在当代生命美学中相遇了。我认为当代生命美学就是生态美学的深化,为中国古代生命美学的发展开拓了广阔的空间。

三、"太极图示"——文化模式

"天人合一"在中国传统艺术中成为一种文化模式,中国传统艺术都包含着一种"天人关系",如形与神、文与质、意与境、意与象、情与景、言与意等等,构成形神、文质、意境、意象、情境、言意等等特殊的范畴。这些范畴决不能像解释西方"典型"范畴那样理解为共性与个性的统一,将之解释为两者的所谓"统一",而是具有更为丰富复杂的内涵。它们只能从中国古代特有的文化模式"太极图示"加以阐释。周敦颐在"太极图说"中指出"无极而太极,太极动而生阳,动极而静,静而生阴,静极而动,一动一静,互为本根——二气交感,化生万物,万物生生,变化无穷"。所谓"太极图示"实际上是一种东方古典形态的"现象学",所谓"易者,易也;易者,简也",将复杂的宇宙人生简化为"阴阳"两卦,演化为六十四卦,揭示了宇宙、人生与社会的发展变化,呈现一种生命诞育律动的蓬勃生机的状态,不是主客二分思维模式下的传统认识论所能把握的,就像诗歌之味外之旨,国画之气韵生动,书法之龙飞凤舞,音乐之弦外之音。中国传统艺术中的这种"天地氤氲,万物化醇"的太极之美是玄妙无穷,变化多端的。这种一动一静的太极图示表现在艺术中是一种"一阴一阳之谓道"的艺术模式,如绘画中的画与白,产生无穷生命之力,如齐白石的"虾图",以灵动的虾呈现于白底之上,表现出无限的生命之力;戏曲中的表演与程式,一阴一阳产生生命动感,如川剧"秋江"的艄翁与陈妙常通过其独到的表演呈现出江水汹涌之势等等。这种"太极化生"的审美与艺术模式倒是与现代西方的现象学美学有几分接近。现象学美学通过对“主客”与“人与自然”二分对立的“悬搁”，在意向性中将审美对象与审美知觉、身体与自然变成一种可逆的主体间性的关系，既是对象又是知觉，既是身体又是自然，相辅相成，互相渗透，充满生命之力，呼吸之气，如塞尚所论的雷诺阿在著名油画《大浴女》中表现的原始性、神秘性与“一呼一吸”之生命力。梅洛-庞蒂在《眼与心》中所说的“身体图示”倒很像中国的“太极图示”。东西方美学在当代生态的生命美学中交融了。

四、“线性艺术”——艺术特征

中国传统艺术作为生命的艺术是一种线性的艺术，时间的艺术，西方是一种块的艺术，空间的艺术。因为生命呈现一种时间的线性的发展模式。而线性的时间的艺术又呈现一种音乐之美的特点，如绵绵的乐音在生命的时间之维中流淌。所以，李泽厚说，中国古代艺术是一种乐感文化。这里的“乐”即可以理解为“快乐”，也可以理解为“音乐”。中国古代艺术是一种音乐的、时间的艺术。在中国传统艺术中一切空间意识都化作时间意识，一切艺术内容都在时间与线性中呈现。如中国画的散点透视，是一种“景随人移，人随景迁，步步可观”，在人的生命活动中、在时间中不断变换视角。如《清明上河图》对汴河两岸宏阔图景的全方位展示；再如传统戏曲中虚拟性的线性表演，所谓“三五步千山万水，六七人千军万马”，“走几步楼上楼下”。“手一推门里门外”等等都是一种化空间为时间的艺术处理，在中国艺术中司空见惯。目前西方现代美学与艺术也已经打破传统的焦点透视模式而走向散点透视，诸如西方现代派艺术，特别是绘画，当代西方美学领域也开始对于焦点透视作为“人类中心”之表现的批判。总之，中西在绘画艺术视角表现之上又相遇了。当然这并不能因此而模糊中西美学与艺术的区别。

几点小结：

一，“天人合一”与“阴阳相生”及生命美学是中国古代美学的核心内容；
二，《周易》是中国古代美学最重要的典籍，是中国哲学与美学的源头；
三，中国古代美学思想主要保存于各种艺术之中，研究中国古代美学必须将重点转向艺术；

四，应该从中西生态美学、生命美学，特别是中国古代美学与西方生态现象学的对话与互释中走出新路。

（2014 年 12 月 27 日在北京师范大学“中国美学史研究学术研讨会”上的发言）

中国古代生命论美学的舞台呈现

——试论中国戏曲所包含的生态生命论美学意蕴

关于中国古代美学的特殊内涵，目前学术界多数人认为宗白华的“生命论美学”是一种比较准确的概括。宗白华早在20世纪20、30年代就提出并阐述了中国古代生命论美学。他说，中国美与美术的“特点是在‘形式’、在‘节奏’。而它所表现的是生命的内核，是生命内部最深的动，是至动而有条理的生命情调”。又说，“中国画所表现的境界特征，可以说根基于中国民族的基本哲学，即《易经》的宇宙观：阴阳二气化生万物，万物皆秉天地之气以生，一切物体可以说是一种‘气积’。这生生不已的阴阳二气组成一种有节奏的生命”。他还认为，“美学研究不能脱离艺术，不能脱离艺术的创造和欣赏，不能脱离‘看’和‘听’。……中国戏曲也有自己的特点。京剧、昆曲历史悠久，值得研究一番”[①]。我认为，宗白华所论的生命论美学其实就是植根于中国古代农业社会与“天人合一”哲学思想的一种“中和论生态生命美学”，这种美学精神是中国古代美学与艺术的生存之根，也是中西美学与艺术相异的根本原因所在。现在，我们将以此为指导探讨中西古典戏剧的相异之表现及其根源，其目的不仅在于进一步建设当代中国的生态美学，还在于使得中国古代美学与艺术的特殊光辉得以在新时代得到发扬。

众所周知，中国戏曲是世界三大戏剧形式之一，而且是唯一仍然活跃在现实生活中的古典戏剧形式。从戏剧表演来说，中国戏曲的“虚拟化表演”与“唱念做打歌舞”成为迥异于世界戏剧领域“体验派”与“表现派”的第三种表演体系，具有空前的生命力与群众基础。尤其是京剧已成为中国的“国粹”与“国宝”。因此，从中西比较的视角探讨中西古代戏剧的区别及其原因是非常必要的。中国戏曲的美学是一种生命论美学，是一种“有节奏的生命”。王国维曾言，“故谓元曲为中国最自然之文学，无不可也”，又说，“其文

---

① 宗白华:《艺境》,北京大学出版社1987年版,第110、118、357页。

章之妙,亦一言以蔽之,曰:有意境而已矣"①。所谓"意境",就是"艺术家以心灵映射万象,代山川而立言,他所表现的是主观的生命情调与客观的自然景象的交融互渗,成就一个鸢飞鱼跃,活泼玲珑,渊然而深的灵境;这灵境就是构成艺术之所以为艺术的'意境'"②。因此,王国维所谓元曲之"自然"与"意境",其要旨还是"生命力的渗透"。中国戏曲"盖情至之语,气贯其中,神行其际"③。因此,我们可以说中国戏曲是生命之歌、生命之画。叶秀山先生将之称作"古中国的歌"④,是十分恰当的。本文尝试从生命之歌与生命之画的角度来阐述中国戏曲的生态生命论美学特征。

一、中国戏曲的美学追求是一种"乐"的生命情感抒发

生命论美学的要旨在于"自然",而所谓"自然",即是"道法自然"(《老子·二十五章》),"万物负阴而抱阳,冲气以为和"(《老子·四十二章》)。所以,阴阳相生为自然生命论哲学与美学之核心。中国戏曲的特殊性在于表演与程式的相生相克,从而产生一种特殊的生命之力。中国戏曲是一种高度程式化的艺术形式,唱念做打、生旦净末丑、着衣化妆、舞台布景、出场下场、音乐锣鼓,一举一动均有明确而严格的"程式规范"。程式犹如国画中的"笔墨",演员只有凭借程式才能扮演出五彩缤纷的生命之戏。如果说,作为静态的"程式"是阴,那么处于动态的表演就是阳,阴阳相生才能产生生命之力,发出来自生命深处的歌声。这就是中国戏曲与西方古典戏剧重要差别之一。西方古典戏剧是以"模仿现实"为其旨归的。亚里士多德的《诗学》指出,"悲剧是对于一个严肃、完整、有一定长度的行动的模仿"⑤。而中国戏曲则是在表演与程式的相生相克中表现与抒发着一种生命的情感。

首先,从戏剧的总体布局来看,西方古典戏剧是一种"理念的感性显现"(黑格尔语),本质上是一种现实主义的油画;而中国戏曲则是生命情感的抒发,本质上是一首来自生命深处的乐曲。中国戏曲通过程式化的忠奸明确

---

① 王国维:《宋元戏曲史》,上海古籍出版社2008年版,第87、88页。

② 宗白华:《艺境》,北京大学出版社1987年版,第151页。

③ 〔明〕祁彪佳:《远山堂剧品》,《中国古典戏曲论著集成》〔6〕,中国戏剧出版社1959年版,第140页。

④ 叶秀山:《古中国的歌——叶秀山京剧论札》,中国人民大学出版社2007年版。

⑤ [古希腊]亚里士多德:《诗学》,人民文学出版社1982年版,第19页。

的化妆与揭示剧情的定场辞等几乎将剧情及其结果公开化，而其着重点则在情感的抒发。西方古典戏剧的高潮在“发现”，而推动戏剧情节的则是“转折”。例如，《俄狄普斯王》中国王俄狄浦斯通过报信人与牧人的对质发现自己正是杀死父王拉伊俄斯的凶手，剧情由此发生根本转折，最后母亲自杀，俄狄浦斯刺瞎双眼，被驱逐出忒拜城。这就传达了一种“命运战胜一切”的理念。再如，席勒的著名悲剧《阴谋与爱情》就是以露易丝服毒后临死前的自白揭露她的那封所谓“情书”是被逼而写的真相，男爵费迪南在真相大白后也饮毒自尽。他在临死前以最后的力气将阴谋制造者——他的父亲宰相瓦尔特拽到露易丝的尸体前控诉道：“这儿，野蛮人，品赏品赏你狡诈的可怕果实吧；在这张脸上，歪歪扭扭写着你的名字，行刑的天使将会认出来的呀！——这个形象将在你入睡时扯下你床前的帷幔，把她冰冷的手伸向你！这个形象将在你临终时站在你的灵魂前，挤掉你最后的祈祷！这个形象将在你希望复活时站在你的坟墓上——而且，当上帝审判你的时候，还将站在上帝旁边！”这真是控诉腐朽的封建专制制度的檄文，表达了席勒启蒙主义狂飙突进运动的反封建的革命精神。同样是表现爱情，王实甫的《西厢记》就有着明显的差别。该剧楔子部分通过老夫人程式化的定场白已经基本上将老夫人的已故宰相家世、家庭构成与封建家长身份介绍清楚。此后又通过莺莺的开场唱“花落水流红，闲愁万种，无语怨东风”，表明了她思春怨女的心态。加上中国戏曲程式化的叙事性情节安排与艺术处理等，该剧在情节上和性格上已不会有很多悬念，其着重点则是主要通过几个重点场次表现莺莺与张生对于爱情的执著追求。莺莺的两封回简如歌如吟，充分表达了封建时期青年女子大胆追求爱情的精神。第一封信：“待月西厢下，迎风户半开。隔墙花影动，疑是玉人来”，含蓄而形象；第二封信：“仰图厚德难从礼，谨奉新诗可当媒。寄语高唐休咏赋，今宵端的雨云来”，反映了莺莺的深情厚意与对于爱情的义无反顾的大胆追求。张生等待莺莺的唱词：“他若是肯来，早身离贵宅；他若是到来，便春生敝斋；他若是不来，似石沉大海。数着他脚步儿行，依定窗棂儿待”，也惟妙惟肖地表现了他祈盼心上人的心情。第三折长亭送别，则以另一种情调描述了相爱之人的离情别意：“碧云天，黄花地，西风紧，北雁南飞。晓来谁染霜林醉？总是离人泪。”大自然的满地的黄花、萧索的西风、南飞的北雁与挂满秋霜的树林等肃杀的景象衬托出离人的心酸与凄苦，入境入心，感人肺腑。汤显祖的《牡丹亭》更是抒写了杜丽娘与柳梦梅之间浪漫奇幻的爱情故事，真的是惊天地泣鬼神。特别是作为大家闺秀的杜丽娘以生命为代价追求爱情的大胆执着更是感人至深。杜丽娘死而复生后在牡丹亭幽会时唱到:“泉下长眠梦不成,一生余得许多情。魂随月下丹青引,人在风前叹息声”,“牡丹亭,娇恰恰;湖山畔,羞答答;读书窗,淅喇喇。良夜省陪茶,清风明月知无价”。生不能完成的情爱之旅即使死后也要还魂实现情爱之梦的大胆表白与行动,已经将来自生命深处的生死情爱表达无遗。诚如汤显祖在《牡丹亭题记》中所言,“天下女子有情,宁有如杜丽娘乎?——如杜丽娘者,乃可谓之有情人耳。情不知所起,一往而深。生者可以死,死可以生。生而不可与死,死而不可复生者,非情之至也”,突出地阐明了《牡丹亭》所表现的这种生而复死、死而复生的发自生命深处的至爱之情,也典型地反映了中国戏曲作为生命之歌的艺术特征。

程式化,来自西文“conventionalization”,清代中叶将之用于中国乐器弹奏指法,著名戏剧家赵太侔借用这个音乐术语将中国戏曲的规范化称作“程式化”。蓝凡认为,“中国戏曲的一切表现形式都弥浸在这规范化的性格之中,这确是中国戏曲特有的性格风格——程式性(程式化)”[①]。这种程式化正是中国戏曲的特点和长处所在,具有极大的艺术表现力量。它要求中国戏曲艺人进行刻苦训练,终生不懈,所谓“台上几分钟,台下十年功”。只有熟练地掌握了戏曲程式才能有精湛的表演,体现出生命的情感力量。但熟练地掌握程式并不等于拘泥于程式,而是要做到“进得去,出得来”,使得表演与程式之间形成一种良性的相辅相成的互动关系,从而具有某种生命张力。这样就需要将程式用好用活,使程式服务于角色的创造和情感的表达。例如,麒派名剧《徐策跑城》是著名须生周信芳的代表作,他完美地运用涮布、跌跑等程式化的动作在急切地亦唱亦跑中形象而深刻地表现了徐策秉持正义为薛家伸冤的情感历程。我们看到的是徐策的不顾老迈急切伸冤的形象,而程式却早已淡化。总之,程式是形,关键要表现人物之神,做到神形兼备,以形转神。据明代李中麓记载,“颜容,字可观,镇江丹徒人。……乃良家子,性好为戏,每登场,务备极情态,喉音响亮,又足以助之。尝与众扮《赵氏孤儿》戏文,容为公孙杵臼。见听者无戚容,归即左手捋须,右手打其两颊尽赤。取一穿衣镜,抱一木雕孤儿,说一番,哭一番,其孤苦感怆,真有可怜之色,难已之情。异日复为此戏,千百人哭皆失声。归又至镜前含笑深

① 蓝凡:《中西戏剧比较论》,学林出版社 2008 年版,第 19 页。

揖，曰：颜容，真可观矣！”[1]这段记载生动地说明了程式与表演之间的互动关系，颜容酷爱演戏，“备极情态，喉音响亮”，程式化的东西已经非常熟练，但其演出仍然是“听者无戚容”，原因是只掌握了形没有掌握神。经过苦练琢磨，他终于体会到公孙杵臼“孤苦感怆”之情，因而演出达到“千百人皆哭失声”的效果。我小时在上海看盖叫天的《狮子楼》，盖叫天一出场一个“亮相”，双眼炯炯有神，动作刚劲有力，英雄武松的形象一下子就立了起来，印象深刻，至今不忘。到最后杀西门庆桥段，也演得极为精彩。从武松脱外衣接刀的动作开始，盖叫天两手握住衣襟，手腕向后用力一挥，外衣干净利落地脱下，尽显英雄本色。剧中武松杀西门庆只用了三刀，但这三刀，刀刀见力，凸显英雄气概。盖叫天自己说：“这里所以只用三刀，为的是这场合不能多打，要紧凑干脆几下子，多了反而把戏搅松了。因为观众这时急于要看武松手除恶贼，不能拖沓。可是，尽管这几下，演员每一刀脸上都要有‘相’，要有恨不得一刀结果仇人的表情，不能横砍竖砍心里一点事儿没有。这在平时练的时候，就要注意，到了台上才有‘相’。”[2]盖叫天将京剧武生的打斗程式化到性格塑造与情感表现之中，一个活脱脱的武松形象立在观众面前，所以人们称盖叫天为“活武松”。将近60年过去了，但盖叫天所演的武松形象，他那嫉恶如仇的表情，仍然活在我的脑海之中。“程式”是一种共性的东西，还要赋予其个性，那就要将不同人物的体态情感化到程式当中。京剧大师程砚秋曾讲到女旦兰花指应根据不同年龄身份有不同的运用，不能千篇一律。他说：“旦行的兰花指，也就代表一个女性成长的过程。我们一个十二三岁的小丫鬟，天真活泼，她好比一个花骨朵，花还没开呢，她表现的指法，虽然也用兰花指，就应当紧握着一些拳头，突出的一个食指来表现出年龄的特点。20岁左右的少女，花朵慢慢的开了一点，指法的运用就应当表现出含苞待放的形式，与十二三岁小丫头的手势就不能一样了。中年妇女好比兰花全开了，她们的指法就要求庄严娴美，与20岁左右少女的含羞姿态又应有距离了。青衣再老即是老旦应功的人物了。老旦的指法，基本应采用青衣的路子，虽然兰花已经开败了，但她的基础还不应脱离兰花指的范畴，所不同于青衣的，只是老旦的手指，应当表现的僵硬些……”[3]总之，程式要遵循，

---

① 〔明〕李中麓：《词谑》，转引自陈德礼《中国艺术辩证法》，吉林人民出版社1990年版，第21页。

② 盖叫天：《粉墨春秋》，中国戏剧出版社1980年版，第233—234页。

③ 中国戏曲研究院编：《程砚秋文集》，中国戏剧出版社1959年版，第86页。

更要演活，一切以充分表现人物情感为准。

中国戏曲是一种唱的艺术，是“古中国的歌”，所以音乐在戏曲中占极大分量。有人说音乐是中国戏曲的“主脑”，不是没有道理。笔者 1987 年第一次到北美访问，一共待了将近一个月，回国时乘坐国航飞机，当我打开座椅上的耳机听到播放的京剧时，那熟悉的旋律回响耳际，立即鼻子就发酸，眼泪不自觉的涌出。我感到那就是一种母亲的歌、民族的歌。在戏曲音乐中，节奏又是中国戏曲音乐最主要的特点。有学者称，“节奏感（作用于人的感官时间长短和力量强弱）则更可以说是中国戏曲表现形式音乐性的最本质的核心”[①]。节奏成为戏曲唱念做打必不可少的组成部分，特别是戏曲的锣鼓，更是其最重要的元素之一。那急骤的开场锣鼓一下子就将我们带到戏曲情境之中。而节奏的快慢强弱又与剧情的展开，与情感的表达密切相关。例如，京剧《空城计》诸葛亮在城头悠闲的弹琴，但城里却是空无一人，当司马懿率兵杀到西城门，随着一阵急骤的京剧锣鼓，加剧了我们紧张的心情，但却反衬了城楼上诸葛亮镇静儒雅的风度。至于唱腔，更是戏曲不可缺少的部分。张厚载曾说：“中国旧戏是以音乐为主脑，所以他的感动的力量，也常常靠着音乐表示种种的感情。譬如，《四郎探母》的杨延辉在番邦思念他的母亲，要不用唱功而但用白话来表示他思母的苦情，那杨延辉说了一番想念的话，便就毫无情致。如今用唱功来表示他的思念苦情，‘引子’‘诗’‘白’多念完，到末了一句‘思想起来，好不伤感人也’，下接西皮慢板，唱‘杨延辉坐宫院自思自叹’一大段，这么样唱来就可以把想念母亲的感情，用最可以感动的方法表示出来。这岂不是唱功可以表示感情的一端吗?”[②]脍炙人口的越剧唱腔《黛玉焚稿》一段，著名越剧表演艺术家王文娟那哀婉凄切的唱腔几十年来一直回荡在我们的心头：“多承你伴我日夕共花朝，几年来一同受煎熬，到如今浊世难容我清白身，与妹妹告别在今宵！从今后你失群孤雁向谁靠？只怕是寒食清明梦中把姑娘叫。我质本洁还洁去，休将白骨埋污淖”。越剧《红楼梦》一时成为家喻户晓的戏曲，与其优美感人的唱腔有着密切的关系。戏曲唱腔讲究一个“韵味”，即是通过中国戏曲特有的起承转合、字正腔圆，带来一种特有的一种“味在咸酸之外”的特殊的“滋味”，可以产生“绕梁三日，百听不厌”的特殊感受。记得小时候在上海生活，那时上海的女

---

① 蓝凡：《中西戏剧比较论》，学林出版社 2008 年版，第 13 页。

② 张厚载：《我的中国旧戏观》，转引自蓝凡《中西戏剧比较论》，学林出版社 2008 年版，第 224 页。

性多数是越剧迷，当时当红的名角是袁雪芬、尹桂芳、范瑞娟、徐玉兰与王文娟等，每流行一种新戏满街都有人哼唱其唱腔，几乎成为城市生活的组成部分，好像河南和鲁西南对于豫剧的痴迷一般。人们欣赏的恰恰是那种动人心魄的“韵味”。

二、中国戏曲的虚拟性表演，要求观众以自己的生命深度介入

虚拟表演是中国戏曲最基本的特征之一，也是中西戏剧的主要区别之一。西方戏剧是只管演出，基本不顾观众的。著名西方戏剧理论家狄德罗在《论戏剧诗》一文中写道：“所以，无论你写作还是表演，不要去想到观众，只当他们不存在好了。只当舞台的边缘有一堵墙把你和池座的观众隔开，表演吧，只当幕布并没有拉开”。[①] 这里说的“有一堵墙把你和池座的观众隔开”的“这一堵墙”就是通常所说的西剧的“第四堵墙”。前苏联著名导演斯坦尼斯拉夫斯基也说：“别顾到观众，想想你自己吧。……假使你自己发生兴趣的话，观众也会跟着你走的”。[②] 中国戏曲则是编剧、演员与观众共同完成的戏剧，没有观众的参与就没有戏剧。因为中国戏曲是一种虚拟性的表演，所有的布景、情境、时空完全依靠观众的想象完成。诚如宗白华所说：“中国舞台表演方式是有独创性的，我们愈来愈见到它的优越性。而这种艺术表演方式又和中国独特的绘画艺术相通的，甚至也和中国诗中的意境相通。中国舞台上一般不设置逼真的布景(仅用少量的道具桌椅等)。老艺人说得好：‘戏曲的布景是在演员的身上’。演员结合剧情的发展，灵活地运用表演程式和手法，使得‘真境逼而神境生’。演员集中精神用程式手法、舞蹈行动，‘逼真地’表达出人物的内心情感和行动，就会使人忘掉对于剧中布景的要求，不需要环境布景阻碍表演的集中和灵活，‘实景清而空景现’，留出空虚来让人物充分地表现剧情，剧中人和观众精神交流，深入艺术创作的最深意趣，这就是‘真境逼而神境生’”[③]。宗白华可说是讲到了中国戏曲的精

---

① [法]狄德罗：《狄德罗美学论文选》，人民文学出版社1984年版，第176页。

② [苏]斯坦尼拉夫斯基：《斯坦尼斯拉夫斯基全集》第2卷，中国电影出版社1959年版，第195—196页。

③ 宗白华：《艺境》，北京大学出版社1987年版，第271页。

髓之所在。从布景来说，例如，川剧《秋江》中演到青年道姑陈妙常雇船追赶情人书生潘必正，在秋江之上乘坐老艄翁的船，其实舞台道具只有老艄翁的一支桨，但却演绎了满江的水，起伏的波浪，行驶在江上的船。该剧的最大艺术特色在于一老一少演绎的精彩的戏曲舞蹈，整出戏全凭人物精彩的舞蹈来串联和表现。从追赶到江边、船靠岸、系船桩、搭跳板、上船、撑船、拉船、解缆登船，到荡桨、漂流、船行江上，时而平稳，时而颠簸，时而疾，时而缓，一老一少，此起彼伏，配合默契，一系列繁难动作通过丰富的戏曲舞蹈程式得到准确细腻、多姿多彩的表现，带给观众观赏戏曲所独有的审美愉悦。而其效果却是非常之好，让人有真实乘船之感。梅兰芳有一次请一位亲戚看川剧《秋江》，看后问她好不好。那位亲戚回答道，自己看得出了神，感觉仿佛就在船上，并产生晕船的感觉。由此，梅兰芳认为，这“说明京剧的表演因为是在没有布景的舞台上发展起来的，它充分借助了观众的想象力把舞蹈发展为不仅能抒情，而且还能表现人在各种不同环境——室内、室外、水上、陆地等的特殊动作，并且能表现人的内心世界”①。中国戏曲不仅能够通过虚拟性表现布景，而且可以表现跋山涉水的长途跋涉和千军万马的战争场面。例如，《西厢记》第一折写张生骑马引仆，其实张生只是手中拿着一根马鞭就象征着骑马，而且一路走来离开故乡西洛，上朝赶考路经河中府，又来到普津，走到状元店，住下后来到普救寺，这一切都在舞台上通过演员的舞蹈和演唱顷刻间完成，张生之游普救寺也是在亦歌亦舞中完成。战争场面，例如三国戏之赤壁之战，也只是几名士兵在大将的统帅下，在舞台来回走动而已。正所谓“三五步万水千山，六七人千军万马”。宗白华还举了京剧《三岔口》和越剧《梁山伯祝英台》的例子，说明运用可以描写的东西表达出不可能描写的东西。《三岔口》是著名的京剧武打戏，描写梁山好汉任惠堂住店时因误会与店主刘利华深夜打斗的故事，舞台上不可能熄灭灯火，两人通过自己的动作清晰地表现了夜的存在。当然，这是演员通过自己的动作调动观众的想象而形成的虚构的“夜”，这就是化虚景为实景。《梁山伯与祝英台》中的十八相送则是通过演员的歌舞表现了一路行来的各种景象，则是化实景为虚景。这一切都是在表演中通过调动观众的想象力才得以完成的。蓝凡将之称作是中国戏曲的特殊的“反观审美”。他说：“因而，虚拟动作的审美方式是一种反观式的审美方式，是一种逆转的主体表现客体，即审

① 《梅兰芳文集》，中国戏曲出版社 1961 年版，第 30 页。

美主体必须通过角色的形体表演，才反过来感知审美对象的存在，而且只有通过表演者动作的逐步变化(移动)，才最终完成感知上的这种长、高、宽——乃至整个实物对象的形状。”[①]这种“反观审美”是观众以其生命情感参与的审美。所以中国戏曲是完全向观众开放的，没有观众的参与戏无法演下去，中国戏曲没有所谓“第四堵墙”。

中国戏曲还将观众看作整个戏曲的有机组成部分。例如中国戏曲的特殊的“背供”就是剧中人面向观众说悄悄话，披露自己的心扉。例如，《西厢记》第二折写到张生为接近莺莺拿出五千钱参与莺莺为其先父超度道场时，问小和尚：“那小姐明日来吗?”小和尚答道：“他父母的勾当，如何不来。”此时，张生向观众“背供”道：“这五千钱使得有些下落者”，说明他参与道场的目的是接近莺莺。在这里，他是将观众看作了自己的心腹朋友了。这样的“背供”比比皆是，成为中国戏曲演员与观众沟通的重要桥梁，也是戏曲的组成部分，这是西方戏剧中绝对没有的。中国戏曲演出在很大程度上是中国前现代时期的一种群众的节日，无论是南方的社戏、目连戏，还是北方农民大集中的搭台演戏，还是东北的二人转、西北的二人台大都如此。群众在野外的场地上观看草台班子的演出，常常是参与其间，陪同欢笑啼哭，观众是戏曲的主人之一，观众将看戏看作是自己的重要生存方式。

总之，中国戏曲的虚拟化表演通过虚与实、演员与观众的相辅相成的关系形成一种艺术的张力与特有的魅力，如歌如画，如梦如幻，奇妙无穷。

三、中国戏曲的结构是线性的生命情感的自然流露

线性结构也是中国戏曲的重要特点之一，是其作为“乐”的美学基调的重要表征。中国戏曲是一首不断流淌的生命之歌。因为，音乐都是流动的、线性的，而且是活泼泼生命的时间性的重要特点。所以，我们可以说中国戏曲是生命的艺术、时间的艺术。中国戏曲的线性结构产生的原因是由于它主要是依靠情感的发展推动戏剧情节的进展的。而西方戏剧则是一种板块的结构，好似一幅一幅相对独立当然也具有内在联系的油画。它是依靠情节和人物的正面冲突来推动戏剧发展的，所以我们可以说西方戏剧是一种

---

① 蓝凡：《中西戏剧比较论》，学林出版社 2008 年版，第 25 页。

空间的艺术，犹如一座座立体的雕塑或写实的油画，向我们讲述着渗透理性精神的故事。诚如亚里士多德所言，“情节乃悲剧的基础，有似悲剧灵魂；‘性格’则占第二位。悲剧是行动的模仿，主要是为了模仿行动才去模仿在行动的人”[①]。

对于中国戏曲的线性结构，李渔在其《闲情偶记》中专门进行了论述，他将“立主脑”放在第二位，而将“密针线”放在第四位，这两者都与戏曲结构紧密相关。所谓“立主脑”，即“作者立言之本意也”。所谓“本意”，即是“一人一事”。他举例说道：“一部《西厢》，止为张君端一人，而张君端一人，又止为‘白马解围’一事，其余枝节皆从此一事而生”。李渔进一步论述了这一人一事线性展开的特点：“后人作传奇，但知为一人而作，不知为一事而作。尽此一人所行之事，逐节铺陈，有如散金碎玉，以作零出则可，谓之全本，则为断线之珠，无梁之屋。作者茫然无绪，观者寂然无声……”[②]。他接着论述“密针线”的正确做法，“编戏有如缝衣，其初则以完全者剪碎，其后又以剪碎者凑成。剪碎易，凑成难，凑成之功，全在针线紧密。一节偶疏，全篇之破绽出矣。每编一折，必须前顾数折，后顾数折。顾前者，欲其照映；顾后者，便于埋伏。不止照映一人，埋伏一事，凡是剧中有名之人、关涉之事，与前此后此所说之话，节节俱要想到”[③]。李渔强调“密针线”“前后照映”，已经点出了中国戏曲的前后连贯的线性结构特点。明代戏曲家王骥德在《曲律》中论述“套数”时指出：“须先定下间架，立下主意，排下曲调，然后遣句，然后成章；切忌凑插，切忌将就。务如常山之蛇，首尾相应；又如鲛人之锦，不着一丝纰漏。”[④]在此，王骥德对于中国戏曲之线性结构特征已经论述的非常明确，那就是有如蛇之行走，首尾相连，细针密线，连成一气。例如，同是爱情剧，《西厢记》的结构就不同于《阴谋与爱情》。《西厢记》以“白马解围”为中心前后照映，连成一气，完全按照时间线索发展。该剧按照时间顺序设置了进寺、相遇、被围、解围、定情、赖婚、拷红、送别、团圆等线索设计，一气呵成，不留痕迹。即便是张生赴京赶考的半年时间，剧中也有交代。在第五折“团圆”之楔子中张生出场的唱词，介绍了自己与莺莺分别、晋京应试、高中状元，宾馆候旨，令家人奉书给莺莺与老夫人。剧终是皇帝亲授张生河中府尹，并敕

---

① [古希腊]亚里士多德：《诗学》，人民文学出版社 1982 年版，第 23 页。

② 〔清〕李渔：《闲情偶寄》，作家出版社 1995 年版，第 16—17 页。

③ 同上书，第 19 页。

④ 〔明〕王骥德：《曲律》，转引自陈多《中国历代剧论选注》，上海古籍出版社 2010 年版，第 186—187 页。

赐张生与莺莺为夫妇。整出戏完全是以白马解围为中心的线性的时间结构。而《阴谋与爱情》则是以情节冲突为主的块状结构，该剧以宰相瓦尔特与伍尔穆的陷害斐迪南与露易丝的阴谋及冲突为主，通过将露易丝父母投入监狱要挟她写下给侍卫长的假情书，以蒙骗斐迪南，从而导致斐迪南毒死情人自己也服毒自尽的结局，共设置了五幕，分别为序幕、冲突展开、高潮、转折、悲剧结局，为我们展示了五幅相互独立而又有联系的油画。在结构上两剧差异明显，一是时间的，一是空间的；一是乐的，一是画的。

我们还可以比较元杂剧《赵氏孤儿》与伏尔泰所改编的《中国孤儿》来看中国戏曲与西方戏剧在结构上的相异。《赵氏孤儿》为元代纪君祥所著，通过五折在时间之流中讲述了春秋时代惊心动魄的救孤的故事，歌颂了程婴等人将生死置之度外辅善惩恶的大义凌然的高贵的生命情感。五折从孤儿降生、孤儿被救、牺牲己子、孤儿过继、孤儿复仇，完全是按照时间顺序的线性结构。而法国著名作家伏尔泰 1755 年将之改编成的《中国孤儿》，却将正义与邪恶的冲突改为情感与理智的冲突，最后是理智战胜情感，宣扬一种启蒙主义的理性精神。其结构也是按照“三一律”的要求把赵氏孤儿历经 20 多年的戏剧故事缩短为一个昼夜，情节只采用了搜孤、救孤，以成吉思汗试图搜索前朝遗孤，斩草除根，到在尚德之妻伊达梅的劝导下予以谅解一律免于追究加以宽恕的结局，完全是一种以宣扬理性为主旨的板块式油画结构。

中国戏曲的线性结构，犹如国画之长卷，是一种“人随景移，步步可观”的散点透视，而西方戏剧则是一种与西洋油画相当的“焦点透视”。《西厢记》中张生之游殿，边游边唱，观众完全被他带到那样的景象，完全是与他同步的从佛殿到僧院，再到厨房、法堂、洞房、宝塔与回廊，一一走来，是一种时间进程中生命过程。这恰是中国古代美学与艺术的生命性特点所在。中国戏曲的线性结构还使三维的空间在戏中化成了一维的时间。上面说到的上楼下楼、跋山涉水、千军万马都是在舞蹈中完成的，这就是一种化空间为时间的特殊艺术化处理，是东方艺术的妙处所在。

四、中国戏曲在演员态度上是一种特有的“评述性”态度

戏剧演出中演员对于角色要有自己的态度。在世界戏剧领域目前共有三种不同的态度：一种所谓表现派，一种所谓体验派，还有一种就是评述性。

前两种都是西方戏剧流行的演员对于角色的态度，最后一种是中国戏曲所特有的态度。所谓“表现派”，最早由法国戏剧理论家狄德罗在《演员奇谈》中提出。他在肯定当时的名演员克莱蓉时说：“毫无疑问，她自己事先已塑造出一个范本，一开始表演，她就设法遵循这个范本。毫无疑问，她在塑造这个范本的时候要求它尽可能的崇高、伟大、完美。但是这个范本是从她戏剧脚本中取来的，或是她凭想象把它作为一个伟大的形象创造出来的，并不代表她本人。假如这个范本只达到她本人的高度，她的动作就会柔弱而小器了！由于刻苦钻研，她终于尽可能地接近了自己的理想。”[①]在此基础上，布莱希特提出“间离效果”问题，即陌生化效果问题，也就是要求演员与角色保持距离，必须间离他所表演的一切。所谓体验派，则是前苏联戏剧家斯坦尼斯拉夫斯基提出的，他认为演员应该与角色融为一体，“开始与角色同样地去感觉，用我们的行话来说，这就叫‘体验角色’”[②]。

关于中国戏曲演员到底是表现派还是体验派，曾经有过激烈的争论。有的说是表现派，有的说是体验派，有的说两派兼而有之等等，不一而足。这些以国外的理论来套中国戏曲特有的情况，其实是不合适的。因为，西方艺术作为“理念的感性显现”和中国艺术作为“天人合一”的生命论思想的呈现本来就有着极大的差异，无需硬将西方的理论来套中国的艺术。有的学者认为，中国戏曲是一种“神形兼备”的表演态度，不妨称之为“评述性”的表演态度。中国戏曲是以古代生命论哲学思想为其本源的，而生命论哲学思想是有着明确的善恶与正误的道德评价的。中国古代戏曲始终将扬善惩恶、敦厚人伦教化作为表现的重要主题，元末明初戏剧家高明在《琵琶记》开场词中写道“不关风化体，纵好也徒然”，将风俗教化放到创作与演出的首位。大约同时的夏庭芝也认为，优秀戏剧应该是“皆可以厚人伦，美风化”[③]。另外，从中国戏曲来源之一来看，中国戏曲与讲唱文学紧密相关，而讲唱文学就是一种评述性文本，讲唱者站在评述的立场演绎人物，中国戏曲继承了这一传统。李渔在《闲情偶记》中指出：“言者，心之声也。欲代此一人立言，先宜代此一人立心。”[④]所谓“立言”与“立心”，就是代替角色之意，保持着与角色一定距离，具有评述性的意识。因此，有的戏剧家将这种评述性的演出

① [法]狄德罗：《狄德罗美学论文选》，人民文学出版社 1984 年版，第 282 页。

② [苏]斯坦尼斯拉夫斯基：《斯坦尼斯拉夫斯基全集》第 2 卷，中国电影出版社 1959 年版，第 28 页。

③ 陈多：《中国历代剧论选注》，上海古籍出版社 2010 年版，第 95、89 页。

④ 〔清〕李渔：《闲情偶寄》，作家出版社 1995 年版，第 56 页。

叫做“钻进去，出得来”。所谓“钻进去”，就是对于角色的充分把握；所谓“出得来”，就是要站在第三者的视角来演出角色，这就要求以一种“评述性”的态度对待角色。中国戏曲中的定场诗、开场词，均站在第三者的角度介绍角色，这是其他国家的戏剧没有的。中国戏曲的角色脸谱也带有明显的评述色彩，曹操的大白脸是奸臣之像，而关羽的红脸则是忠义之像。《捉放曹》中曹操杀人后脸上马上抹上了一道红色，表示他有了血债，这就是对于角色的评价。中国戏曲中好人与坏人是截然分明的，一般不用通过剧情分辨。中国戏曲在很大程度上是演员与观众一起在载歌载舞中评述角色，所谓“生旦净末丑，喜怒哀乐愁”。正是通过这个评述体现了中国传统的道德原则与精神。

五、中国戏曲的收场是贯穿着“中和论”审美理想的大团圆结局

古希腊亚里士多德的悲剧观是一种通过怜悯与恐惧而达到陶冶的“卡塔西斯”。亚氏提出，悲剧是一种情势向相反方向的逆转，而其结局则为毁灭和痛苦的遭遇，诸如当场丧命、剧痛、创伤等等。但中国古代却没有这样的悲剧，中国一般的悲情戏为痛苦伤情，但最后多为大团圆结局。明代戏剧家丘濬在《五伦全备记》开场词中写道：“亦有悲欢离合，始终开阖团圆。”①李渔在《闲情偶寄・词曲部》中写道：“全本收场，名为‘大收煞’。此折之难，在无包括之痕，而有团圆之趣。”②例如，《窦娥冤》，尽管窦娥受尽冤屈，但最后其父中举任廉访使判案，窦娥冤魂出现促使此案重审，冤情得以昭雪；《梁山伯与祝英台》一剧最后也是双双化蝶，成双作对，都是大团圆结局。为此，许多学者认为中国古代没有悲剧。蒋观云认为，“且夫我国之剧界中，其最大之缺憾，诚如訾者所谓无悲剧”③；朱光潜在《悲剧心理学》一书中认为，“对人类命运的不合理性没有一点感觉，也就没有悲剧，而中国人却不愿承认痛苦和灾难有什么不合理性”④。钱锺书认为，“悲剧乃最崇高的戏剧艺术，而吾

---

① 陈多：《中国历代剧论选注》，上海古籍出版社 2010 年版，第 108 页。

② 〔清〕李渔：《闲情偶寄》，作家出版社 1995 年版，第 72 页。

③ 蒋观云：《中国之演剧界》，转引自蓝凡《中西戏剧比较论》，学林出版社 2008 年版，第 478 页。

④ 朱光潜：《悲剧心理学》，人民文学出版社 1983 年版，第 217 页。

国传统戏剧家在这方面，表现最弱”[①]。但也有些理论家认为中国古代也有悲剧。王国维认为，中国戏剧自来就存在悲剧，“其最有悲剧之性质者，则如关汉卿之《窦娥冤》、纪君祥之《赵氏孤儿》。剧中虽有恶人交构其间，而其蹈汤赴火者，仍出其主人公之意志，即列之于世界大悲剧中，亦无愧色也”[②]。钱穆也认为，中国文学有自己的悲剧，例如《尚香祭江》乃为中国戏剧中一纯悲剧，表现其爱夫之情坚贞不渝，而西方悲剧崇尚男女之爱而缺乏夫妇之爱。

无论分歧多大，有几点需要说明：其一，中国作为文化古国一定会有自己的悲剧；其二，不能完全以西方悲剧观来解释中国古代悲剧，要从不同的国情出发；其三，中国的确没有古代希腊那样的悲剧，但有自己的悲剧，可以称作“苦情戏”，而且中国悲剧的大团圆结局有自己的民族文化根源。因此，中西悲剧与悲剧观是有着明显差异的。其一，哲学观与美学观的差异。西方的古代哲学观是“天人相分”的，其美学观是偏重于认识论的，因此，其悲剧就是一种人类无法主宰命运的命运悲剧，是一种人面对巨大自然的无法把握的失败与悲痛，是一种对于真的追求的崇高之感；而中国古代是一种“天人合一”哲学观，天地人构成须臾难离的共同体，人把自然宇宙看成自己的家园，而其美学观则是一种生存论生命美学，以追求“生生之谓易”（《周易·系辞上》）、“保合太和，乃利贞”（《周易·乾·象》）的生命的健康旺盛、人生的吉祥安康为其审美目标。所以，其悲剧就表现为“大团圆”结局，充分反映了中国人的精神追求。而且，中国悲剧出现在元代之后，戏剧已经成为世俗社会的一种生存方式，人们欣赏悲剧已经不在对剧情的了解，而是着眼于演唱的观赏，是一种对美的追求。所谓“乐者乐也”（《礼记·乐记》），是一种以愉悦为其旨归的艺术追求；其二，地理经济环境的差异。古代希腊濒临大海，人民以航海业与商业为生，生存的风险较大，剧烈的生活变动使之追求强烈的悲剧慰藉。而中国作为内陆国家与农业社会，以生活的稳定为其生存追求，不喜巨大的变动，追求一种“执其两端而用其中”的“中和论”生活观念，戏剧表演常常发生剧情发展中没有做到“好人好报，恶人恶报”而观众不愿离开戏院的情形，这就是大团圆结局的地理与经济原因所形成人民群众审美习惯特点。其三，宗教的差异。古代希腊是一种多神教，对于神的信仰十分虔诚，后来发展到基督教。因此，古希腊悲剧，包括后来基督教的虔

① 蓝凡：《中西戏剧比较论》，学林出版社 2008 年版，第 479 页注②。

② 王国维：《宋元戏曲史》，上海古籍出版社 2008 年版，第 87、88 页。

诚的信仰因素，将人的命运交给了神。而中国古代没有统一完整的宗教信仰，古代社会常常以礼乐教化代替宗教的作用，特别是元代之后戏剧发展之时，儒、佛对于中国文化艺术影响深远，儒家的“忠恕”“中庸”与佛家的“轮回报应”对于文学艺术包括戏剧影响很大，这就是中国悲剧“善有善报，恶有恶报”的双重结局的宗教文化原因。其四，人生理想的差异。古希腊由于地处海洋，过的是经商的冒险生活，所尊奉的是与自然抗争的人生理想；而中国古代的地理与农业生活，遵循的是一种顺应自然与命运的人生态度，《论语》所谓“文质彬彬，然后君子”（《雍也》）以及“君子不争”（《卫灵公》），道家倡导的“以辅万物之自然而不敢为”（《老子·六十四章》）的人生态度等等，就是一种中国古代社会提倡的人生理想与态度。因此，“善有善报，恶有恶报”的大团圆双重结局，是中国戏曲的特点，也是中国人民的审美习惯的反映，与中国传统文化中“天地之大德曰生”（《周易·系辞上》）、“元亨利贞”四德之美、“温柔敦厚”（《礼记·经解》）的古典生命论哲学与美学密切相关，充分反映了这种生命论美学内涵。

总之，中国戏曲以其特有的格调风貌，几千年来体现了中国人民的生存方式，演绎了他们的喜怒哀乐，表达了他们的人生理想，积累了丰富的民族审美与文化元素，值得我们为之自豪与骄傲。作为仍然活跃的非物质文化遗产，我们要给予很好的爱护、保护与发扬，使之在新世纪继续滋养与温暖广大人民的情感与心灵。

（原载《山东社会科学》2013年第5期）

敦煌艺术中由“天”的形象到“天人”形象的历史嬗变

一、问题的提出

本文主要结合“思想的旅行：从文本到图像、从图像到文本”这一论题，讨论学习敦煌石窟艺术的一点想法：一千多年的敦煌石窟艺术图像，逐步发生了由具有印度西方古典特点的佛教艺术到中国东方特点的佛教艺术的转变，具体说来就是由“天”的形象到“天人”形象的转变。

对于这种转变，西方美学与文学理论有关图像的理论中几乎没有涉及。艾布拉姆斯在《镜与灯》中总结西方“艺术批评诸坐标”的作品、世界、艺术家与欣赏者四要素说，包括强调“世界”的模仿说、强调“艺术家”的表现说、强调“欣赏者”的接受说或阐释说，以及强调“作品”的符号论，可谓概括了西方古代至现代文学理论的各个方面，也适用于对文学艺术图像的理解，但唯独没有解释敦煌佛教艺术何以发生这种历史嬗变的原因。而索绪尔的语言学也只着重从共时性的角度探索语言（符号）的结构，否弃了语言（符号）的历时性演变，因此借用符号学理论也无法阐释敦煌壁画的千年演变。

站在敦煌这一丝绸之路的要冲之地，西望阳关之西的漫漫古西域，向东回顾绵延几千年的中华文明，两个词汇跳入我的脑海：“传播”与“本土”。印度佛教与佛教艺术在传播过程中经过了“本土化”的过程，这也是佛教艺术形象历史嬗变的原因。这倒有点符合德里达有关“延异”与“撒播”的理论。因为德里达的“解构”理论必然反对结构主义的“中心”与“稳定”，而力主能指在时间中的滑动，以及意义的充满能量的向四面八方“撒播”。[①] 中国古代文论将这种现象称为“通变”。刘勰在《文心雕龙 · 通变》篇中有言：“通变无方，数必酌于新声，故能骋无穷之路，饮不竭之源”，将文之“通变”提到“无穷

① 赵敦华：《现代西方哲学新编》，北京大学出版社 2000 年版，第 440 页。

之路，不竭之源”的高度。所谓“通”即为继承，而“变”则为变革。刘勰认为，文学艺术的发展必经继承与变革的“通变”之路，“酌于新声”，这样才能“骋无穷之路，饮不竭之源”。印度佛教经丝绸之路的传播到达敦煌，经过中华文化熏陶与改造的“本土化”过程而成为中国佛教，佛教艺术也随之发生了历史的嬗变。

所以，中国古代的“通变”以及敦煌艺术表现出来的“传播”与“本土”，应该成为美学与文学理论之图像理论的必然组成部分，这就是本文的要旨。

二、嬗变的动因：由印度佛教到中国佛教

首先，我们要从图像学的角度研究这种嬗变的原因。众所周知，由佛教经文到壁画是一种图文互换。

图文互换有三种表征：能指互换，所指共同；能指互换，所指增损；能指互换，所指迥异。[①] 敦煌壁画的千年嬗变几乎囊括了以上三种情形，但其基本原因还是“所指”的变异，即佛教东传后由印度佛教转变为中国佛教，其教义也逐步汉化。这一“所指”的变化是导致敦煌壁画历史嬗变的根本原因。

佛教传入中国始于西汉后期明帝之时遣使天竺求取佛经，使者于公元 67 年到达洛阳白马寺，为中原佛教之始。佛教传入后经过起起伏伏，终于在经过“本土化”的过程后立住了脚。这种本土化首先是吸收中国本土文化，逐步做到儒释道的统一，主要是逐步将佛教教义与佛经逐步“汉化”。吸收了儒家的孝道思想，也主张不孝要遭报应，出家行道是根本的孝道等；吸收了道家更多的概念与思想，将道家“无”的概念与佛教的“空”对接，将道家的“清净无为”“守一”吸收入佛经，以解释“禅定”等等。就艺术而言，敦煌石窟艺术中还吸收了道教的“羽人”形象，使其与飞天相衔接。佛教还与中国民间俗文化结合，突出“救苦救难”的内涵，在佛教中强化了沟通神人的菩萨，特别是观音的地位等，从而被广大民众所接受。诚如蒲松龄所言，“佛道中唯观自在，仙道中唯纯阳子（吕洞宾），神道中唯伏魔帝（关公），此三圣愿力宏大，欲普度三千世界，拔尽一切苦恼，以是故视差云宝马，常杂处人间，与人最近。”

---

① 赵宪章、顾华明主编：《文学与图像》第 2 卷，江苏教育出版社 2013 年版，第 380 页。

经过这样的佛教与儒道统一及其俗化过程，印度佛教逐步改变成中国佛教，其代表即为禅宗。印度佛教完全是一种出世的教派，其教义很复杂，简单地概括，就是苦集灭道四圣谛。谛，意为真理或实在。四谛即：(1)苦谛：指人经历三界六道生死轮回，充满痛苦、烦恼。(2)集谛：集是集合、积聚、感招之意。集谛，指众生痛苦的根源。谓一切众生，由于贪、瞋、痴等造成种种业因，从而招致未来的生死烦恼之苦果。从根本上说，众生痛苦的根源在于无明，即对于佛法真理、宇宙人生真相的无知；正因为无明，众生才处于贪、瞋、痴、慢、疑、恶等烦恼之中，由此造下种种恶业；正因为造下种种恶业，又使得众生未来要遭受种种业报。这样反复自作自受，轮回不休。(3)灭谛：指痛苦的寂灭。灭尽三界烦恼业因以及生死轮回果报，到达涅槃寂灭的境界，称为灭。(4)道谛：指通向寂灭的道路。佛教认为，依照佛法去修行，就能脱离生死轮回的苦海，到达涅槃寂灭的境界。这里包含丢弃尘缘、因果报应、生死轮回、普度众生、禁欲苦修等内容。

总之，印度佛教是一种出世的宗教，但传播到中国后，经过“本土化”的改造，成为以禅宗为代表的中国佛教。禅宗创始于南北朝时来中国的僧人菩提达摩。他在佛教释迦牟尼所言“人皆可以成佛”的基础上，进一步主张“人皆有佛性，通过各自修行，即可获启发而成佛”；后另一僧人道生再进一步提出“顿悟成佛”。禅宗主张修道不见得要读经，也无须出家，世俗活动照样可以正常进行。禅宗认为，禅并非思想，也非哲学，而是一种超越思想与哲学的灵性世界。认为语言文字会约束思想，故不立文字。认为要真正达到“悟道”，唯有隔绝语言文字，或透过与语言文字的冲突，避开任何抽象性的论证，凭个体自己亲身感受去体会。禅宗为加强“悟心”，创造许多新禅法，诸如云游等，这一切方法在于使人心有立即足以悟道的敏感性。禅宗的顿悟是指超越了一切时空、因果、过去、未来，进而获得了从一切世事和所有束缚中解脱出来的自由感，从而“超凡入圣”，不再拘泥于世俗的事物，却依然进行正常的日常生活。禅宗不要求特别的修行环境，而是随着某种机缘，偶然得道，获得身处尘世之中，而心在尘世之外的“无念”境界。“无念”境界要求的不是“超凡入圣”，而是要“超圣入凡”。得道者日常生活与常人无异，只是精神生活不同，在与日常事物接触时，心境能够不受外界的影响。换言之，凡人与佛只在一念之差。可见，禅宗所包含的人皆能成佛，无须苦修禁欲，读经行善即可顿悟成佛等观念解决了佛教的平民化、神秘化问题，使之成为一种人间佛教，包含着儒家的仁爱思想、人皆可为尧舜的思想和道家的离形去智之“心斋”思想等，是一种中国化的佛教。

在这种中国本土化的过程中，佛教使其教义由出世发展到出世与入世的结合，从而使佛教壁画的“所指”发生了根本变化。这是导致壁画形象（能指）变化的根本原因。加之，画师也由原来的希腊画师凭借希腊画法到敦煌时期当地画师渗透进中国画法，在能指上逐步发展与变化。这正是佛教在传播过程中所指与能指的双重变化，导致由“天”的形象到“天人”形象历史嬗变的原因所在。

三、印度佛教图像的东传及其变异：由“天”的形象到“天人”形象

印度佛教最初是无偶像崇拜的，后来发展到偶像崇拜。它主要运用古希腊雕塑艺术手法，通过雕塑与彩绘刻画佛陀的形象及其修炼成佛、济世救人的事迹，主要保留在犍陀罗地区的石窟中，即今巴基斯坦西北部的白沙瓦及周边地区，以及与阿富汗东北部接壤的喀布尔河中下游及印度河的上游地区，俗称犍陀罗佛教艺术。

犍陀罗佛教艺术主要是一种西方古希腊式的宗教艺术，一种对于“佛”即“天”的歌颂，一种“天”的形象。美国学者杜兰在《印度的艺术》一书中指出，由于亚历山大的东征使得古希腊艺术与印度艺术相融合，也使佛教艺术具有了古希腊艺术的特点。如其所言：“在希腊教师的指导下，印度的雕塑一时具有了一种平滑的希腊外表。佛陀变成了阿波罗的样子，也变作一个想到奥林匹克山的神；在印度的神和圣者的身上开始有波纹状的披布，式样好像菲迪亚斯的人形墙；而虔诚的 bodnisattvas 则和兴高采烈的醉酒‘森林之神’混在一起，佛陀与弟子们的理想化而且几乎是女性化的像，和希腊腐败的现实主义的可怕实例成为对照，像在 labor 忍受饥饿的佛陀，每根肋条与筋腱毕露，而有着女性的面孔、发式及男性的胡须。”[①]事实情况是公元 327 年，马其顿国王亚历山大率军侵入印度西北部地区，使希腊文化在印度迅速扩大。公元 1 世纪后，大月氏人建立中亚、西亚和南亚的贵霜帝国，印度的佛教信仰与亚历山大东征所开辟的希腊化潮流相结合，并使大乘佛教对佛的

---

① ［美］威尔·杜兰：《印度的艺术》，吉林教育出版社 1989 年版，第 247—248 页。

神化与希腊画像技艺相结合，这就是著名的犍陀罗佛教壁画艺术。从此，佛教壁画艺术在印度西北部兴起并逐步流转各地。[①]

总之，随着佛教传入中国，犍陀罗佛教艺术也传入中国。西汉末年在新疆地区已有犍陀罗佛教艺术，之后进一步传入敦煌，建成规模宏大、历史悠久的莫高窟佛教艺术。莫高窟始建于前秦建元二年即公元366年，至今仍保存完整的洞窟有492个，里面珍藏着佛教壁画45000多平方米，彩塑2400多身，还有唐宋木结构建筑五座。莫高窟的艺术是融建筑、彩塑、壁画为一体的综合艺术，是我国也是世界现存规模最宏大、保存最完整的佛教艺术宝库。初期仍是印度的犍陀罗艺术风格，后来逐步本土化，发生重大转型。转折点是公元642年即贞观16年，此时适逢盛唐时期，也成为其艺术的巅峰时期。公元1524年明朝正式关闭嘉峪关，并于1529年放弃哈密，敦煌佛教艺术逐步走向衰落。后来的一些整修活动也只是局部的维持，改变不了其艺术终结的历史。敦煌石窟艺术前后持续达1000多年，不仅见证了中西文化艺术的传播与对话，而且是中国古代文化艺术的一座宝库。

佛教雕塑与彩绘又称"变相"，即将佛教教义呈现于图像。饶宗颐指出："过去有人说'变'是'变相'的简称，这恰倒因为果，应该先有'变'之名，后来增益相或图，成为并列复词，称为'变相'或'图变'。演衍讲说这种'变'的故事之文字，谓之'变文'。专绘'本生经'或其他佛经中故事的，谓之'经变'。"[②]这里讲的"变"只是文体的变化，由佛经改编成通俗故事的称为"变文"，改变成雕塑或壁画的称为"变相"。其实，"变"即改变、变异之意，当然也包含两种文化艺术在交流对话的历史长河中的融合与变异，1000多年的敦煌石窟艺术，就典型地反映了这种印度佛教艺术传播交流过程中由西方文化到中国文化的重大转变。这种转变主要是经济社会与哲学观、审美观的重大变化，佛教艺术(犍陀罗艺术)产生在古代印度的经济社会文化条件之下，古代印度是一种严酷的种姓制社会，其宗教哲学观是一种一神教崇拜哲学观，佛陀即"天"处于至高无上的地位，艺术观是古代希腊的"高贵的单纯与静穆的伟大"的雕塑之美。而中国则是一种典型的农业社会，儒道互补、以儒为主、亲亲仁爱的社会，哲学观是一种"天人合一"的哲学观，审美观则是一种"天人合一"根基上的气本论生命美学观，宗白华以"气韵生动"概括其特点，并将之阐释为"有节奏的生命"。在佛教本土化的过程中必然要

---

① 李利安：《阿旃陀石窟》，《光明日报》2013年10月30日。

② 饶宗颐：《饶宗颐东方学论集》，汕头大学出版社1999年版，第103页。

在保留某些适合中国本土印度佛教文化元素的情况下，以中国的文化艺术观念对其进行大规模的改变。这种改变集中地体现在佛教图像之上。

第一，由“乐死”到“乐生”的变异。

印度佛教是一种对于现实人生绝望的宗教，将现实人生完全看作“苦难”，唯有行善成佛才是人生最好的结果。涅槃是人生修行的最好结果，是对于人生烦恼的解脱，是一种最好的结局。所以，印度佛教是一种“乐死”的观念，将涅槃在雕塑与绘画中表现为人死后之象。而敦煌石窟艺术则从中国古代哲学“生生之为易”“天地之大德曰生”出发，将涅槃描绘成一种生的状态。如敦煌158窟之涅槃佛，天庭饱满、身体丰腴、表情安详，完全是一种睡着的状态，似乎是随时等待醒来普度众生，积德行善。诚如穆纪光所言“佛的涅槃被艺术化为‘佛还活着’，是中国人把佛世的‘阴’转化为‘阳’的心愿的曲折表现；‘佛还活着’所铺展的语境，能为我们解读敦煌艺术的整体，建构一套相关的话语体系”。因此，158窟的涅槃佛被称为“睡佛”。[①] 相反，印度犍陀罗艺术中的佛的涅槃是一种肌肉干瘪的死亡状态。我们从这幅公元2—3世纪的犍陀罗佛陀涅槃像就可以清楚地看到这一点，德国学者吴黎熙对这幅图进行了描绘：“这一幅用灰色片岩制作而成的浮雕所表现的是佛陀去世和进入涅槃时的情景，佛陀身后并没有背光，他是按戒律要求僧人的姿势而侧卧着的。他左面的一位和尚大概是阿难陀，正保持着祈祷的姿势。背景上所刻画的人物沉浸在深深的悲哀之中。”[②]这两幅图清楚地显示了两者之间的差异，也体现了从“乐死”到“乐生”的转变。

第二，由“天堂”到“天堂与人间共存”的变异。

印度犍陀罗艺术主要是表现佛的活动，是一种天堂的图像，敦煌石窟艺术则逐步增加了人间的活动画面，而且愈来愈多，成为天堂与人间的共存，充分表现了中国传统哲学“天人合一”的观念。首先是人间容貌的描绘。佛教艺术是一种宗教艺术，主要表现佛界的神秘崇高、遥不可及。但敦煌石窟艺术却给佛界带来了人间气息，菩萨也有了人间形象。例如45窟中的菩萨阿难完全是充满童稚之气的现实生活中的少女。其次是人神相等。敦煌石窟艺术的开始是完全对神的歌颂，即便有人，例如供养人也只占极少空间。随着历史的发展，人的图像开始凸显，甚至达到与神相等的地步。如130窟的都督夫人礼佛图，绘于盛唐时期，是唐代供养人画像中规模最大的一种，

---

① 穆纪光：《敦煌艺术哲学》，商务印书馆2007年版，第103页。

② [德]吴黎熙：《佛像解说》，李雪涛译，社会科学文献出版社2010年版，第105页。

共12人，第一人身形高大，体姿丰满，是一种杨贵妃型的人物。再次是神权下降、皇权上升。随着历史的发展在敦煌石窟艺术中对于皇权的表现开始凸显，例如修于晚唐925年的220窟，里面对于帝王就非常突出，表明神权的下降与皇权的上升。复次是世俗生活的表现。敦煌石窟艺术一开始基本是宗教生活的描绘，到后来世俗生活逐渐增多，几乎描绘了中国古代世俗生活的方方面面。例如耕获、婚嫁、狩猎、医病、相扑、游泳等等。又次是人佛交流。敦煌石窟艺术由于佛的形体高大，但需要体现人与佛的交流，于是在雕塑时有意调整佛的角度，使之前倾，使之与礼拜的佛教徒在跪拜时正好视线相接，充分体现了佛的人间关怀。如45、46与113窟。

第三，由佛的歌颂到菩萨歌颂以及东方女神塑造的变异。

在印度佛教艺术中，犍陀罗艺术主要是对佛陀的歌颂，其他菩萨都是辅助性的，但敦煌石窟则逐步突出了对于菩萨的歌颂。其原因在中国"天人合一"的哲学观看来，佛陀是崇高的，甚至是高不可及的，但菩萨却是佛陀与人之间的中介与桥梁，起到沟通神人的作用，因此对菩萨的歌颂在敦煌石窟艺术中占据的位置愈来愈突出与重要。《翻译名义集》引僧肇释"用诸佛道，成就众生故，名菩提萨垂"，说明菩萨为佛与人之间的中介。诚如易存国所言："其中尤以观世音为代表，以其为中心形成的菩萨信仰成为中国佛教的一大特色。"①敦煌石窟艺术受中国天人观影响突出了菩萨，创作了文殊、普贤、观音等形象生动的菩萨雕塑与壁画。特别是观音成为救苦救难的救星，也是东方的女神。观音菩萨衣着华贵，丰腴饱满，婀娜多姿，足踏莲花，一手持净瓶，一手持柳枝，随时准备以瓶中的圣水拯救苦难中的人们。敦煌石窟创造了各种观音图像，有千手观音、水月观音、如意轮观音、金刚杵观音等等，仅唐代观音的图像就多达130余窟。而且，在犍陀罗佛教艺术中观音是没有明显性别的，甚至是男性，有胡子，但在敦煌石窟中观音变成了女性，温柔和蔼，大慈大悲，成为人们心中的女神，以至于专门有了供奉观音的殿堂。观音集中体现了中国佛教"护生"的特殊内涵，成为中国佛教艺术的特点与亮点。

第四，由块的、画的艺术到线的、节奏的舞乐艺术的变异。

印度佛教深受古希腊艺术的影响，因而是一种"块"的艺术，以雕塑性著称，如南亚婆罗浮屠的佛像重在表现佛陀的静穆、和谐、高贵的体态。但敦

---

① 易存国：《敦煌艺术美学》，上海人民出版社2005年版，第389页。

煌石窟艺术却受中国传统艺术通过流动的线以体现节奏为主的乐舞艺术特点的影响，出现了以生命节奏为主的线的艺术塑造，主要是飞天的塑造。而且飞天由起初身体的飞舞发展到后来飘带的飞舞，这种线的艺术呈S型，充分反映出身体的生命活力，而飞天对地面的挣脱和对天的向往，成为生命自由的象征，非常具有东方特有的美感。与此同时，敦煌石窟艺术对于乐舞的图像的表现非常突出，有胡旋舞、反弹琵琶、组舞、舞乐图。诚如宗白华所说：“敦煌艺术在整个中国艺术史上特点与价值，是在它的对象以人物为中心，在这方面与希腊相似。但希腊的人体的境界和这里有一个显著的分别。希腊的人像着重在‘体’，一个由皮肤轮廓所包的体积，所以表现得静穆稳重。而敦煌人像，全是在飞舞的舞姿中（连立像，坐像的躯体也是在扭曲的舞姿中），人像的着重点不在体积而在那克服了地心吸力的飞动旋律。”①

第五，几点体会。

首先，从敦煌石窟艺术由“天”的形象到“天人”形象的历史嬗变，说明这一现象呈现的“传播”与“本土化”对于形象所带来的变异，可以补充进当代形象（图像）理论的建设之中。因为传播是一种图像的历时性“延异”，在这种“延异”过程中诚如德里达所言，可以造成所指与能指的滑动，好像植物之“撒播”，意义与图像均可发生极大的变异。这就突破了传统的结构主义图像理论仅从共时性考察所指与能指关系的局限。而德里达于20世纪60年代讨论的论题在1000多年前的中国敦煌已经被艺术实践所证明。在这里，“本土化”说明经济、社会、文化是文学艺术图像及其变异的根本原因，这也正是马克思有关社会存在决定社会意识之唯物史观的基本原则。这说明当代图像理论建设除了关注文学艺术的内部因素，还要关注外部经济社会文化的因素。而对形象（图像）直接发生影响的还是一个哲学观与审美观，例如印度佛教艺术东传中的变异，主要是审美观由西方古希腊理性主义哲学观到中国古代“天人合一”哲学观的转变，以及由西方块的雕塑艺术观到中国古代线的生命论乐舞艺术观的转变。同时也证明了中国古代从刘勰《文心雕龙》之“通变”到敦煌石窟艺术之“变相”，都是中国古代宝贵的有关形象（图像）学理论，应该很好地总结与发扬。所谓“变”有改变、变革之意。刘勰在“通变”中讲到了时代变迁给文学带来的变化，同时也讲到“通变”给文学带来的活力，所谓“文律运周，日新其业。变则其久，通则不乏。趋时必果，

① 宗白华：《美学散步》，上海人民出版社1981年版，第130页。

乘机无怯"(《文心雕龙·通变》)。而敦煌石窟艺术反映出来的艺术(图像)之变包含极为丰富的内涵:有时间因素、地域因素、文化因素、民族因素、宗教因素、观念因素与技法因素等,具有空前重要的意义。

其次,敦煌壁画1000多年的历史嬗变,充分反映了佛教壁画演变过程中所经历的极为复杂的彼岸(信仰)与此岸(现世),以及西方形式美艺术与中国生命美艺术十分有趣的交流对话与吸收融合。这其实是一种东西两种文化与美学形态的二律背反。这种二律背反的结果是两种趋势:一是两者融汇为中西合璧的具有更强的张力与魅力的中国本土艺术,如前已提到的丝带飞天与美神观音等;二是形成两种元素的分庭抗礼,双方的消解,最后走向式微;或是神或天的力量的恢复,各种"天"的崇拜的佛殿纷纷建立;或是人在夹缝中偶露真容,宋元以后所建佛寺中各种世俗罗汉(如挑水罗汉)的出现等。这种对话与交融所导致的敦煌石窟艺术,由西方"天"的艺术到中国"天人"艺术之变,反映了审美观念的巨大变化,由西方模仿的与表现的艺术到中国的生命艺术的转换。中国生命艺术是一种特殊的遵循"一阴一阳之为道"的审美规律的艺术,是在天人的阴阳对比中表现出中国佛教普度众生的特有的"护生"内涵,在观音女神婀娜多姿的身姿与飞天的飘逸线条中,通过天人与线条本身的阴阳对比,表现出一呼一吸之生命的力量。而且,敦煌佛教壁画还告诉我们,这种由"天"的形象到"天人"形象的嬗变,实际上是从佛教的角度为中国古代"天人合一"的生命美学增添了新的内涵。那就是此岸与彼岸、块与线的二律背反所形成的张力,为"保合太和乃利贞"的"天地交而万物通、上下交而志同"的泰和之美增添了彼岸的关怀,佛陀与观音以其无边的佛法与普度众生的圣水,给信众带来美好的年成与安定的生活,在壁画中佛教进一步走向人生。这是对于佛教艺术的中国式的改造,也是对于佛教彼岸性的某种意义的消解,从某种角度成为蔡元培所言"以艺术代宗教"的历史根据。说明中国古代没有明确的一神论信仰,是一种对于笼统的"天"的崇拜,以"天人合一"为信仰准则,以"礼乐教化"中的审美境界为信仰追求。这就是长期以来冯友兰与李泽厚所提出的中国古代儒家"天地境界"对于宗教的替代作用。而在佛教壁画艺术东传中这种彼岸与此岸的二律背反与块与线的张力,所形成的敦煌壁画图像艺术,是世界上仅有的,19世纪中期以后被西方后现代美术所吸收,价值重大。这种佛教艺术传入的汉化过程,也给中国艺术以重大影响。例如,引进了飞天、观音、反弹琵琶与睡佛、立佛等具有空前魅力的形象,对于中国传统绘画写实技法的发展具有重要影响，包括工笔画的出现。此外，对色彩的运用也有重要影响，使中国艺术更加色彩绚丽。

最后，这种敦煌佛教艺术东传中的变化，实际上是中国文化艺术史上的第一次西学东渐，其结果是在中西文化艺术碰撞中产生了一种亦中亦西、不中不西的具有中国特色的佛教壁画形态，由此说明中国传统文化艺术具有强大的吸收和消化能力，也说明中国传统的“天人合一”“和而不同”“和实相生”“气韵生动”等文化艺术理念的强大生命力与真理性，为我们今天发展艺术文化事业指明了方向，增添了信心。

（原载《复旦大学学报》2014年第3期）

宗白华“气本论生态—生命美学”评述

促使我写这篇文章的动因，是近20年来在美学与文学理论领域一直在讨论“失语症”与古代美学、文学理论的现代转换的问题。一些学者认为，我国自“五四”运动以后发生了一个古代与现代文化断裂的严重问题，目前包括美学与文学理论在内的文化领域基本上是西方话语的一统天下。在比较认真地考察了中国20世纪美学史之后，我认识到，这是个在美学与文学理论领域被过度夸大了的“问题”。尽管我国学术领域“中国话语”仍然在建设之中，但20世纪以来经过一代代学人的努力已经初步建立了中国自己的理论话语，需要我们很好地研究与继承。从美学与文学理论领域来说，王国维、梁启超、蔡元培、朱光潜、宗白华、邓以哲、钱锺书等一批老一代学人均做了卓有成效的探索，取得了辉煌的成就。其中特别要提到的是，宗白华在美学领域历经60多年的辛勤耕耘，以其特有的热爱并沉潜于美学与艺术的散步风格，在中西对比的宏阔背景上进行了极富特色的中国现代美学话语的建构。在众多现代美学家之中，宗白华的成果或许不多，但成就却很大，极其值得咀嚼，也价值不凡。我个人觉得，宗白华在美学建设方面的贡献是特别突出的。宗白华美学理论的特点是从中国美学出发，紧密结合中国艺术实际，达到理论与实际水平相融密不可分的地步。像我这样东西文化与艺术修养都甚欠缺的学人对于宗白华的一篇篇并不太长的美学论文反复研读都难以进入其境界，领略其真谛，需要不断地研读体会。对于宗白华美学思想的价值，其实早就有比较恰当的评价。冯友兰曾在20世纪40年代称赞：“在中国，真正构成美学体系的当属宗白华”①。台湾作家杨牧在为秦贤次选编的宗白华论文集《美学的散步》(台湾洪范书店1981年版)所作的序中写道：“五十年来以短文连缀西方美学与中国传统文艺的，还有朱光潜和钱锺书，甚至还有方东美。但朱光潜失之于浅，有时甚至流于俗，钱锺书为文不可不说是杰格桔撴，持才使气，难以相与。方东美玄奥，不易落实。宗白华论中

---

① 王德胜：《散步美学——宗白华美学思想新探》，河南人民出版社2004年版，第2页。

西异同,意趣妙出,恰到好处。”[①]冯友兰以“真正”两字对宗白华作了极高的评价,杨牧的“意趣妙出,恰到好处”的评论也是恰当的。对于宗白华美学思想,目前学界已经有比较充分、各有特色与价值的研究与论述。本文试将宗白华的美学思想概括为“气本论生态—生命美学”,根据自己对于宗氏美学的学习和领会,对其“气本论生态—生命美学”试加阐释。

一

宗白华是在20世纪30年代开始探讨“气本论生态—生命美学”问题的。我们在宗氏发表于1934年的《论中西画法的渊源与基础》一文中发现了宗氏对这一问题的最早提出与论述。他说:“中国画所表现的境界特征,可以说是根基于中国民族的基本哲学,即《易经》的宇宙观:阴阳二气化生万物,万物皆禀天地之气以生,一切物体可以说是一种‘气积’(庄子:天,积气也)。这生生不已的阴阳二气织成一种有节奏的生命。”[②]在这里,宗氏明确地将中国艺术的根基归结为《易经》阴阳二气化生万物的气本论生命哲学。这里所说的“积气”应是《列子·天瑞》篇的“天,积气耳,亡处亡气”,天为阴阳二气所积而成,气无处不在。庄子在《应帝王》中提出“衡气机”概念,说的是阴阳二气处于调和的“太冲”状态因而平静而守气不动。这说明,宗白华是运用《易经》与道家的气本论生命观论述其生态与生命论美学思想的。1944年,他又在《中国艺术意境之诞生》中提出,“中国哲学是就‘生命本身’体悟‘道’的节奏”[③]。这说明,宗氏将中国古代哲学与美学归结为“气本论生命哲学—美学”是一以贯之的。因为“道”即气,所谓“道生一,一生二,二生三,三生万物,万物负阴而抱阳,冲气以为和”(《老子·四十二章》)。而《易经》的宇宙观以及阴阳二气化生万物的核心就是“天人合一”与“天地人三才说”,包含浓郁的东方古典生态智慧。所以,我们说这种哲学观与美学观是“生态的,生命的”,总括以来就是“气本论生态—生命美学”。

宗白华“气本论生态—生命美学”的提出不是偶然的,是一种时代与社会发展的需要。众所周知,人类社会自20世纪以来处于经济文化与社会的

---

① 王德胜:《散步美学——宗白华美学思想新探》,河南人民出版社2004年版,第307页。

② 《宗白华全集》第2卷,安徽教育出版社1994年版,第109页。

③ 同上书,第367页。

转型时期，资本主义经济社会的弊端已经显现，哲学与文化上的工具理性主导、认识本体与人类中心主义已经逐步地显现其错谬之处。随着德国古典哲学的终结，一种新的人生与生命的哲学与美学悄然兴起，就是以叔本华与尼采为代表的生命哲学与美学。宗氏于1917年即在《萧彭浩哲学大意》一文中写道："继康德而起者多人，而萧彭浩（今译叔本华）最为杰出。造《世界唯意识论》，人谓此书，集欧洲形而上学之大成，其义尤与佛理相契合，阅者自明，今不强解。其言曰：唯物唯心，皆坠独断，盖心外无物，物外无心，心物二者，成此幻想，心不见心，无相可得，不生心则无自相（此皆译述《世界唯意识论》首篇大意）。而超乎心物两者之上，立于两相之后，发而为心（按此心字，当识字义），因而见外物者，厥维意志。此意志为浑沌无知之欲，所欲者，即兹生存（所谓生存者，即现此世中）。"[①]在这里，宗氏认为叔本华的唯意志论人生与生命哲学超越了传统的独断论哲学而成为世界哲学之潮流。并从中读到佛理之影响，"以为颇近于东方大哲之思想"[②]，预见到东方文化在新世纪走向复兴的曙光。而在另一篇写于1934年的文章中更从艺术发展的角度论述了世界哲学与文化的转型。他说："惟逮至近代西洋人'浮士德精神'的发展，美学与艺术理论中乃产生'生命表现'及'情感移入'等问题。而西洋艺术亦自二十世纪起乃思超脱这传统的观点，辟新宇宙观，于是有立体主义、表现主义等对传统的反动。"[③]此后，宗氏进一步认识到，在这转型时期，积贫积弱的中国站在历史的转折点上必须通过历史的反思，继承中国文化的美丽精神，创造新的民族文化，以实现中华民族的自立与自强。他在写于1944年的《中国艺术意境之诞生》一文中说，"现代的中国站在历史的转折点，新的局面必将展开，然而我们对旧文化的检讨，以同情的了解给予新的评价，也更重要。就中国艺术方面——这中国文化史上最中心最有世界贡献的一方面——研寻其意境特构，以窥探中国心灵的幽情壮采，也是民族文化的自省工作。希腊哲人对人生指示说：'认识你自己！'近代哲人对我们说：'改造这世界！'为了改造世界，我们先得认识。"[④]很明显，宗氏对于中国传统哲学与艺术的反思是为了创造新的中国美学与艺术，使得中华文化与艺术的美丽精神在新时代得以延续发展。这就是他处于历史转折点提出

---

① 《宗白华全集》第1卷，安徽教育出版社1994年版，第3页。

② 同上书，第3页。

③ 《宗白华全集》第2卷，安徽教育出版社1994年版，第103页。

④ 同上书，第357页。

“气本论生态—生命美学”的历史与时代责任所在。

宗氏提出“气本论生态—生命美学”采取的是中西比较对话的重要途径。宗白华1920年刚到德国游学不久在写给友人的信中写到:“我预备在欧几年把科学中理、化、生、心四科,哲学中的诸代表思想,艺术中的诸大家作品和理论,细细研究一番,回国后再拿一二十年研究东方文化的基础和实在,然后再切实批评,以寻出新文化建设的真道路来。我以为中国将来的文化决不是把欧美文化搬了来就成功。中国旧文化中实有伟大优美的,万不可消灭。”[①]此前,宗氏对于新文化建设曾经更加明确地表示,“我们现在对于中国精神文化的责任,就是一方面保存中国旧文化中不可磨灭的伟大庄严的精神,发挥而重光之,一方面吸收西方新文化的菁华,渗合融化,在这东西两种文化总汇基础之上建造一种更高尚更灿烂的新精神文化,作世界未来文化的模范”[②]。我们在这里不仅看到宗白华为了建设新的中国文化所进行的不懈努力,而且看到他所探寻的中西对话交流渗透融合的正确道路。宗氏是这样说的,也是这样做的。我们现在看到,他所发现和创立的“气本论生态—生命美学”的确是吸收了西方叔本华、柏格森等人的生命论哲学精华,但却给予极大的扬弃。他严厉地批评了叔本华的悲观论思想,认为“盖宇宙一体,无所欲也,再进则意志完全消灭,清净涅槃,一切境界,尽皆消灭,此其境界,不可思议矣”[③]。而对于柏格森,则批评了他的“生命创化论”中“人类智慧具有机器观之天性”机械论思想,认为是“堕入机械唯物论”,“所以纯粹的机器观是不能成立的”[④]。

宗白华的“气本论生态—生命美学”是完全从中国现实艺术为出发点的,是一种对于旧文化伟大庄严精神的保存与发扬。他认为,“在西方,美学是大哲学家思想体系的一部分,属于哲学史的内容,”“在中国,美学思想却更是总结了艺术实践,回过来又影响着艺术的发展。”因此,主张“研究中国美学史的人应当打破过去的一些成见,而从中国极为丰富的艺术成就和艺人的艺术思想里,去考察中国美学思想的特点”[⑤]。所以,宗氏的美学研究的立足点不完全是传统的从文献中搜寻美学论述的方法,而是着力于中国的艺术实践。而对于大量传统的诗论、画论、书论与乐论等,他也根据自己的

① 《宗白华全集》第1卷,安徽教育出版社1994年版,第320—321页。

② 同上书,第102页。

③ 同上书,第9页。

④ 同上书,第79、80页。

⑤ 《宗白华全集》第3卷,安徽教育出版社1994年版,第392、393页。

体悟与当下语境作了全新的现代阐释。因此,他的美学思想是传统的,也是现代的。这不仅是因为他的阐释是现代的,而且是因为他所依据的中国艺术形式,例如国画、书法、建筑与民乐等仍然生存于当下,活跃在广大人民的现实生活之中。如果就古代文学、美学理论的现代转化来说,宗白华可以说已经为我们做出了示范。这是一种发现,更是一种创新,具有极强的生命力。

宗白华的美学也是一种"接着说"。如果说冯友兰的哲学是从程朱理学"接着说",那么我们也可以说宗白华的美学则主要是从魏晋文化艺术与美学"接着说"。1941 年,他在《论〈世说新语〉和晋人的美》一文中认为,"汉末魏晋六朝是中国政治上最混乱、社会上最痛苦的时代,然而却是精神上极自由、极解放,最富于智慧、最浓于热情的一个时代。因此,也就是最富有艺术精神的一个时代,"其艺术成就"光芒万丈,前无古人,奠定了后代文学艺术的根基与趋向"①。在 1979 年的《中国美学史中重要问题的初步探索》中,宗白华也说,"学习中国美学史,在方法上要掌握魏晋六朝这一中国美学思想大转折的关键"②。宗白华正是从以魏晋六朝为代表的中国美学思想"接着说",所谓"接着说"其实就是以之为主进行现代阐释。"说"就是"阐释",就是发现与发展,由此可见宗白华"气本论生态—生命美学"的现代价值与意义之所在。这也从另一个角度向我们揭示了研究中国美学的途径与方法。我们现在对"气本论生态—生命美学"的阐释也可以说是从宗白华"接着说",当然也是一种在当下语境下的阐释,但这种阐释不应离开宗白华的原旨。

二

我们说宗白华的"气本论生态—生命美学"是一种发现,而"发现"就是当下语境下的一种阐释,当然也就是一种创新。

宗白华首先是发现了中国美学的不同于西方的前提,一个就是中国特有的"历律哲学"宇宙观;另一个就是中国古代特有的礼乐教化的文化传统。先说他对中国哲学与美学所奠基于上的"历律哲学"宇宙观的阐释。他在大

① 《宗白华全集》第 2 卷,安徽教育出版社 1994 年版,第 267 页。

② 《宗白华全集》第 3 卷,安徽教育出版社 1994 年版,第 448 页。

约写于 1928 至 1930 年间的《形上学—中西哲学之比较》一文中概括论述了作为哲学基础的中西形上学即宇宙观的差异，提出了中国美学据以成立的"历律哲学"。他说，"中国哲学既非'几何空间'之哲学，亦非'纯粹时间'（柏格森）之哲学，乃'四时自成岁'之历律哲学也。纯粹空间之几何境、数理境，抹杀了时间，柏格森乃提出'纯粹时间'（排除空间化之纯粹绵延境）以抗之。……时空之'具体的全景'（concretwhole），乃四时之序，春夏秋冬、东南西北之合奏的历律也，斯即'在天成像，在地成形'之具体的全景也。'是故法象莫大乎天地；变通莫大乎四时；县象著明莫大乎日月；崇高莫大乎富贵；（充实之美）备物致用，立成器以为天下利，莫大乎圣人。''以制器者尚其象。'象即中国形而上学之道也。象具丰富之内涵意义（立象以尽意），于是所制之器，亦能尽意，意义丰富，价值多方。宗教的，道德的，审美的，实用的溶于一象。所立之象为何？'八卦成列，象在其中矣！'"[①]这一段话非常重要，奠定了宗白华"气本论生态—生命美学"的哲学根基，也就是他不断说的"宇宙观"。在这里，他划清了中西哲学之区别：西方为抽象时空之几何哲学，中国为"四时自成岁"之天地人、春夏秋冬全景之"历律哲学"。他在 1946 年发表的《中国文化的美丽精神往那里去？》一文中指出，"古人拿音乐里的五声配合四时五行，拿十二律配于十二月（《汉书·律历志》），使我们一岁中的生活融化在音乐的节奏中，从容不迫而感到内部有意义有价值，充实而美"[②]。所谓"历律哲学"，即以乐律与体现为四时五行的自然节律来解释天地人现象的中国古代哲学。有关乐律与四时五行的关系，宗白华的上述论述已经作了解释。关于自然节律与四时五行的关系，冯友兰在谈到《月令》时说，"它是小型的历书，概括地告诉君民，他们应当按月做什么事，以便与自然保持协调。在其中，宇宙的结构是按照阴阳家的理论描述的，这个结构是时空的，就是说，它既是空间结构，又是时间结构"[③]。这就说明，"历律哲学"实际上就是一种以"天人合一"为其核心的描述天地人、春夏秋冬与政治文化战争艺术现象的一种有机的生命的关系的哲学形态。《易经》就是这种哲学形态的经典。《周易·系辞下》云："古者庖牺氏之王天下也，仰则观象于天，附则观法于地，观鸟兽之文与地之宜，近取诸身，远取诸物，于是始作八卦，以通神明德，以类万物之情。作结绳而为网罟，以佃以渔，盖取诸离，"形象地

---

① 《宗白华全集》第 1 卷，安徽教育出版社 1994 年版，第 611—612 页。

② 《宗白华全集》第 2 卷，安徽教育出版社 1994 年版，第 401 页。

③ 冯友兰：《中国哲学简史》，涂又光译，北京大学出版社 1985 年版，第 161 页。

描绘了“天人之际”背景中的天地人全景式的关系。这就是中国古代文化的宇宙观。宗白华一直非常重视这种宇宙观与审美及艺术的密切关系。中国审美与艺术的另一个前提就是中国古代特有的礼乐教化传统。宗白华写道:“礼和乐是中国社会的两大柱石。‘礼’构成社会生活里的秩序条理。礼好像画上的线文钩出事物的形象轮廓,使万象昭然有序。孔子曰:‘绘事后素。’‘乐’滋润着群体内心的和谐与团结力。然而礼乐的最后根据,在于形而上的天地境界。”[①]在中国古代,“国之大事,在祀与戎”,祭祀就必然要有祭礼与礼器,而祭礼与祭乐密切相关,礼器中的外形与图案又与艺术相关。宗白华指出:“中国哲人则侧重于‘利用厚生’之器,及‘观其会通以行其典礼’之器之知识。由生活之实用上达生活之宗教境界、道德境界及审美境界。于礼乐器象征天地之中和与序秩理数!使器不仅供生活之支配运用,尤须化‘器’为生命意义之象征,以启示生命高境如美术,而生命乃益富有情趣。”[②]宗氏不止一次地论述祭祀所用之鼎中的花纹之线性艺术与整个中国线之艺术的特点密切相关。而礼乐教化最后还是归结到“天地境界”,从而归结到“天人合一”的“历律哲学”。

宗白华的“气本论生态—生命美学”还发现了《易经》是中国古代重要美学经典。按照通常的说法,《易经》是一种卜筮之书,但加上《周易》后成为一种重要的哲学经典,其中并没有直接说到美学问题,但宗白华却将之视为美学经典。正如他的学生刘纲纪在发挥宗氏美学思想的《周易美学》一书所说,“《周易》在没有‘美’这个字出现的许多地方,同样是与美相关的,而且常常更为重要”[③]。宗白华指出:“《易经》是儒家经典,包含了宝贵的美学思想。如《易经》有六个字:‘刚健、笃实、辉光’,就代表了我们民族一种很健全的美学思想。《易经》的许多卦,也富有美学的启示,对于后来艺术思想的发展很有影响。”[④]按照宗白华的看法,《易经》中的哲学思想不仅为我国古代美学提供了作为根基的宇宙观(即天人合一的历律哲学),而且《易经》中的许多卦,其卦象与卦辞作为中国古代祭祀的“礼”文化的符号,包含了古代美学的元素,如“贲卦”对于文饰与平淡之美的张扬;“离卦”对于附丽与通透之美的强调等等。这样的看法都为我国现代美学建设提供了依据与重要资源,因为

---

① 《宗白华全集》第2卷,安徽教育出版社1994年版,第411页。
② 《宗白华全集》第1卷,安徽教育出版社1994年版,第592页。
③ 刘纲纪:《周易美学》,湖南教育出版社1992年版,第18页。
④ 《宗白华全集》第3卷,安徽教育出版社1994年版,第458页。

《易经》作为中国古代文化与思维方式的最原初的因子，对于理解与建设包括美学在内的中国文化具有极为重要的价值与意义。诚如冯友兰在去世之前对李泽厚与陈来所说，"中国哲学将来一定会大放光彩。要注意《周易》哲学"①。

宗白华的"气本论生态—生命美学"还发现了中国古代美学的生态内涵，意义不同寻常。他首先从农业经济社会的角度论述了中国古代哲学与美学的生态根基。他认为，中国古代文化"从最低层的物质器皿，穿过礼乐生活，直达天地境界，是一片混然无间，灵肉不二的大和谐，大节奏"。"因为中国人由农业进于文化，对于大自然是'不隔'的，是父子亲和的关系，没有奴役自然的态度。中国人对他的用具(石器铜器)，不只是用来控制自然，以图生存，他更希望能在每件用品里面，表出对自然的热爱，把大自然里启示着的和谐，秩序，它内部的音乐，诗，表现在具体而微的器皿中。"②以上是 1947 年发表于《学识》半月刊的《艺术与中国社会》中的文字。1959 年他又在《道家与古代时空意识》一文中写道，《周易》里"时空统一体"的意识"是和农民的生产劳动相结合，反映农业生产的宇宙意识的"③。那时在国内外生态问题还没有成为热点，这充分说明宗氏严谨的治学态度与预见性。他还认为，中国艺术的根基与最后目的是对于自然的热爱。他在写于 1943 年的《中国艺术的写实精神》一文中说道，"艺术的根基在于对万物的酷爱，不但爱它们的形象，且从它们的形象中爱到它们的灵魂。"又说："动天地泣鬼神，参造化之权，研象外之趣，这是中国艺术家最后的目的。"④他还在比较中西艺术之中论述了中国艺术所包含的生态意识，"中、西画法所表现的'境界层'根本不同：一为写实的，一为虚灵的；一为物我对立的，一为物我浑融的"⑤。

同时，宗白华还进一步使用现代通用的语体文在古今结合中阐发了"气本论生态—生命美学"的内涵。其语言不仅灵动巧妙，而且切中中国艺术要旨，内涵丰富，好似一种现代形态的诗论、画论与乐论。他非常重视艺术的生命内涵，认为生命本体是艺术的最后根基与源泉。他在阐释画家宗炳所言"澄怀观道"时说，"他这所谓'道'，就是这宇宙里最幽深最玄远却又弥纶

---

① 蔡仲德：《冯友兰先生年谱初编》，河南人民出版社 2001 年版，第 784 页。

② 《宗白华全集》第 2 卷，安徽教育出版社 1994 年版，第 412 页。

③ 《宗白华全集》第 3 卷，安徽教育出版社 1994 年版，第 280 页。

④ 《宗白华全集》第 2 卷，安徽教育出版社 1994 年版，第 323 页。

⑤ 同上书，第 102 页。

万物的生命本体”①。在阐释《易经》所谓“天地氤氲，万物化醇”时，他说，“这生生的节奏是中国艺术境界的最后源泉”②。由此，我们将其美学思想归结为“生命论美学”。

此外，他还围绕着气本论生态—生命美学论述了一些相关的论题。一是“阴阳对比的呼吸之美”。他在阐释王船山论诗的意境的“以追光蹑影之笔，写通天尽人之怀”时，说“这两句话表出中国艺术的最后理想和最高的成就”③。原因在于“通天尽人之怀”可以产生一种天人、阴阳相生的蓬勃的生命之力，所谓天乾地坤，天阳地阴，天地交而万物生也。表现为虚与实、动与静、笔与墨、明与暗等一系列阴阳对比所产生的一种生命的力量与生命的情调。他将这种对比比喻为好像活生生人体的呼吸，一呼一吸，一起一伏产生无尽的生命之美。他通过分析倪云林的绝句“兰生幽谷中，倒影还自照。无人作妍媛，春风发微笑”说，“中国的兰生幽谷，倒影自照，孤芳自赏，虽感寂寞，却有春风微笑相伴，一呼一吸，宇宙息息相关，悦怿风神，悠然自足”④。在这里，兰花与倒影、幽谷与春风形成鲜明对比，从而产生生命之力。这种一呼一吸、一起一伏所形成的生命之力在书画等其他艺术中也是一种普遍规律，所谓“一阴一阳之为道”也。二是“虚实相生的生命深度之美”。宗氏认为，“空白在中国画里不复是包举万象位置万物的轮廓，而是溶入万物内部，参加万象之动的虚灵的‘道’。画幅中虚实明暗交融互映，构成漂渺浮动的氤氲气韵，真如我们目睹山川真景。此中有明暗、有凹凸、有宇宙空间的深远，但却没有立体的刻画痕；亦不似西洋油画如可走进的实景，乃是一片神游的意境。因为中国画法以抽象的笔墨把捉物象骨气，写出物的内部生命，则‘立体体积’的‘深度’之感也自然产生，正不必刻画雕凿，渲染凹凸，反失真态，流于板滞”⑤。在宗氏看来，虚空在中国艺术中不是“无”，而是万象之动的道、生命的起点的“一”。在虚空中几笔的勾画，能够点石成金，提供给我们的不是写实的景，而是意蕴生动的“境”，生命的深度深不可测，其奥妙尽在画外。三是“线纹流动的动态之美”。宗氏在论述顾恺之的画时说，“东晋顾恺之的画全从汉画脱胎，以线纹流动之美（如春蚕吐丝）组织人物衣褶，构成全幅生动画面。”又说：“中国画自有它独特的宇宙观点与生命情调，

---

① 《宗白华全集》第2卷，安徽教育出版社1994年版，第278页。
② 同上书，第332页。
③ 同上书，第335页。
④ 同上书，第373页。
⑤ 同上书，第101页。

一贯相承，至宋元山水画、花鸟画发达，它的特殊画风更为显著。以各式抽象的点、线渲皴擦摄取万物的骨相与气韵，其妙处尤在点画离披，时见缺落，逸笔撇脱，若断若续，而一点一拂，具含气韵。”[①]宗氏指出，西方艺术是一种“团块”的艺术，而中国的艺术则是一种线条的艺术，着重于线条的流动。正因为中国艺术所凭借的宇宙观是“天人合一”的生命观，就决定了中国的线性艺术是一种生命的动态之美，也就是生命的时间之美，不似西方艺术是一种“团块”的空间之美。中国以线条的飞动充分表现出生命的灵动与空灵的意蕴，给人以无边的想象空间。四是“以大观小的全景之美”。这是说的中国艺术的特殊的全景式的透视法，完全相异于西画的立足于一个点的焦点透视。宗氏说：“中国画的透视法是提神太虚，从世外鸟瞰的立场观照全整的律动的大自然，他的空间立场是在时间中徘徊移动，游目周览，集合整层与多方的视点谱成一幅超象虚灵的诗情画境（产生了中国特有的手卷画）。所以它的境界偏向远景。‘高远、深远、平远’，是构成中国透视法的‘三远’。在这远景里看不见刻画显露的凹凸及光线阴影。浓丽的色彩也隐没于轻烟淡霭。一片明暗的节奏表象着全幅宇宙的氤氲的气韵，正符合中国心灵蓬松潇洒的意境。故中国画的境界似乎主观而实为一片客观的全整宇宙，和中国哲学及其他精神方面一样。”[②]宗氏所言中国画的“三远”之透视法实为散点透视法，是一种在生命时间中移动的透视之法，事物的内外、远近、上下均能够得到呈现，更能够鸟瞰全景，呈现一种“全景之美”，是一种体现了中国“天人合一”宇宙观的万物之平等。而西画的焦点透视，看似写实实际上是只看到近景，而淡去了“高远”“深远”“平远”之景，是一种以视点为中心的透视法，反映了西方人类中心主义观点。因此，中国艺术的以大观小的全景之美更加符合艺术与审美的实际。五是“芙蓉出水的白贲之美”。宗白华在谈到中国艺术的“错彩镂金”与“芙蓉出水”两种类型之美时，认为在中国艺术史上更受推崇的应该是“芙蓉出水之白贲之美”。他说：“魏晋六朝是一个转变的关键，划分了两个阶段。从这个时候起，中国人的美感走到了一个新的方面，表现出一种新的美的理想。那就是认为‘初发芙蓉’比之于‘镂金错采’是一种更高的美的境界。”他又进一步结合《论语》的“绘事后素”与《周易》贲卦卦辞“白贲无咎”说，“要自然、朴素的白贲的美才是最高的境界”，

① 《宗白华全集》第2卷，安徽教育出版社1994年版，第102、102—103页。

② 同上书，第110页。

“最高的美，应该是本色的美，就是白贲”。[①] 这里所谓“绘事后素”是说文与质的关系，通过绘画应在白色的底子之上说明礼应在道德的基础上。而“白贲”是从绚烂而归于平淡，所谓“极饰反素”[②]。这是与中国传统气本论生命观相一致的，因为道家素来主张“信言不美”(《老子·八十一章》)，“大音希声”(《老子·四十一章》)，“知其白，守其黑”(《老子·二十八章》)。这种由黑到白，是通过黑与白、虚与实之对立对比，使生命本源与本色得以逐步呈现，由遮蔽到澄明之境。这是一种中国的、东方的美学哲理，玄妙而深奥，魅力无穷。

三

宗白华不仅简洁而精炼地论述了“气本论生态—生命美学”的基本内涵，而且通过对于各类艺术形式的研究进一步阐发了这种美学形态的艺术呈现。

国画是一种“气韵生动之美”。宗白华将“气韵生动”作为国画之主题。他说，“中国画的主题‘气韵生动’，就是‘生命的节奏’或‘有节奏的生命’”[③]。这真是以明白如话的语体文对于“气韵生动”的简洁而清晰的阐释。其实，在他看来，“气韵生动”是整个中国艺术的共同追求，是艺术的“最高使命”。如何达到这一目标呢？宗氏认为还是通过中国生命艺术的“一阴一阳之为道”的创作途径。他说：“画家用笔墨的浓淡，点线的交错，明暗虚实的互映，形体气势的开合，谱成一幅如音乐如舞蹈的图案。”[④]在这里，笔墨、虚实、点线、明暗、形体、气势等等艺术元素的相生相克，相辅相成构成中国特有的生命艺术形态。同时，还得通过“骨法用笔”具体落到实处。宗氏说，飞动姿态之节奏和韵律的表现，“这内部的运动，用线纹表达出来的，就是物的‘骨气’(张彦远《历代名画记》云：古之画或遗其形似而尚其骨气)。骨是主持‘动’的肢体，写骨气即是写着动的核心。中国绘画六法中之‘骨法用笔’，即系运用笔法把捉物的骨气以表现生命动象。所谓‘气韵生动’是骨法用笔的目标

① 《宗白华全集》第3卷，安徽教育出版社1994年版，第450—451、460页。
② 荀爽《周易·序卦》注语，参见唐·李鼎祚《周易集解》，巴蜀书社1991年版，第352页。
③ 《宗白华全集》第2卷，安徽教育出版社1994年版，第109页。
④ 同上书，第100页。

与结果”[①]。这就是中国艺术作为线的艺术凭借特殊的毛笔及特殊的运笔，体现出具有动感的笔力，从而使之具有中国艺术特有的“骨气”，渗透出生命的力量。

书法艺术是一种“筋骨血肉之美”。书法是中国特有艺术，宗白华将这种特有的书法艺术之美概括为“筋肉血骨之美”。他说：“中国古代的书家要想使‘字’也表现生命，成为反映生命的艺术，就须用他所具有的方法和工具在字里表现出一个生命体的骨、筋、肉、血的感觉来。但在这里不是完全像绘画，直接模示客观形体，而是通过较抽象的点、线、笔画，使我们从情感和想象里体会到客体形象里的骨、筋、血、肉，就像音乐和建筑也能通过诉之于我们情感及身体直感的形象来启示人类的生活内容和意义。”[②]宗氏还专门写有《中国书法里的美学思想》一文论述书法之美。他认为，书法的筋肉血骨之美主要通过三个途径实现。其一是中国字的象形特征。东汉文字学家许慎云：“字者，言孳乳而浸多也”(《说文解字序》)，所谓“字”乃是在象形中体现一种繁殖生命般的发展滋生，意义与内涵丰富多义变幻无穷。其二是通过书法特有的工具“毛笔”。毛笔用兽毛所做，与西方的鹅管笔、钢笔、铅笔以及油画笔迥然不同。它可以铺毫抽锋，极富弹性，巨细收纵，变化无穷。其三是书法特有的用笔与结构章法。用笔则通过书法特有的中锋、侧锋、藏锋、出锋、方笔、园笔、轻重、疾徐等等区别表现内在情感与世界诸象。结构是点与画连贯穿插而成的空白之处，虚实相生，形成生命力量。所谓章法则指整幅字的布局，管领与应接，做到不仅每个字结构优美，更注意全篇的章法布白，前后相管领，相应接，有主题，有变化，一气呵成，风神潇洒，不黏不脱，表现出生命的精神风度。

建筑艺术是一种“虚实节奏的飞动之美”。宗氏认为，中国艺术是一种“天地境界”的象征，尤其是建筑更是如此。他说：“中国建筑能与自然背景取得最完美的调协，而且用高耸天际的层楼飞檐及环拱柱廊、栏杆台阶的虚实节奏，昭示出这一片山水里潜流的旋律。”[③]又说：“这种飞动之美，也成为中国古代建筑艺术的一个重要特点。”[④]中国建筑与园林的这种虚实节奏的“飞动之美”表现在诸多方面。从装饰来说，常常通过飘动的云彩、雷纹、雄

---

① 《宗白华全集》第2卷，安徽教育出版社1994年版，第101页。

② 《宗白华全集》第3卷，安徽教育出版社1994年版，第402页。

③ 《宗白华全集》第2卷，安徽教育出版社1994年版，第402页。

④ 《宗白华全集》第3卷，安徽教育出版社1994年版，第475页。

壮的动物,表现一种生命的活力;在建筑形象上,则所用飞檐表现动态;在空间的运用上,更是虚实相生,天井、院子与窗子的运用可说是根据生命意境对于空间的敛放自如,虚实相生,意趣无尽。而在自然景观的利用上,中国建筑则通过借景、分景、隔景等特殊手法将建筑与自然融为一体,反映出虚实节奏的动态之美。

戏曲艺术是一种"以动带静的动态之美"。宗白华专门对中西戏剧进行过比较研究,认为"中国戏曲和中国画有很多相同的地方,中国画从战国到现在,发展了几千年,它的特点就是气韵生动。站在最高位,一切服从动,可以说,没有动就没有中国戏,没有动也没有中国画。动是中心。西洋舞台上的动,局限于固定的空间。中国戏曲的空间随动产生,随动发展"①。接着,他举了越剧里的"十八相送"的例子,没有任何背景,十八送就是十八个景,景随动作表现出来。又如中国戏曲舞台上并没有门,演员用手一推就是一个门,产生了门里门外两个空间。在另外的文章中,他还指出京剧《三岔口》里的夜是依靠演员的摸黑演出的动作表现出来的,而川剧《秋江》中的船与起伏的江水都是通过艄翁与陈妙常的精妙表演的动作表现,此外戏曲的骑马也是仅靠马鞭与表演体现的等等,说明中国戏曲是一种以虚带实,以动带静的动态之美。对于这种美,有的专家将之说成是一种"反观之美",就是说需要观众通过演员的表演动作反观出静态的山水情境与戏剧内容。这与西方戏剧的"三一律""第四堵墙"与空间的板块式结构差异甚大。中国戏曲的这种动态之美是一种特殊的美的形态,宗氏借用画论之"实景清而空景现""真境逼而神境生"说明这是一种需要观众用生命之力直接参与的神奇之美。由此,京剧曾经在英文中被翻译为"Beijing Opera",目前已经直接改为京剧的拼音"JingJu"。

舞蹈艺术是一种"生命玄冥的肉身化之美"。关于舞蹈之美,宗白华说:"这最紧密的律法和最热烈的旋动,能使这深不可测的玄冥的境界具象化、肉身化"。又说:"'舞'是它最直接、最具体自然的流露。'舞'是中国一切艺术境界的典型。"②在他看来,舞蹈是将浩荡奔驰的生命力量化作身体的韵律,表演着宇宙的创化与玄冥。他列举郭若虚《图画见闻志》中描写的唐将军裴旻的剑舞"走马如飞,左旋右转,掷剑入云,高数十丈,若电光下射",和杜甫《观公孙大娘弟子舞剑器行》的"昔有佳人公孙氏,一舞剑器动四方。观

① 《宗白华全集》第3卷,安徽教育出版社1994年版,第395页。

② 《宗白华全集》第2卷,安徽教育出版社1994年版,第366、369页。

者如山色沮丧,天地为之久低昂",指出这些都形象地表现了宇宙生命之创化与玄冥的肉身化的艺术意境。

音乐艺术是一种"字声统一,声情并茂的胜妙之美"。宗白华认为,从逻辑语言到音乐语言就有一个"字"和"声"的关系问题。他指出,"宋代的沈括谈到过'字'与'声'的关系,提出中国歌唱艺术一条重要规律:'声中无字,字中有声'。"①他认为,"声中无字"并非要将字取消,而是将之融入声中化而为"腔",做到行腔圆润如贯珠,字正腔圆,韵味无穷。其标准就是达到"胜妙之境",即"务头"。所谓"务头",就是"指精彩的文字与精彩的曲调的一种互相配合的关系","包含有各种艺术共有的某些一般规律性的内容"②。

诗歌艺术是一种"情景交融的意境之美"。宗白华认为,诗歌的美是一种"意境之美",而"意境是'情'与'景'(意象)的结晶品"。又说:"艺术意境的创构,是使客观景物作我主观情思的象征。"③他列举了很多例子加以说明,比如元人马东篱的《天净沙·小令》:"枯藤老树昏鸦,小桥流水人家,古道西风瘦马,夕阳西下,断肠人在天涯"。前四句写景,末一句写情,全篇点化而成一片哀愁寂寞,宇宙荒寒,怅触无边的凄清情景。创构意境的最好素材就是大自然,借景抒情,"所以中国画和诗,都爱以山水境界做表现和咏味的中心。和西洋自希腊以来拿人体做主要对象的艺术途径迥然不同"④。所以,诗画意境的创构重点是主观的修养与胸怀。这样才能够从直观感受的模写到活跃生命的传达,再到最高灵境的启示,最后进入"澄怀观道"的禅境。他说:"中国艺术意境的创成,既须得屈原的缠绵悱恻,又须得庄子的超旷空灵。缠绵悱恻,才能一往情深,深入万物的核心,所谓'得其环中'。超旷空灵,才能如镜中花,水中月,羚羊挂角,无迹可寻,所谓'超以象外'。色即是空,空即是色,色不异空,空不异色,这不但是盛唐人的诗境,也是宋元人的画境。"⑤

---

① 《宗白华全集》第3卷,安徽教育出版社1994年版,第473页。
② 同上书,第474页。
③ 《宗白华全集》第2卷,安徽教育出版社1994年版,第358、360页。
④ 同上书,第360页。
⑤ 同上书,第364页。

四

宗白华气本论生态—生命美学的发现意义重大。首先是发现了一个深深植根于中国民族文化又充满新鲜活力的相异于西方的东方美学形态——气本论生态生命美学。这是两种哲学观(宇宙观)、美学观、生态观与生活观的分殊。古希腊是以几何测量为基础的科学哲学观,中国则是以农业生态为基础的"四时成岁"的"历律哲学观";古希腊是"人飞跃于自然之上而征服之"的人与自然对立的生态观,而中国则是"深潜于自然核心而体验之"的人与自然一体的"天人合一"生态观[①];古希腊是一种以"比例对称和谐"为目标的形式论的审美观,而中国则是"气韵生动"的生命论审美观;古希腊是贵族与平民对立,艺术(art)与高雅文化分立的生活观,而中国则是以礼乐教化为社会基础,礼与乐紧密结合而礼乐渗透于"厚生"之器的生活观。正因此,中国古代的气本论生态—生命美学是与中国人的艺术存在与生活方式是密切联系的。中国人的传统艺术以及中国人的生活方式由于经济社会与文化发展的不平衡,所以并没有随着社会的变迁而发生彻底的消亡,而是仍然保留着基本的形态。所以,气本论生态—生命美学仍然是与中国的艺术与中国人的生活方式是密切相联的,是仍然具有生命力的。前不久曾听到一位老艺术工作者说,延安的秧歌在民间是有一个拿伞之人与扇伞之人领头的,表明这原本是一种民间祭祀求雨的舞蹈。目前陕西民间仍然保留这种艺术形式,更不用说年画等民间艺术中保留的这种美学形态的艺术形式。以上事实说明,中国传统艺术是一种生态的自然的艺术,不同于西方的理性显现的艺术。气本论生态—生命美学就建基于中国这种传统的生态的自然艺术之上。非常可惜的是,这种民间生态的自然的艺术(也就是文化遗产)正在以极快的速度消失,许多古老的年画已经再也找不到了,制作年画的技术也在消亡,这将是民族的文化记忆的丧失!因此,我们说气本论生态—生命美学仍然是活的,是现实的存在形态。宗白华将这种中国古代美学与现实的传统艺术形式归结为一种"气本论生命美学"是他的一个重要发现。当然,这种气本论生态与生命美学是中国古代美学自身存在的,但将之发掘并总结

---

① 《中国现代美学家文丛·宗白华卷》,浙江大学出版社 2009 年版,"导读"第 9 页。

出来却是宗白华的独具慧眼。犹如温克尔曼将古代希腊艺术美归结为“高贵的单纯，静默的伟大”，黑格尔将西方古典美归结为“理念的感性显现”，以及尼采从古代希腊悲剧中发现“酒神精神”等等，其价值是相等的。宗白华是在掌握中西艺术与美学发展态势的前提下，在整个世界哲学与美学转型的关键时刻进行这一总结与概括的。其时正值20世纪30年代前后，国际哲学与美学正发生着从认识本体到人生与生命本体的大突破并向轴心时代寻找智慧资源的关键时期，宗白华作为中国美学家表现了应有的民族自信与学术自信，从中国传统文化特别是《周易》中探寻到与工业革命时代的认识论美学不同的气本论生态—生命美学精华，表现出前所未有的见识与气魄，做出杰出贡献。应该说，气本论生态—生命美学是一种既具有国际视野又具有民族特色的理论概括，是一种运用国际通用话语的理论思考与表达，具有重要的价值意义。

宗白华气本论生态—生命美学的提出等于回答了西方关于中国古代有无美学这样的诘难。从学科所必具的相对稳定的核心范畴、相对稳定的研究方法与相对稳定的学者群体考虑，气本论生命美学以其“天人合一”与“阴阳相生”为其哲学支点，生发出“保合太和”“气韵生动”“和实相生”“文气”“虚实节奏”“骨法筋肉”“声情胜妙”与“意境”等等贯穿美学本体、绘画、音乐、诗歌、舞蹈、戏曲与建筑等各个领域的特殊美学范畴，独具特色；而从方法上来说，中国古代美学是一种“究天人之际，通古今之变”的体验与历史相结合的方法，是一种不同于西方逻各斯中心主义科学方法的东方的体悟式的人文的方法，独具特色。“天人合一”这种中国古代智慧正在成为中国甚至是世界文化建设的重要资源。诚如李泽厚于1981年在给冯友兰的信中所言，“‘天人合一’乃中国哲学之精髓，而可予以马克思主义之解释，对来日哲学极有价值”[①]。气本论生态—生命美学所凭据的“历律哲学”之根源就是“天人合一”。其独特性与价值已经被众多学者所认识。宗白华气本论生命美学近年来越来越受到中国美学工作者的重视，研究者的数量日益增长，逐步成为中国美学研究者的共同理论兴趣与追求，学者群体正在形成。这是中国古代美学学科化与话语体系形成的标志，也是其具有现代表达形态的标志，中国气本论生命美学被世界美学界所重视与倾听也正在成为现实。从这个角度说，中国现代不是传统美学的完全“失语”而是美学学科中国化

---

① 蔡仲德：《冯友兰先生年谱初编》，河南人民出版社2001年版，第638页。

的重建，以及今天我们在回顾总结20世纪中国现代美学史时对于这种重建的重视与同情，并以科学的态度加以认识与吸收。有论者认为，“我们根本没有一套自己的文论话语，一套自己特有的表达、沟通、解读的学术规则。我们一旦离开了西方文论话语，就几乎没办法说话，活生生一个学术哑巴”[①]。从上述宗白华气本论生态—生命美学思想的发现来看，实际上已经基本形成了一套中国特有的表达、沟通和解读的学术规则，而且是与西方话语有着明显差异的。当然，宗白华的“话语”创造既不是简单僵硬的“以西释中”，也不是简单僵硬的将中国传统术语硬译成西语介绍出去，这两种途径都证明并不成功。他是一种中西的交融会通，例如，他以“有生命的节奏”与“有节奏的生命”阐释“气韵生动”就是明证。应该说，他的这种发现与创造总体上是成功的。但按照当代话语理论“话语”包含着某种“权力”属性来看，宗白华的这一套中国特色的美学与文论话语的确还不具有在国际甚至国内学术领域“言说”与发生重大影响的权力。但这主要与时代以及学术氛围密切相关。在长时期西方话语霸权的形势下，当然没有这种中国话语的位置，这也与我们的文化自觉与自信的欠缺紧密相关。但随着形势的发展，我们愈来愈发现文化软实力的重要，发现审美作为人类艺术生存方式的反映，任何外来的美学理论都不可能完全反映中国人的艺术生存方式。只有深植于民族文化深处的美学理论才能真正反映中国人民的艺术生存与审美需要。宗白华早就预言，“中国将来的文化决不是把欧美文化搬了来就成功”，而必须“极力发挥中国民族文化的‘个性’”[②]。从目前情况看，宗白华的美学理论愈来愈得到更多学者的重视，在进一步完善后逐步走向世界应该是指日可待的。我们应该在实际行动中多一点发现与自信，这就是对于“失语症”的回答。

宗白华的气本论生态—生命美学是一种崭新的具有世界意义与价值的生命的生态的美学。蒙培元曾言，中国古代哲学就是深生态学。这是有充分理由的，因为中国古代哲学的要义就在“究天人之际”，而其最终追求则是“保合太和，乃利贞”，其生态内涵突出。而在此基础上的中国生命论美学也是一种古典形态的生态美学。因为，中国古代气本论生命美学所说的生命并不仅仅是西方生命论美学所讲的人的生命，而是“万物一体”的万物的生命，天然地包含着生态观念；气本论生态—生命美学将“生命”作为审美的第

---

① 曹顺庆：《跨越异质文化》，山东友谊出版社2007年版，第44页。

② 《宗白华全集》第1卷，安徽教育出版社1994年版，第321页。

一要义，远远超出了西方古代的“比例、对称与和谐”的形式美学，这是非常重要的。诚如一些西方环境美学家所言，形式之美是一种浅层次的美，而生命之美是一种深层次的美。加拿大著名环境美学家卡尔松曾说：“当我们审美地喜爱对象时，浅层含义是相关的，主要因为对象的自然表象，不仅包括它表面的诸自然特征，而且包括与线条、形式和色彩相关的形式特征。另一方面，深层含义，不仅仅关涉到对象的自然表象，而且关系到对象表现或传达给观众的某些特征和价值。普拉尔称其为对象‘表现的美’，以及霍斯普斯谈到对象表现‘生命价值’。”①由此可见，在当代，生命之美是一种高于形式之美的深层次的美，而宗白华发现的中国的气本论生态—生命美学就是一种深层次的“生命之美”。这也恰恰说明，中国传统艺术与审美观念中这种混沌的主客不分的审美形态虽然在现代的工业革命时代难以被西方接受，但是在后现代的“生态文明”时代却具有了存在空间和强大的生命力，正是这种生命论美学大方光彩的时光。这种生命之美恰是20世纪哲学与美学大转型中受到重视的生命与生态的美学形态，在很大程度上与当下西方的环境美学与知觉现象学中身体美学研究相合拍。但宗白华总结的气本论生命美学与以上美学形态相比可以说是更好地体现了当代美学的发展，在强调“万物一体”，对抗人类中心论上甚于上述国际美学领域的各种环境美学理论。在这里需要特别说明的是，宗白华气本论生态—生命美学的提出更加进一步证明了近年来中国学者所坚持的“生态美学”与西方的“环境美学”在内涵上的明显区别。“生态”与“环境”是有着截然不同的内涵的。美国著名生态批评家劳伦斯·布依尔在其写于2005年的《环境批评的未来》一书的序言中说道，我特意避免在书名中使用“生态批评”，其原因是，“首先，生态批评在某些人的心目中仍是一个卡通形象——知识肤浅的自然崇拜者的俱乐部。这个形象树立于这项运动的青涩时期，即使曾经属实，今天也不再适用，第二，也是更重要的，我相信，‘环境’这个前缀胜过‘生态’，因为它更能概括研究对象的混杂性——一切环境实际上都融合了‘自然的’与‘建构的’元素”②。布依尔在其术语表中对于“环境”(Environment)一词解释道，“可以指某一个人、某一物种、某一社会，或生命形式的周边。”这说明，他所使用的“环境”仍然是指环绕着人与社会的“周边”之意，包括前面所言“建构的元素”等，都没有跳出“人类中心论”的窠臼。而我国学者力主“生态美学”之

---

① [加]卡尔松：《环境美学》，四川出版集团2006年版，第207页。

② [美]劳伦斯·布依尔：《环境批评的未来》，刘蓓译，北京大学出版社2010年版，“序言”。

“生态”则是立足于对于人类中心论的突破，而且，也只有生态美学才能契合中国古代“天人合一”的哲学观点，中国传统的美学与艺术才能够吸收进生态美学理论之中。从我们上述对宗白华气本论生态—生命论美学的阐释来看，生态美学对于中国来说是一种与农业经济以及“合四时农事”的“历律哲学”宇宙观相融合的，是一种原生性美学形态。而对于西方以商业航海经济为基础的形态与理性主义宇宙观来说，生态美学则是一种滥觞于对工业革命反思的“后生性美学”形态。这种观点以及学术界有关“生态与环境之辩”，本人已经在有关论著中专门论述，此不赘述。① 在这里，我们还要说到现代中国美学史上的“宗白华现象”。那就是宗白华在中国现代美学史上从未大红大紫，他没有一味的西化，也没有紧跟俄式“马列主义”，也没有紧跟所谓“美是人的本质力量对象化”等等一度极为流行的美学模式，只是悠然地以散步的方式做着自己的中西交融的美学思考，在丰富绚丽的中国艺术之中体味其真髓。但他具有世界视野，从中国文化传统出发，更从中国现实的艺术实际出发，从艺术的品味开始，进行自己的美学理论建构。他研究绘画、建筑、书法、青铜器、戏曲，墓画、壁画等，研究别人当时尚未重视的《周易》、《考工记》等等。他实际上运用的是一种“实证”的科学的方法，契合美学是一种艺术生存方式的学术方向，契合中国美学的实际状况，在没有“美”字的地方发现了丰富深厚的美学宝藏，所以取得了耀眼的成果。但他自己却一直对自己的工作不满足，直到生命的最后还自责“贡献不多”，真的使我们感动。我们从宗白华尚未发表的笔记中发现他还有许多非常重要的思考，例如有关“历律哲学”宇宙观的《形上学——中西哲学之比较》一文就一直没有发表，除了他自觉还需完善外，应该与长期以来我国以苏俄“唯物与唯心”二元对立哲学作为主流哲学形态有关，而中国以“天人合一”为其标识的传统哲学—美学及艺术形态与此肯定是不相切合的。由此，我们以为，宗白华在某种程度上超脱于这种唯心与唯物二分对立的哲学模式，所以才取得一定成功，但他又囿于这种哲学模式，这或许是使其没有最后完成其美学建构的原因之一。这也可以看出思想的解放对于学术建设的重要，说明一切从实际出发而不是从某种理念出发才是学术研究正途。回顾我国现代美学史，应该重视的恰是宗白华这样默默无闻的从中国实际出发进行耕耘的美学家。

---

① 曾繁仁：《中西对话中的生态美学》，人民出版社 2012 年版。

当然，气本论生态—生命美学及其所凭借的“历律哲学”与“天人合一”观念等还包含着“天人感应”等迷信落后的内容，还需要我们对于这种前现代产生的哲学与美学形态进行进一步的总结、概括、改造与发展。而这种气本论生态—生命美学还需要进一步的发掘，包括进一步发掘《周易》哲学中的生态美学内涵，从民间艺术发掘生存的生命的美学内涵，从《黄帝内经》等医学养生理论中发掘出从四时之气的角度研究养生的中国古代“身体美学”等，在此基础上建设现代形态的中国生态美学。这就是我们当今的工作重任所在。

（原载《文学评论》2014 年第 1 期）

刘纲纪教授有关《周易》生命论美学研究的重要意义与价值

一百多年以来，中国古代美学研究遇到的最大问题就是评价与定位问题。黑格尔将包括中国美学在内的东方美学定位于前美学时期的象征型美学，鲍桑葵则将其定位于“没有达到上升为思辨理论的地步”[①]。由此导致中国学术界在中国古代美学的定位与评价上缺乏自信并长期摇摆不定。长时期以来，中国古代美学的研究运用的是一种“以西释中”的路径，以西方“感性认识的完善”或者是“合规律与合目的的统一”作为研究的出发点等。再就是，在中国古代美学的性质定位上也莫衷一是，有“意象论”、“意境论”与“滋味论”等各种说法，均有其道理。但刘纲纪教授却独辟蹊径，在宗白华研究的基础上，[②]以《周易》为切入点，将中国古代美学定位于东方生命论美学。刘先生的贡献是在宗白华研究的基础上全面深刻地挖掘了《周易》所包含生命论美学的丰富内涵与重大影响，并从中西美学对比的视角深刻阐释了它的特有价值意义。刘先生所著《周易美学》一书，内涵丰富深刻，可以说是一部准中国古代美学史，意义非凡。事实证明，将中国古代美学定位于生命论美学更加符合中国古代美学与艺术的实际，具有更强的阐释力量，并为更好地参加国际美学对话提供了前提。这就明确告诉我们，中国古代美学本来就是在“天人合一”哲学思维基础上的一种主客不分的混沌的以生命力量为其特点的美学形态，这正是其极为重要的区别于西方现代“思辨美学”的特点与优势所在，这是我们完全应该充满自信的地方。我们应该努力开展与

---

① [英]鲍桑葵：《美学史》，张今译，商务印书馆 1985 年版，“前言”第 2 页。

② 宗白华在 1928—1929 年间发表的《形而上学》中提出“中国生命哲学之真理惟以乐示之”，并写了“中国八卦：‘四时自成岁’之历律哲学”专章。见《宗白华全集》第 1 卷，安徽教育出版社 1994 年版，第 604、624 页。他又在《论中国画法的渊源与基础》一文中写道：“中国画所表现的境界特征，可以说是根基于中国民族的基本哲学，即《周易》的宇宙观：阴阳二气化生万物，万物皆禀天地以生，一切物体可以说是一种‘气积’。这生生不已的阴阳二气织成一种有节奏的生命。”参见《艺境》，北京大学出版社 1987 年版，第 118 页。

西方美学的对话与借鉴，但不必“以西释中”。这是我们应该感谢宗先生，也应该感谢刘先生之处。

下面，我对刘先生《周易》生命论美学研究的价值意义予以更加具体的阐发。

第一，准确地以《周易》为中国古代美学研究的切入点，挖掘其生命论美学的内涵，为中国古代美学的进一步健康发展找到了一条好的路径。

中国古代美学研究到底应该从什么地方入手，这是颇费思量的问题。从历史发展的脉络来看，似乎应该从原始艺术或者先秦文献入手。但这种描述性的研究往往缺乏准确性。而选择从《周易》入手，则较为准确地把握了中国古代美学研究的切入点。刘先生深刻论述了这种中国古代美学研究切入点确定的必要性。

首先，在刘先生看来，《周易》具有某种原初性。也就是说，《周易》在一定程度上反映了中国古代先民的原始思维与原始艺术形态，因而从《周易》入手能够准确地抓住中国古代先民审美的基本特征。他说，尽管《周易》之中的“周代的占筮已不同于远古原始时代的巫术，不再具有原始巫术活动那种极为神秘的色彩。但它终究又是从远古巫术活动发展而来，而且去古未远，所以仍然保持着巫术特有的准艺术思维方式，并且由筮辞的遗留而保存和记录下来了”①。

其次，是从《周易》入手具有某种综合性。刘先生在书中分析了《周易》赖以产生的特殊秦末汉初的特定时代，那时刚刚结束战乱纷争，“历史期待着某一个强大、统一的国家出现，以结束纷争的局面。在思想上，则期待着一种批判地综合各家，能获得较普遍的认同，以为某个强大、统一的国家建立作论证的理论出现”②。而“《周易》的作者是明显站在儒家立场上的，但又大量吸取了道家思想，并且可以说是巧妙地吸收、消化了道家的思想，把它与儒家思想有机地结合起来，从而又丰富、发展了儒家思想，并第一次建立了一个以儒家思想为主导的世界模式，把儒家历来较为忽视的有关天地、自然界方面的问题纳入了儒家思想体系之中。”③这就揭示了《周易》，特别是《周易》融汇儒道的基本特点，从而奠定了中国古代美学与艺术儒道互补的基本特征，使得《周易》理所当然地成为中国古代美学与艺术的奠基之作。

---

① 刘纲纪：《周易美学》，武汉大学出版社 2006 年版，“绪论”第 5 页。

② 同上书，“绪论”第 2 页。

③ 同上书，“绪论”第 3 页。

再次,是刘先生揭示了《周易》所包含的"天人合一"的哲学观,成为中国古代美学与艺术的理论基础,也是中国古代美学呈现东方生命观的根本原因。刘先生以点睛之笔指出了中国古代长期农业文明成为中国古代"天人合一"哲学观的根本经济社会原因。他说:"这和中国自古以来是一农业大国,对生命现象的规律比对力学、物理学规律更为重视有关。而古希腊则由于航海、造船的发达而大大推动了对力学、物理学的研究。"[①]正是由于中国古代长期农业大国的特点,所以对于"天人"关系,对于气候气象特别关注,从而使得中国古代哲学成为一种"天人之际"的宏观的人文的哲学。诚如司马迁所道出的中国古代文人的追求,"究天人之际,穷古今之变,成一家之言"。而古代希腊的海洋经济与重商文化决定了它的对于与航海经商关系密切的科学的物质规律的重视。正是在这种"天人合一"哲学观的基础上才产生了"生生之为易"的生命美学。

最后,刘先生集中论述了《周易》所包含的东方生命论哲学与美学的内涵。他认为,对于《周易》美学的进一步理论分析,"我认为可以概括为一句话:'生命即美'"[②]。又说:"因此,就美学而论,生命之美的观念在《周易》中是居于主导地位的。这是《周易》美学最重要的特色,也是它的最重要的贡献。"[③]而且,刘先生进一步指出了这种生命之美的"有机性"。他说:"《周易》的生命观是把有机生命和有机生命得以存在、发展的种种自然条件统一起来加以考察的整体的生命观。"[④]有机的生命论哲学和美学恰恰点到了中国古代哲学与美学的最基本的特征。李约瑟在《中国古代科学》一书中指出:"中国哲学本源属于有机唯物主义哲学。从每一时代的哲学家和科学思想家发表的声明中都可以找到例证。中国哲学思想从不以超自然的理想主义为主,至于机械主义世界观甚至从未存在。中国的思想家普遍赞同机体论观点,即每一现象都遵循其等级次序与其他现象互相关联。可能正是这种自然哲学的某些论点推动了中国科学思考的进步。"[⑤]非常可贵的是,刘先生深刻论述了这种东方式的生命之美的特殊价值意义,使得在许多表面看来没有"美"字的地方却存在着"美"。他说:"讲到《周易》对于美的观念,一般可能会到《周易》中去寻找那些有'美'这个字出现,直接提到'美'的地方。

---

① 刘纲纪:《周易美学》,武汉大学出版社2006年版,第174页注①。

② 同上书,第57页。

③ 同上书,第69页。

④ 同上书,第115页。

⑤ [英]李约瑟:《中国古代科学》,李彦译,上海书店出版社2001年版,第21页。

实际上，在没有‘美’这个字出现的许多地方，同样是与美相关的，而且常常更为重要。”[①]这里所说没有“美”字的地方就是《周易》中对于有机生命的论述。这恰是中国包括《周易》在内的古代美学的特有内涵，是长期以来外国人与后人不解或误读中国古代美学之处。西方古代以“比例、对称、和谐”为美，以“感性认识的完善”为美，这样的“美”在中国古代并没有占据主导地位，反而是有机的生命之美占据主导地位的。这种美学形态在工业革命时代难以被理性主义美学所容纳，但在后工业的生态文明时代却闪现出特有的光彩，也使得我们能够更好地全面研究、甚至是重新研究与发掘中国古代美学的精华。这就是宗白华先生与刘纲纪先生的重要贡献所在。

刘先生在《周易美学》之中从实证与理论结合的角度，深入而全面地论述了《周易》所包含的生命美学的深刻内涵。诸如：“元亨利贞”“保合太和”“云行雨施，品物流形”“男女构精，万物化生”“黄中通理，正位居体”、天文与人文、饮食宴乐、阳刚与阴柔、象数、“刚柔相推而生变化”等等思想与语句中所包含的重要的并特有的美学思想，发人深省。此外，刘先生还从《周易》生命论美学与古代绘画、音乐、书法与建筑等艺术门类的密切关系论证了生命论美学的生命活力，特别是从中国古代绘画“气韵生动”之中所体现的特有生命活力，说明生命论美学的价值意义。刘先生还从中国美学史的角度论证了《文心雕龙》之后所有的美学与文艺论著对于《周易》生命论美学的继承与发展。正是从这一点来说，《周易美学》可以说是一部“准美学史”。

第三，在中西比较视野中深入阐释了中国古代《周易》之中的生命论美学特有的内涵与价值意义。

刘先生通过中西比较的途径进一步阐发了《周易》生命论美学的特殊内涵与价值意义。

首先，他将《周易》的生命论哲学美学与法国的生命论哲学家柏格森进行比较，阐发了《周易》的生命论是“天人合一”背景下人与自然一体的东方生命理论，而相异于柏格森的“意识至上”的人与自然对立的“人类中心主义”的生命哲学。柏格森是活跃于20世纪前期的著名法国生命论哲学家、诺贝尔奖获得者。刘先生通过将柏格森的论著与《周易》进行比较后发现，两者尽管相差了两千多年，但在生命的变化运动以及这种变化运动在时间中的呈现等方面却是非常一致的。但两者的根本区别是，《周易》力主“天人合

---

① 刘纲纪：《周易美学》，武汉大学出版社2006年版，第16页。

一”与“天地人一体”，而柏格森则是力主“意识至上”，从而堕入了人与自然对立的“人类中心主义”。刘先生指出，“柏格森又把人类生命的创造、自由完全归之于‘意识’。柏格森有相当丰富的自然科学知识，他不可能完全看不到生命是要受到自然规律的限定、制约的。但他又认为生命的‘意识’的发展完全可以打破自然规律的限制、束缚的”①。刘先生还指出，《周易》的生命论是广义的，包括无机物在内的天地人万物，而柏格森的生命论则是狭义的，认为生命的基本特征就是意识，只包括人、动物与植物，其他均为“堕性物质”。刘先生在这里没有用“人类中心主义”的词句，但“意识的发展完全可以打破自然规律的限制、束缚”，不就是人与自然的对立，不就是“人类中心主义”吗？但《周易》却是“在一种素朴的思想形态之中……把人作为自然的一部分来看待的，并且主张人类要生存就必须效法自然，其行动须与自然的变化符合、一致。《周易》不把人与自然分离开来，不认为人可以任意左右、支配自然”②。这不仅将《周易》的生命论与现代欧洲的生命论划清了界限，而且为《周易》生命论纠正当代“意识决定论”的“人类中心主义”的价值作了深刻的阐发。诚如刘先生所言，“《周易》的生命观是把有机生命和有机生命得以存在、发展的种种自然条件统一起来加以考察的整体的生命观。整个宇宙万物被看做是一个不断在运动变化着的生命整体。从而，一切与有机生命的存在、发展相关的自然现象都是生命的表现，宇宙间不存在柏格森所说的那种与有机生命截然对立的所谓‘惰性的物质’。这样的一种生命观，从美学上看，极大地扩展了审美的范围。即使是没有生命的山石，也会因它的坚硬、陡峭等而显出‘刚健’之美。《周易》能达到这样一种整体的生命观，又是因为如我们已指出过的，《周易》把人的生命的存在看作与整个自然界(包括有机界与无机界)不能分离的。这是中国古代哲学的一个十分重要、深刻的思想”③。这是刘先生对于中国古代哲学与美学生命论的一个非常重要的发现与阐发。

其次，刘先生将《周易》的生命论与古代希腊的和谐论进行比较，发掘了中国古代生命论哲学美学的特殊的生存论内涵，论证了中国古代的“中和”相异于古希腊的“和谐”。刘先生认为，《周易》中的“中和”的核心乃是“生命”，是包括人在内的生命万物的兴旺发达。他说：“《周易》认为美在生命之

---

① 刘纲纪：《周易美学》，武汉大学出版社2006年版，第53页。

② 同上书，第54页。

③ 同上书，第115页。

中,生命即美,而这种美的最高表现即是‘大和’。因为只有在‘大和’的状态下,生命才能获得最顺畅、最理想的发展。”[①]这实际上是一种东方式的生存之美,因为在“天人合一”的背景下万物一体,只有万物均获得兴旺发展,人的生命生活才可能获得美好的生存发展。在这里,人的生命与生存发展与万物是一体的。而西方的“和谐论”哲学美学却更加重视一种与生命分离的形式与数的和谐与比例对称。刘先生指出:“而毕达哥拉斯派则忽视了生命问题,它虽然也讲到了由宇宙和谐而来的音乐的和谐与社会生活的和谐的关系,但就它的整个思想而论,毕达哥拉斯派所了解的宇宙的和谐是一种由数所决定的形式上的秩序,具有绝对的、永恒不变的性质,并且没有同宇宙生命及人类社会的和谐问题紧密地联系起来。这是一种神秘的、抽象的、形式上的和谐。”[②]这就划清了中国古代的“中和”与古代希腊的“和谐”之间的界线,揭示了中国古代“中和论”论美学的生命论与生存论的内涵。

此外,刘先生还分析了《周易》生命论美学的“交感论”与古希腊美学“模仿论”的区别,在文学艺术本性问题上厘清了中国古代“生命论”美学的人文性质与“模仿论”美学的科学性质的差异。“交感论”是《周易》的必有之义。因为所谓“生命”就是天地、阴阳交感化生的结果,这就是“天地氤氲,万物化醇,男女构精,万物化生”(《周易·系辞下》)。而作为文化的审美现象也是一种天人的交感。所谓“夫大人者,与天地合其德,与日月合其明,与四时合其序,与鬼神合其吉凶”(《周易·乾·文言》)。可见,所谓“交感”就是君子(即“大人”)从天地自然现象所获得的道德启示。而“模仿说”则是古希腊以亚里士多德为代表的理论家所确立的以“认识”客观事物为旨归的一种文艺创作活动。因此,刘先生指出:“将古希腊美学的模仿论与中国古代美学的交感论两相比较,我们可以说模仿论是与科学密切相联的认识性的美学系统,而交感论则是与道德密切联的情感性的美学系统。”[③]而“交感论”也优于现代西方以克罗齐为代表的非理性纯直觉的“表现论”美学。刘先生认为,交感论美学“将会在人类当代艺术的发展中保持和发展其固有的生命力,并与西方近现代被异化了的人的美学——‘表现论’的美学作强有力的抗争”[④]。

---

① 刘纲纪:《周易美学》,武汉大学出版社 2006 年版,第 69 页。

② 同上书,第 99 页。

③ 同上书,第 190 页。

④ 同上书,第 200 页。

刘先生还论述了《周易》之中的阳刚之美与阴柔之美，认为前者是一种“刚健中正”之美，后者则是一种“厚德载物”之美。实际上两者都是生命之美的不同形态，是生命之美的呈现。特别对于“阳刚之美”，刘先生作了深入的分析与辨别。他认为，这种刚健中正的阳刚之美就是中国古代的“崇高”，区别于西方的“崇高”。他说，这种阳刚之美“始终保持着积极入世的精神，不到现实人生之外，也不到某种超自然的东西中去寻求‘崇高’，这是中国式的‘崇高’即阳刚之美的一大特点，也是一大优点”。而且这是中国式的“崇高”不同于郎吉弩斯的“华丽的外表”、古罗马的“更神圣的事物”、柏克的“独立的个人为前提的崇高”以及康德的“超感性”的理性力量。总之，这种“中国式的‘崇高’经常表现为肯定性的雄伟、壮丽，与西方式的那种强调人与自然之间的冲突、对抗的‘崇高’不同”①。

总之，通过中西比较分析，更加强化了《周易》生命论美学的特殊的深刻的内涵。

第三，刘纲纪教授有关《周易》生命论美学的研究是中国古代文化与美学走向现代、走向世界的有益尝试。

长期以来我们一直在研究中国古代文化与美学如何走向现代与走向世界的问题。辛亥革命以后，中国文化经历了一个前所未有的白话文运动与破除封建旧文化的过程，因此中国新旧文化之间存在一个程度不同的断裂。加上长期以来文化建设中的“以西释中”，因此，学术界一直在讨论我们在国际学术舞台上的“失语症”问题。刘先生继承宗白华先生的前期工作，在《周易》生命论美学问题上进行了开拓性的研究。其最重要的价值意义在于这是一种富有成效的中国古代文化与美学走向现代与走向世界的有益尝试。首先，是为我们树立了一种民族文化的自觉与自信的意识。鸦片战争以后，由于列强入侵，我国迅速沦为半封建半殖民地，当时我国不仅武器落后与经济落后，而且在文化上也丧失了自信心。包括许多前辈学者都有“中不如西”之论。20 世纪中期以来，特别是近 30 多年的时间，整个国力与经济发展得到大幅度提升，但文化上的“失语”状态没有根本改变。中国文化走向现代与走向世界仍然是一个重大课题。费孝通先生很适时地提出增强文化自觉与自信问题。这个问题在美学领域同样存在。美学是一定地理环境、民族生活方式、审美精神与文化艺术的集中反映。中华民族绵延 5000 年，有着

---

① 刘纲纪:《周易美学》，武汉大学出版社 2006 年版，第 153 页。

自己特有的地理环境、生活方式、审美精神与文化艺术。因而,必然有其特有的区别于西方的美学精神。尽管在19世纪初期以降有一个新旧隔离问题,但民族的文化血脉与审美精神没有也不可能中断,特别是它们顽强地生存于民间的文化与生活之中。刘先生的《周易》美学研究的可贵之处就在于始终充满着一种民族的文化自觉与自信。刘先生在《周易美学》一书的结语中指出,"我们完全可以说属于儒家系统的《周易》的美学是体现了中华民族伟大精神的美学","'刚健笃实辉光,日新其德',是中华民族和中国美学永远不会磨灭的伟大精神。它也是自商、周以来到现在,以至未来,将永远活在中国文艺中的魂魄"[①]。

当然,《周易》生命论美学研究还在于它抓住了一个非常好的切入点。首先是从《周易》入手,找到了集中反映中国古代地理经济文化特点的具有极大原初性与综合性的哲学与美学论著。最重要的是抓住了《周易》之中在"天人合一"背景下的生命论美学精神。这是一种中国古代特有的区别于古代希腊科学思维之下的"和谐论"的"中和论"美学精神,而且在中国古代美学史上具有承前启后、综合儒道阴阳、贯穿各个艺术门类与民族生活的特殊位置。特别可贵的是,这种生命论美学精神具有重要普世价值与现代意义。可以说,这就是一种东方古典形态的强调天地人一体的生态美学智慧,完全可以补正理性主义美学的种种不足。而且,在当代生命论美学已经被西方当代环境美学家充分肯定,将其看作是高于传统形式之美的更深层的美学形态。[②] 特别重要的是,这种生命论美学抓住了中国美学的基本特征,使我们认识到中国古代美学由于"天人合一"的哲学与民族思维背景,因此与西方的科学的物质的"和谐论"美学有着相当的差异。所以,"美"字在中国古代文献中出现的比例偏少,但绝不意味着中国古代没有美学,而是其内涵与西方有异。中国古代的"美"更多是一种"天人之际"的吉祥安康的生命生存之美,所以刘先生说中国古代常常在没有"美"字的地方存在美学。这真是一种切合中国实际的高明之见,为我们重新认识中国古代美学指明了方向。总之,《周易》生命论美学的阐发提出了一条富有成效的中国古代美学走向现代与走向世界之路。当然,我们从不排除还存在别的途径与探讨模式,完全可以在对话中推动中国美学走向现代与走向世界之路。

刘先生在《周易》生命论美学研究中始终坚持以马克思主义对其进行必

① 刘纲纪:《周易美学》,武汉大学出版社2006年版,第300页。

② 卡尔松:《环境美学》,杨平译,四川人民出版社2006年版,第213页。

要的批判分析。因为,《周易》毕竟是 2000 多年前的一部以占筮形式出现的论著,其中的落后迷信的成分自难避免。刘先生均以适当篇幅予以厘清。

(原载《中南民族大学学报》2013 年第 1 期)

辑四　西方生态美学之研究

生态美学的东方色彩及其与西方环境美学的区别

20 世纪 80 年代中期崛起的生态美学具有鲜明的东方色彩，是包括中国在内的东方学者对于世界美学的贡献，是东方古代生态审美智慧在当代的重放光彩。诚如美国当代建设性后现代理论家小约翰·B·柯布所说，当代“科学进一步发展所需之基本世界观与其说接近第一次启蒙之世界观，不如说更接近古典的中国思维，那么让大多数中国古典思想获得新生，此其时也！”[①]

下面，我们要着重论述生态美学的东方色彩及其与西方环境美学的区别。在这里我想借用几个概念，那就是从人类学借用的原生性文化概念，是指族群原初创造的文化形态，与之相应的是后生性与外引性文化。如果以工业革命为界，那么生态文化对于西方国家就是后生性的，只有在外引的条件下才会产生；而对于东方，现代生态文化则是原生性文化。

一、西方现代生态哲学与生态美学的东方元素

众所周知，在西方学术界盛行的是环境美学，生态美学并未占据统治地位。而西方当代生态哲学与生态美学则是后生性文化，是接受东方文化外引的结果，包含着明显的东方元素。

首先是德国哲学家海德格尔，他被称为形而上的生态理论家，在生态哲学与生态美学方面具有开创性的建树。而其生态思想的形成就受到中国古代道家思想的影响。学术界一般将海德格尔的哲学思想以 1936 年为界分为前后两段。尽管海氏已经在著名的《存在与时间》中克服了西方传统的主客二分世界观，但以“世界与大地”构建其哲学与美学框架，仍然没有完全摆脱

---

① 王治和、樊美筠：《第二次启蒙》，北京大学出版社 2011 年版，“序 2”。

世界对于大地的压制的“人类中心主义”影响。1936年以后，海氏在道家思想的影响下彻底摆脱人类中心主义，明确提出“天地神人四方游戏”之说，成为西方生态美学的较早的典范表述。这里的“天地神人四方游戏”很明显是老子《道德经》的“道大，天大，地大，人亦大。域中有四大，而人为其一”的影响。至于海氏的“知其白，守其黑”“道说不是言说”等等也都与道家思想有着紧密关系。他的人与自然的机缘性关系的提法则明显受到东方佛学的影响。

另外，美国著名的“过程哲学家”怀特海力倡有机哲学，他以作为过程与生成的“动在”代替了主客二分的“实体性哲学”，以生命的有机性作为美的最主要特征。他说，“所需要的是有机体在恰当的环境中所取得的生动价值的无限多样性的欣赏。男女虽然掌握了关于太阳，关于大气层，关于地球旋转的所有知识，但你依然会错过日落的辉煌”①。而怀特海这种在西方20世纪20年代非常另类的有机论哲学的形成无疑也受到东方，特别是中国哲学的影响。怀特海曾经对亲自登门拜访的三位中国年轻学者贺麟、谢幼伟与沈有鼎说，“我喜欢东方思想。我的书英语学生不易懂，中国人会感兴趣。我的思想中有中国人的天道思想，美极了”②。因此，怀特海有机哲学有着浓厚的东方色彩。

再就是挪威著名生态哲学家、当代深生态学的创始人阿伦·奈斯。他的深生态学就是对于原初作为自然科学的生态学从人文价值的角度的深度追问，是一种当代的生态哲学，具有极大的影响力。深生态学的最大特点是对于西方占据统治地位的“人类中心主义”的批判与超越，力主“自我实现”与“共生”。而这是对于作为西方主体哲学的主客二元对立理论的突破。诚如西方生态理论家德韦尔和塞欣斯所说，“深层生态学始于统一体而非西方哲学中占支配地位的二元论”③。奈斯师承荷兰哲学家斯宾诺莎，倡导其实体性一元论哲学思想，同时吸收了印度甘地的哲学思想，以及佛学与道家思想。由此，构成其特有的深生态学。其关键词“自我”就意蕴深刻，东方色彩浓郁。奈斯认为，他所说的“自我”不是西方传统哲学中的主客二分的自我，也不是作为“本我”的个人欲望满足的“自我”，而是东方佛教中的万物一体

---

① 《“建设性的后现代思想与生态美学”国际学术研讨会论文集》[一]，山东大学文艺美学研究中心2012年6月编，第97页。

② 王治和、樊美筠：《第二次启蒙》，北京大学出版社2011年版，“序言”。

③ 雷毅：《深层生态学思想研究》，清华大学出版社2001年版，第27页。

的“大我”。他说,“我不在任何狭隘的、个体意义上使用‘自我实现’的表述,而要给它一个扩展了的含义。这是一种建立在内容更为广泛的大写的‘自我’(Self)与狭义的本我主义的自我相区别的基础上的,在某些东方的‘自我’(atman)传统中已经认识到了。这种‘大我’包含了地球上的连同它们个体自身的所有生命形式”①。

由上述可见,西方现代生态哲学与生态美学是一种对于传统“人类中心主义”哲学的突破,是吸收东方思想的成果,在所有西方现代比较彻底的生态理论中无不包含着东方色彩。

二、中国现代生态美学的原生性特点

20 世纪后期以来,在中国产生了生态美学。在此之前,即 1984 年 12 月 10 日日本美学家今道友信在东京皇家宾馆与杜夫海纳、帕斯默举行的“美学的将来的课题三人谈”,其重要主旨就是生态美学的建立与东方美学范畴的发扬问题。尽管会议只是提出问题,但意义非同寻常,交谈中涉及佛教、基督教与儒学等等东西方文化问题。② 这说明国际美学界在新的历史条件下对于东方美学在解决现代包括生态问题在内的现实问题中应当发挥更大作用的期许。中国学术界于 1987 年开始关注生态美学问题,1994 年首次提出生态美学论题,2001 年西安第一届生态美学学术研讨会之后,生态美学逐渐在中国学术界成为热点问题之一。这里就出现了一个中国生态美学是原生的,还是引入的问题。当然,毋庸讳言,我们在生态美学建设中借鉴了大量的西方资源。但从根本上来说,生态美学在中国现代具有原生性特点,而且也只有这种原生性才能使中国的生态美学建设符合中国的国情与特点,也才能走上健康发展之路。

中国生态美学的原生性可以从现实的需求与古代的文化根基两个方面加以说明。首先是中国现代生态美学的产生是一种发自自身的内在需求。它是中国现代化进程进入后工业时代即生态文明时代的一种文化需要与表征。众所周知,中国的现代化进程始自改革开放的 1978 年,历经 30 年的发展历程,已经从一个经济不发达的国家跨越进入世界经济总量的第二大实

① 雷毅:《深层生态学思想研究》,清华大学出版社 2001 年版,第 47 页。

② [日]今道友信:《美学的将来》,樊锦鑫译,广西教育出版社 1997 年版,第 261—272 页。

体。但在这一过程中也付出了沉重的代价，其中就包括自然生态的污染。西方发达国家200多年现代化出现的污染问题中国在短短的30年中集中出现了，问题的严重性是有目共睹的。因此，中国实际上已经进入后工业文明的“生态文明”时代，必须将可持续的绿色发展作为今后长期发展的道路。这就是2007年10月中国正式将生态文明列入国家建设发展重要目标的缘由。在这种情况下，生态哲学与生态美学的建设就成为中国经济社会发展的必然选择，是一种内在的自身的需要。

其次，从中国传统文化的角度来看，生态哲学与生态美学建设在中国具有自身原生性的理论根基。因为，中国作为大陆国家，素以农业文明为主。这种“以农为本”的经济社会形态必然产生人与自然相谐的生态文化，而且长期的农业社会也使这种古典形态的生态文化得以基本保存，从而成为现代生态哲学与生态美学的根基。建立在这一根基之上的中国现代生态哲学与生态美学是具有原生性的。从哲学基础来说，“天人合一”成为现代生态哲学与生态美学的哲学基础。“天人合一”力主“天地人”三才之说，认为三者构成须臾难离的共同体。这其实就是一种人与自然共生的生态的共同体。而且，“天人合一”之说力主“天父地母”“阴阳相谐”，“万物繁茂”，构成一种富有生机的宇宙大家庭，这就是一种东方式的“家园意识”。总之，“天人合一”就是一种中国式的古典生态观；而万物平等观则成为中国生态文化的价值取向。中国古代的儒、道、佛均力主万物平等。儒家的“民胞物与”，道家的“万物齐一”，佛家的“众生平等”都是力主万物具有均等的价值；而儒家的“己所不欲，勿施于人”则成为生态哲学与生态美学必具的终极关怀的仁爱情怀，这就是生态文化所不可离开的超越性；而“生生之为易”“天地大德曰生”则成为生态哲学与生态美学的生命论重要内涵。包括人类在内的万物之生命的繁茂旺相是生态哲学与美学的最重要范畴，是生态文化区别于单纯的科技文化的最重要表征。而中国古代生命论哲学与美学却有着极为发达的资源，无论是作为六经之首的《周易》所力倡的“生生之为易”，《黄帝内经》的“四气调神”的养生之道，还是艺术中的“气韵生动”等等都包含丰富的生命论内涵。在这里需要说明的是，生命之美是生态美学的最重要范畴，是区别于并高于传统比例、和谐与对称的形式之美的更高的美学形态。而且中国古代的生命之美区别于西方之处还在于，中国古代的生命之美不仅包含万物，而且是一种活生生的现实生活中的人的生命之美，具有“天地人”的“空间性”与“四时”的“时间性”，价值非同寻常。

中国古代生态文化成为当代生态哲学与生态美学建设发展的重要支撑，生态哲学与生态美学在中国的产生发展具有原生性。

三、生态美学与环境美学的区别

中国生态美学的发展吸收了西方环境美学的诸多资源，因此环境美学是生态美学的学术同盟。而且，环境美学的发展在西方乃至中国均呈现良好态势。但将两者相混淆的情形却时有发生。因此从学术的角度将两者加以适当区分则是必要的。何况，对于生态与环境的两者的关系已经在国内外学术界形成争论的态势。著名的美国环境批评家劳伦斯・布依尔就在出版于2005年的《环境批评的未来》一书中对于"生态"概念加以批评并主张代之以"环境"。他在书中讲了三条理由：第一，生态批评在某些人眼里具有知识浅薄的"卡通形象"；第二，"环境"这个前缀胜过"生态"；第三，环境批评更准确地体现了跨学科组合。[①] 尽管我们已经在一些文章中谈到了两者的区别，但布依尔的理论无论他自觉还是不自觉，都必然导致"西方中心主义"，因为，环境无疑是一个现代的科学概念，而中国的"天人合一"等等传统理论无论如何是与环境难以搭界的，这样就取消了生态哲学与生态美学在东方特别是在中国的原生性。这是需要澄清的。

我想首先需要说明的是，所谓"环境"概念用于人文学科必然包含着西方"人类中心主义"的内涵。从词义上来说，英文"环境"(environment)具有：第一，围绕、周围；第二，环境、四周、外界等两义。这种"人类中心主义"表现在"环境美学"则特别明显。著名环境美学家约・瑟帕玛在其《环境之美》一书中在对"环境"进行解释时写道，"环境围绕我们(我们作为观察者位于它的中心)，我们在其中用各种感官进行感知，在其中活动和存在。问题在于感知者和外部的关系，就算没有感知者，外部世界仍然存在。"又说，"甚至'环境'这个术语都暗示了人类的观点：人类在中心，其他所有事物都围绕着他"[②]。即便布依尔也指出，环境"它成了一个更加物化和疏离的环绕物"[③]。

---

① [美]劳伦斯・布依尔：《环境批评的未来》，刘蓓译，北京大学出版社2010年版，"序言"。

② [芬]约・瑟帕玛：《环境之美》，武小西、张宜译，湖南科技大学出版社2006年版，第23、136页。

③ [美]劳伦斯・布依尔：《环境批评的未来》，刘蓓译，北京大学出版社2010年版，第69页。

海德格尔曾经对于这种“一个在一个之中”的环境概念批评道，“它们属于不具有此在式的存在方式的存在者”[①]，即是一种物理性的僵化的物性的关系，而不是活生生的现实的人的生存关系。相反，“生态学”(eclogical)有“生态学与生态保护”之意。其词头 ecl 有“生态的，家庭的，经济的”之意，也就是具有“在家庭中”之意。海德格尔在阐释“在之中”的生态意蕴时说道，“‘在之中’不意味着现成的东西在空间上‘一个在一个之中’；就源始的意义而论，‘之中’也根本不意味着上述方式的空间关系。‘之中’(in)源自 innan，居住，habitare，逗留。‘an’(于)意味着：我已经住下，我熟悉、我习惯、我照料”[②]。而“生态学”一词则是德国生物学家海克尔于 1869 年将两个希腊词：okios(家园或家)与 logos(研究)组和而成。可见，“生态的”含义的确包含“家园、居住于逗留”之意，比“环境”更加符合人与自然一体的情形，也更加符合中国古代“天人合一”的内涵。

再就是，环境美学尽管从分析美学挣脱而出，但却最终没有摆脱分析美学。国际环境美学的重要代表卡尔松在为《斯坦福哲学全书》所写“环境美学”的条目中写道，“环境美学是哲学美学的一个重要分支领域。它发生在分析美学之内，产生的时间是 20 世纪后 30 年”[③]。另一位西方著名环境美学家瑟帕玛则更为明确地在自己的《环境之美》一书的导语中写道，“我这本书的目标是从分析哲学的基础出发对环境美学领域进行一个系统化的勾勒”[④]。而他在这本书中所论述的两个基本理论问题：本体论探讨中提出的“环境世界”观念即为分析美学“艺术世界”观念的翻版；另一个关于元批评的“环境如何被描述”则完全使用的分析哲学的描述之法。由此可见，环境美学尽管始于赫伯恩发表于 1966 年的那篇著名的批评分析美学的《当代美学及自然美的遗忘》，但连赫伯恩自己也还是使用了与艺术美相应的“自然美”(naturalbeauty)概念，没有能够真正摆脱传统西方分析美学，而仅仅是在其框架之内论述研究环境之美。而生态美学却来源于东方的“天人合一”的哲学，这是一种相异于西方的生命的有机的哲学，包括在东方儒释道各种古典哲学形态之中。

这一点在西方环境美学家的具体论述中得到进一步的表现。他们对于

---

① [德]海德格尔：《存在与时间》，陈嘉映、王节庆译，三联书店 1987 年版，第 67 页。

② 同上。

③ 《首届海峡两岸生态文学研讨会论文集》，厦门大学生态文学团队 2011 年编，第 63 页。

④ [芬]约·瑟帕玛：《环境之美》，武小西、张宜译，湖南科技大学出版社 2006 年版，“致谢”。

环境审美分别了对象模式、景观模式与环境模式三种，所谓“对象模式”即是将对象从环境中独立出来考察；“景观模式”则是将环境当作具有边框的风景画欣赏；而环境模式则是直接进入环境运用所有感官欣赏。但这三种模式用瑟帕玛的观点来看并没有超出艺术的审美范围。他说，“人们根据三种模式来行事——即对象模式，风景模式或静观模式和环境模式。当将对象社会化并为它们创造接受规范时，它们都接近于艺术”[①]。这里需要说明的是，“环境模式”的审美中运用了各种感官类似于自然审美，但由于这种审美模式还是依赖于人工的各种规约，诸如公园、博物馆与人造森林的进入、参观路线与导游说明等等，都使其具有艺术的人工性质。还有一种需要我们认真对待的是卡尔松的肯定美学，即著名的“自然全美”观点。在这里，卡尔松运用了生物学与生态学的科学的视角，认为从这样的视角对自然对象进行描述可以发现其特殊的美、他说，“科学知识以及重新描述使我们看到不曾见到的美，看到模式与和谐而不是无意义的混乱”[②]。很明显，这里不是科学在起作用而使运用科学所进行的“描述”，其实质还是分析美学的描述的方法。但生态美学是一种东方式的人与自然融为一体的生命的生存的审美模式。生态美学将“生”或者“生生”即生命，作为最基本的美学命题，包含与西方相异的“元亨利贞”“吉祥安康”与“保合太和”等追求美好生命与生存的审美模式。

以上，我们论述了西方环境美学与人类中心主义以及其传统分析美学的密切关系。由此可以看出，环境美学是西方学术土壤上具有原生性的理论形态，它是与生态美学有着原则的区别的。当然，我们从来也没有否认环境美学作为一种新的美学形态的特殊价值与意义。而生态美学尽管具有明显的原生性的东方特色，但目前仍然处于发展的过程中，需要在对话交流，特别是所有东方学者的共同努力中使之走向成熟。

（原载《河北学刊》2012 年 6 期）

---

① [芬]约·瑟帕玛：《环境之美》，武小西、张宜译，湖南科技大学出版社 2006 年版，第 64 页。

② [加]卡尔松：《环境美学》，杨平译，四川人民出版社 2006 年版，第 137 页。

试论基督教文化的生态存在论审美观

20世纪60年代以来,生态问题在人类社会中愈来愈凸现出来,引起广泛关注。1972年联合国通过了《人类环境宣言》,确认生态危机已成为全球性问题。随之,在学术领域出现了"深层生态学"、"生态哲学"、"生态伦理学"、"生态批评"、"环境美学"等等新兴学科。20世纪90年代中期,中国学者提出"生态美学"概念,并认为这是一种人与自然和社会达到动态平衡、和谐一致的处于生态审美状态的崭新的生态存在论审美观。建设中的生态美学应该吸收古今中外各种理论的、文化的资源,其中当然也包括对人类社会和文化发展起过并正在起着重要作用的基督教文化,特别是其经典《圣经》之中的重要思想资源。当然,还包括当代基督教文化之中有关神学存在论、神学现象学与生态神学的重要思想资源。本文拟借鉴当代生态神学研究的路径,从基督教文化的原典《圣经》出发,从神学存在论的视角,探索基督教文化中的生态审美观,作为对于新兴的生态美学问题的丰富,以此就教于方家。

一

首先,摆在我们面前的问题就是,为什么说基督教文化的生态观是一种神学存在论生态审美观。因为,围绕基督教文化的生态观问题分歧颇多。美国史学家林恩·怀特(Lynn White)于1967年发表了他那篇被誉为"生态批评的里程碑"的名作《我们的生态危机的历史根源》。他指出,"犹太一基督教的人类中心主义"是"生态危机的思想文化根源"。它"构成了我们一切信念和价值观的基础","指导着我们的科学和技术",鼓励着人们"以统治者的态度对待自然"[①]。当代德国著名神学家莫尔特曼(Jurgen Moltmann)则

---

① 王诺:《欧美生态文学》,北京大学出版社2003年版,第61页。参见赖品超《对话中的生态神学》,《道风基督教文化评论》第18期,道风书社2003年。

与此相反，提出了“上帝中心”的“生态创造论”这一较为系统的生态神学理论。他认为，人类处于上帝与万物之间的中介地位，“是以，人既不具有决定万物存有的能力，也不可以视万物仅为满足自己的手段和工具。一方面因为人不是绝对的，另一方面因为万物各自有其本性。正因如此，人于受造的自然界乃有这一器重的角色需要扮演”[①]。历程神学的发展者天主教神学家托马斯·贝利（Thomas Berry）和麦道拿（SeanMcDagh）则强调，大地本身具有潜存之价值，人可说是自然演化中最迟出现的产物，人的故事是大地故事的一部分，但这不是一个以人为中心、以大自然为背景的故事，相反，这是一个以大地为中心的故事。[②] 我们认为，对于基督教文化及其经典《圣经》不能从通常的认识论的物我关系来理解，而应从信仰论之彼岸此岸之关系来理解。因此，我们认为，基督教文化及其《圣经》的生态观是一种神学存在论生态审美观。也就是用神学存在论的理论对基督教文化及《圣经》的生态观进行阐释。这是一种以“上帝中心”及“救世”为主要内涵的生态存在论审美观。我们之所以以“神学存在论”为理论支点，正说明基督教文化是以上帝为中心、以信仰论为出发点，绝不同于通常的认识论。正如《圣经》所说：“我们也讲这些事，不是用人的智慧所教的言语，而是用圣灵所教的言语，向属灵的人解释属灵的事。”[③]而我们的阐释又采取“回到原典”的方法，以基督教文化的经典《圣经》为依据，主要通过对《圣经》的解读来论述其神学存在论生态审美观。

基督教与《圣经》产生于人类对于自己的生存状态进行思索和探索的早期。正值纪元前及其初期，犹太教和罗马帝国形成和发展的历史文化背景之下，尚处于前现代的经济社会状况。其时，人们不仅因为对于许多自然现象和社会现象无法理解而需要借助于信仰，而且，由于战争频繁、灾荒不断、人民流离颠沛，长期处于苦难的生存状态，只能把希望寄托于彼岸的神的世界。因此，从某种意义上来说，基督教是穷人和苦难民族的宗教。《圣经》旧约之诗篇写道：“耶和华要给受欺压的人作保障，作患难时的避难所。”[④]《圣经》新约之马太福音更以“骆驼穿过针眼，比有钱的人进上帝的国还容易”[⑤]来生动比喻初期基督教对富人严把入口而却为穷人敞开大门的情形。现代

---

① [德]莫尔特曼：《创造中的上帝》中译本“导言”，汉语基督教文化研究所 1999 年版。

② 赖品超：《生态神学》，载郭鸿标、堵建伟《新世纪的神学议程》（下册）。

③ 《圣经》（新译本），香港天道书楼 1993 年版，第 1555 页。

④ 同上书，第 698 页。

⑤ 同上书，第 1363 页。

丹麦著名哲学家和宗教作家梭伦·阿比耶·祁克果(Soren Aabye Kierkegaad)也指出:"因而,我一直力言:基督教是真正穷人的宗教。他们辛苦终日,几乎不得饱食。获益愈多,则愈难成为基督徒。因为,这时的反省,最易转错方向。"①而基督教产生之时人们的科技和生产水平都十分低下,面对复杂多变的自然和来势凶猛的灾荒,人们显得无助、无奈、茫然。正是在战争、压迫和自然灾害所形成的无尽的生存苦难之中,基督教和《圣经》作为救世的避难所应运而生。因此,基督教和《圣经》的产生就充分说明了它必然包含着深刻的存在论哲思。而且,它既不可能是"人类中心",也不可能是"生态中心",而只能是"上帝中心"。因为,基督教作为一神教的宗教只能是"上帝崇拜",遵循"上帝是万物之尺度"的准绳。诚如《圣经》所说:"天上地下,只有耶和华是上帝,除他以外,再没有别的神了。"②因此,基督教文化不可能如怀特所说是什么"人类中心",也不可能如贝利和麦道拿所说,是什么"生态中心"。基督教文化之产生,就已完成了由多神教向一神教的转变,使多神论"万物有灵"之思想为一神论之"上帝中心"所代替。由此可见,基督教文化的一神教特征成为其"上帝中心"之牢固根基。

从基督教和《圣经》的内涵来看,也都是有关人类和民族的前途命运、生存发展和来世理想等重大课题。《旧约》之戒律和《新约》之救赎都关系到人类和民族生死存亡之前途。诚如《新约》之约翰壹书所说:"如果有人犯了罪,在父的面前我们有一位维护者,就是那义者耶稣基督。他为我们的罪作了赎罪祭,不仅为我们的罪,也为全人类的罪。"③更具体的看,《圣经》有创世—苦难—救赎三大主题,当然重点是救赎。这三大主题表示了人类存在的过去、现在和未来之历时性过程,回答人类何以在、如何在之宏大论题,成为以上帝为中心建构的完备的神学存在论。

从理论本身来看,基督教文化和《圣经》之神学存在论是不同于以海德格尔为代表的普通存在论的。海氏的普通存在论以"世界与大地之争执"来构建其内在关系,最后引向世界统治大地之"人类中心主义"。而且,海氏所说之诸神明显带有泛神论之倾向。而基督教和《圣经》之神学存在论是有其特殊内涵的。它业已经过祁克果和保罗·蒂利希(Paul Tillich)等加以阐

① 《祁克果语录》,陈俊辉译,台湾扬智文化事业股份有限公司1993年版,第31页。

② 《圣经》(新译本),香港天道书楼1993年版,第225页。

③ 同上书,第1678页。

释。祁克果指出,“基督教必须和存在有关,即和正存在之中的行动有关。”[①]蒂利希指出,“基督教断言耶稣是基督。基督这个词,也明显的比照指明了人的存在的境遇”[②]。作为神学存在论所指的存在就是基督耶稣,在基督教中基督就是道,就是路,就是生命之源。基督之作为道,不同于古希腊的理性之“逻各斯”。正如《圣经》所说,“然而在信心成熟的人中间,我们也讲智慧,但不是这世代的智慧”[③]。基督之道也不是海氏所说的人性之道,而是属灵的神性之道。正如《圣经》所记耶稣对众人所说,“你们是从地上来的,我是从天上来的;你们属这世界,我却不属这世界”[④]。当然,基督之作为存在,同海氏所说之存在一样是超验的,既超越万物之客体,也超越人之精神主体。在这种神学存在论中,人与万物只是作为神之存在,即基督之道的具体呈现之存在者。作为“存在者”,人与万物处于此时此地的暂时多变的状态之中。但人类却因原罪和欲念而常常走向违背上帝之约的犯罪之途,因而作为存在者就不能很好地呈现上帝这最高之存在,即基督之道,必然受到上帝之罚,但最后又需上帝之救赎使之回到上帝存在之道。蒂利希借用现代哲学异化与复归之理论加以阐释。但作为《圣经》,实际上是人类早期有关生存之罪与罚、罚与救之原型的体现。那么,为什么说基督教文化的神学存在论是生态的和审美的呢?其实,生态问题从哲学层面来说归根结底是人的存在问题。也就是人在天、地、自然之中生存发展之问题。因此,神学存在论本身是包含着生态之内容的。那就是基督教文化以上帝作为存在,人与万物都由上帝这一存在决定并都是呈现这一存在的存在者。正是从作为存在者这一点来讲,人与万物在上帝这一存在面前是平等的。因而,基督教文化之上帝中心的神学存在论生态观具体表现为:人与万物同是作为存在者的生态平等论。而神学存在论作为存在论哲学形态之一,它所贯彻的神学现象学方法就使现象的显现、真理的敞开与审美存在的形成达到高度的一致。因而,神学存在论具有十分突出的审美属性。首先,从真理的敞开来说,存在论哲学认为,“美是无蔽性真理的一种呈现方式”[⑤]。因此,存在论哲学—美学认为,所谓美即真理(存在)之自行敞开的过程,也就是由遮蔽到澄明之过程。基督教之神学存在论认为,基督耶稣就是真理、道路与生命。在

---

① 《祁克果语录》,陈俊辉译,台湾扬智文化事业股份有限公司 1993 年版,第 31 页。

② [德]蒂利希:《系统神学》(第 2 卷),东南亚神学协会台南神学院 1971 年版,第 30 页。

③ 《圣经》(新译本),香港天道书楼 1993 年版,第 1555 页。

④ 同上书,第 1466 页。

⑤ [德]马丁·海德格尔:《人诗意地栖居》,上海远东出版社 1995 年版,第 107 页。

《圣经·约翰福音》中,耶稣说:"我就是道路、真理、生命。"[①]因而,耶稣通过救赎之途将人类从罪恶和灾难之中拯救出来,从而体现出上帝的真理之光,这就是真正的美。《圣经·诗篇》第六十九篇写道:"耶和华啊!求你应允我,因为你的慈爱美善;求你照着你丰盛的怜悯转脸垂顾我,求你不要向你的仆人掩面,求你快快应允我,因为我在困境之中。求你亲近我,拯救我,因我仇敌的缘故救赎我。"[②]在这里,《圣经》明确地将美善与上帝对人类的拯救与救赎紧密相连。可见,拯救与救赎是上帝之真理由遮蔽到澄明的必经之过程。正因此,《圣经》认为,上帝就是美,就是善。《圣经·诗篇》第一百篇写道:"应当感恩的进入他的殿门,满口赞美的进入他的院子;要感谢他,称颂他的名。因为耶和华本是美善的,他的慈爱存到永远,他的信实直到万代。"[③]正因为神学存在论把拯救与救赎作为其存在(真理)显现的核心环节,因而基督教文化,特别是《圣经》流露出浓厚的悲天悯人的慈爱心怀,渗透着强烈的审美的情感特性,并由此产生巨大的震撼力量。基督教文化与《圣经》的审美特性还表现在它极为突出的隐喻性。在《圣经·马可福音》第四章中,耶稣对他的门徒说:"上帝的国的奥妙,只给你们知道,但对于外人,一切都用比喻,叫他们,看是看见了,却不领悟;听是听见了,却不明白,免得他们回转过来,得到赦免。"为此,他用撒种来隐喻传道。他说:"你们听着!有一个撒种的出去撒种,撒的时候,有的落在路旁,小鸟飞来就吃掉了。有的落在泥土不多的石地上,因为泥土不深,很快就长起来。但太阳一出来,便把它晒干,又因为没有根就枯萎了。有的落在荆棘里,荆棘长起来,把它挤住,它就结不出果实来。有的落在好土里,就生长繁茂,结出果实,有三十倍的,有六十倍的,有一百倍的。"接着,他对这个比喻进行了阐释。他说:"撒种的人所撒的就是道。那撒在路旁的,就是人听了道,撒旦立刻来,把撒在他心里的道夺去。照样,那撒在石地上的,就是人听了道,立刻欢欢喜喜的接受了。可是他们里面没有根,只是暂时的;一旦为道遭遇患难,受到迫害,就立刻跌倒了。那撒在荆棘里的,是指另一些人。他们听了道,然而今世的忧虑,财富的迷惑,以及种种的欲望,接连进来,把道挤住,就结不出果实来。那撒在好土里的,就是人听了道,接受了,并且结出果实,有三十倍的,有六

---

① 《圣经》(新译本),香港天道书楼 1993 年版,第 1476 页。

② 同上书,第 757 页。

③ 同上书,第 790 页。

十倍的,有一百倍的。”[①]这实际上是一个极好的隐喻。传道即隐喻中的“所指”。而撒种,包括小鸟吃掉,太阳晒干,被荆棘挤住,落入好土,生长繁茂等等,均为以形象出现的比喻,即“能指”,其中包含了道之呈现的必备的内外条件。由此隐含更深之意,即上帝救赎与人类通过超越而得救之艰难历程。但无论是撒旦破坏,还是人类自身根基不深,易受迷惑等等,终究挡不住拯救人类之福音的传播,最后结出果实。这恰恰是上帝之真理的最后呈现,是一种圣洁之光、神圣之美。《圣经》中这样的比喻比比皆是。例如,用“为什么看见你弟兄眼中的木屑却不理会自己眼中的梁木”来隐喻基督教文化中“严于律己,宽以待人”之宽恕精神。并用“你们当进窄门,因为引到灭亡的门是宽的,路是大的,进去的人也多;但引到生命的门是窄的,路是小的,找着的人也少”来隐喻人类获救之艰难。由此可见,《圣经》中大量比喻的运用既是其阐释深奥之道的途径,也构成其突出的隐喻性之美学特征。在这一点上,《圣经》同中国古代的《庄子》十分类似,同样是用生动的寓言、故事来比喻生存之道。而海德格尔则大量借用荷尔德林之诗句来形象的阐述其深奥的存在论真理。《圣经》的这种隐喻性就成为其通过存在者呈现存在的美学特征。不仅如此,基督教文化还以极为丰富的诗歌、美文、绘画和音乐来阐释深奥的基督之道。《圣经》本身就主要由诗歌和美文组成。而基督教文化中的文学、绘画和音乐早已成为世界文学艺术史的重要资源。在这些美学形式中都寄寓了基督教神学存在论生态审美观的深刻内涵。

二

神学存在论生态审美观以神学存在论为理论依据,从人与万物同为上帝这一最高存在之存在者这一独特视角出发,总结并阐释了《圣经》之中“上帝中心”前提下人与自然万物关系,开辟了基督教文化以神学存在论为基点,参与当代生态文明建设的广阔前景。下面,我们主要从《圣经》出发,具体阐释神学存在论生态审美观的基本内涵。

“因道同在”之超越美。“因道同在”是基督教神学存在论生态审美观之基点,包含极为丰富的内容。其最基本的内容是主张上帝是最高的存在,是

---

① 《圣经》(新译本),香港天道书楼 1993 年版,第 1368 页。

创造万有的主宰。《圣经·申命记》称上帝耶和华为“万神之神,万主之主”[①]。在《圣经·诗篇》中又称耶和华为“全地的至高者”[②]。《圣经·启示录》借二十四位长老之口说道:“我们的上帝,你是配得荣耀、尊贵、权能的,因为你创造了万有,万有都是因着你的旨意而存在,而被造的。”[③]由此,基督教文化,特别是《圣经》的重要内容就是上帝创世。所谓“那看得见的就是从那看不见的造出来的”[④]。《圣经》的首篇就是“创世记”,记载了上帝六日创世的历程。第一日,上帝创造天地;第二日,上帝创造苍穹;第三日,上帝创造青草、菜蔬和树木;第四日,上帝造了太阳、月亮和星星;第五日,上帝造了鱼、水中的生物、飞鸟、昆虫和野兽;第六日,上帝按照自己的形象造人。第七日为安息日。由此可见,天地万物以及人类均为上帝所造。上帝是创造者,人与万物都是被造者。因此,从人与万物同是被造者的角度,他们之间的关系也应该是平等的。有学者强调了上帝规定人有管理万物的职能,从而说明人高于万物。的确,《圣经·创世记》是记载了人对万物的管理。《圣经》记载上帝的话:“我们要照着我们的形象,按着我们的样式造人;使他们管理海里的鱼、空中的鸟、地上的牲畜,以及全地和地上所有爬行的生物。”并说:“看哪,我把全地上结种子的各种菜蔬,和一切果树上有种子的果子,都赐给你们作食物,至于地上的各种野兽,空中的各种飞鸟,及地上爬行有生命的各种活物,我把一切青草菜蔬赐给他们作食物。”[⑤]上述言论,成为许多理论家认为基督教文化力主“人类中心”的重要依据。其实,从同为被造者的角度,人类并没有构成为万物之中心。而上帝所赋予人类对于万物之管理职能,也并不意味着人类成为万物之主宰,而只意味着人类承担更多的照顾万物之责任。正如《圣经·希伯来书》所说,对于人类“我们还没有看见万物都服他”[⑥]。至于上帝把菜蔬、果子赐给人类作食物,同时也把青草和菜蔬赐给野兽、飞鸟和其他活物作食物。包括《圣经》中对于人类宰牲吃肉的允许,以及对安息日休息和安息年休耕的规定,都说明基督教文化在一定程度上对生物循环繁衍的生态规律之认识。这说明,基督教文化中人与万物同样作为被造者之平等,也不是绝对的平等,而是符合万物循环繁衍之规律

---

① 《圣经》(新译本),香港天道书楼 1993 年版,第 232 页。

② 同上书,第 789 页。

③ 同上书,第 1968 页。

④ 同上书,第 1654 页。

⑤ 同上书,第 4、5 页。

⑥ 同上书,第 1645 页。

的平等。而且,人与万物作为存在者也都因上帝之道(存在)而在,亦即成为此时此地的具体的特有物体。《圣经》以十分形象的比喻对此加以阐述,认为人与万物都好比是一粒种子,上帝根据自己的意思给予其不同的形体,而不同的形体又都以不同的荣光呈现出上帝之道。《圣经·哥林多书》写道:"你们所种的,不是那将来要长成的形体,只不过是一粒种子,也许是麦子或别的种子。但上帝随着自己的意思给它一个形体,给每一样种子各有自己的形体。而且各种身体也都不一样,人有人的身体,兽有兽的身体,鸟有鸟的身体,鱼有鱼的身体。有天上的形体,也有地上的形体;天上形体的荣光是一样,地上形体的荣光又是一样。太阳有太阳的荣光,月亮有月亮的荣光;而且,每一颗星的荣光也都不同。"[①]在此基础上,《圣经》认为,人与万物作为呈现上帝之道的存在者也都同有其价值。《圣经·路加福音》有一句名言:"五只麻雀,不是卖两个大钱吗?但在上帝面前,一只也不被忘记。"[②]因此,即便是不如人贵重的麻雀,作为体现上帝之道的存在者,也有其自有的价值,而不被上帝忘记。

综上所述,从人与万物作为存在者因道同在的角度,《圣经》的主张是:人与万物因道同造、因道同在、因道同有其价值。这种人与万物因道同在的哲思包含着一种超越之美。本来,存在论美学就力主一种超越之美。它是通过对物质实体和精神实体之"悬搁",超越作为在场的存在者,呈现不在场之存在,到达真理敞开的澄明之境。而作为神学存在论美学又有其特点,面对灵与肉、神圣与世俗、此岸与彼岸等特有矛盾,通过灵超越肉、神圣超越世俗、彼岸超越此岸之过程,实现上帝之道对万有之超越,呈现上帝之道的美之灵光。《圣经·加拉太书》引用上帝的话说:"我是说,你们应当顺着圣灵行事,这样就一定不会去满足肉体的私欲了。因为肉体的私欲和圣灵敌对,使你们不能作自己愿意作的。但你们若被圣灵引导,就不在律法之下了。"在这里,《圣经》强调了面对肉欲与圣灵的敌对,应在圣灵的引导下超越肉欲,才能遵循上帝的律法到达真理之境。《圣经》又以著名的"羊的门"作为耶稣带领众人超越物欲,走向生命之途、真理之境的形象比喻。《圣经·马太福音》引用耶稣的话说:"我实实在在告诉你们,我就是羊的门。所有在我以先来的都是贼和强盗,羊却不听从他们。我就是门,如果有人借着我进来,就必定得救,并且可以出,可以入,也可以找到草场。贼来了,不过是要

---

① 《圣经》(新译本),香港天道书楼 1993 年版,第 1569 页。

② 同上书,第 1592 页。

偷窃、杀害、毁坏；我来了，是要使羊得生命，并且得的更丰盛。”[①]在这里，盗贼代表着物欲，耶稣即是圣灵，进入羊的门即意味着圣灵对物欲的超越。《圣经》认为，只有通过这种超越，才能真正迈过黑暗，进人真理的光明之美境。《圣经·约翰福音》中耶稣对众人说：“我是世界的光，跟从我的，必定不在黑暗里走，却要得着生命的光。”又说：“你们若持守我的道，就真是我的门徒了；你们必定认识真理，真理必定使你们自由。”[②]基督教神学存在论所主张的这种引向信仰之彼岸的超越之美，为后世美学之超功利性、静观性提供了宝贵的思想资源。同时，这种超越之美也为生态美学中对“自然之魅”的适度承认提供了学术的营养。科学的发展的确使人类极大的认识了自然之奥秘，但自然之神秘性和审美中的彼岸色彩却是无可穷尽的重要因素。

“藉道救赎”之悲剧美。“救赎论”是基督教文化中最主要的内容和主题，也是神学存在论生态审美观最重要的内容，构成了它最富特色并震撼人心的悲壮的美学基调。它由原罪论、苦难论、救赎论与悲壮美等四个相关的内容组成。上帝救赎是由人类犯罪受罚、陷入无法自拔的灾难而引起。因而，必然要首先论述其原罪论。《圣经·创世记》第三章专门讲了人类始祖所犯原罪之事。主要是人类始祖被蛇引诱而违主命偷食禁果，犯了原罪，并被逐出美丽富庶、无忧无虑的伊甸园。那么，人类所犯原罪之根源何在呢？基督教教义认为，主要在于人类本性之贪欲。《圣经》写道，当蛇引诱夏娃偷食禁果时，“女人见那树的果子好作食物，又悦人的眼目，而且讨人喜欢，能使人有智慧，就摘下果子来吃了；又给了和她在一起的丈夫，他也吃了”[③]。由此可知，夏娃之所以被诱惑而偷食禁果，还是为了满足自己的口腹、眼目和认知之私欲。正是这样的私欲导致人类犯了原罪。但人类的私欲并没有因为被逐出伊甸园而有所改变。因为《圣经》认为这种私欲是人类的本性。所以，一再暴露。正如《圣经·创世记》第六章所写：“耶和华看见人类在地上的罪恶很大，终日心里想念的尽都是邪恶的。于是，耶和华后悔造人在地上，心中忧伤。”[④]《圣经》还在创世纪第九章写道：“人从小时候开始心中所想的都是邪恶的。”[⑤]由此可见，《圣经》认为人的原罪是本原性的。而且，《圣经》认为，人类的后代在原罪的驱使下所作的坏事超过了他们的前人。《圣

① 《圣经》(新译本)，香港天道书楼 1993 年版，第 1469 页。

② 同上书，第 1466 页。

③ 同上书，第 6 页。

④ 同上书，第 9 页。

⑤ 同上书，第 12 页。

经·耶利米书》第十六章耶和华对先知耶利米评价以色列人之后代时说道："至于你们，你们所作的坏事比你们的列祖更厉害；你们各人都随从自己顽梗的恶心行事，不听从我。"[①]基督教文化的这种强烈的自责性是其极为重要的特点。它总是将各种灾难之根源归咎于自己的原罪和过错。《圣经·诗篇》第二十五篇写道："耶和华啊！求你纪念你的怜悯和慈爱，因为它们自古以来就存在。求你不要纪念我幼年的罪恶和过犯，耶和华啊！求你因你的恩惠，按着你的慈爱纪念我。"又写道："耶和华啊！因你名的缘故，求你赦免我的罪孽，因为我的罪孽重大。"这一种强烈的自责的情绪同古希腊文化形成鲜明对比。众所周知，古希腊文化是将一切灾难和悲剧之根源都归结为客观之命运的，很少有基督教文化那种深深的自责之情。著名的悲剧《俄狄浦斯王》就将主人公俄狄浦斯杀父娶母之罪孽归咎于客观的不可抗拒之命运。它们产生的效果也是截然不同的。命运之悲剧使人产生无奈的同情，但原罪之悲剧却能产生强烈的灵魂之震撼。因为，如果犯罪之根源在于每个人的心中都会有的原罪，这就使人不仅自责而且产生强烈的反省。当前，面对现代化、工业化过程中生态灾难的日愈严重，某些人的置若罔闻，甚至洋洋自得，很可能是不能正确对待古希腊悲剧把一切灾难都归结为客观命运的观念的结果。而我们更需要重视基督教文化之原罪悲剧精神。当前，面对生态危机给人类的生存所带来的一系列严重问题，我们对既往的观念和行为进行自责性的反省实在是太必要了。同原罪论紧密相连的是苦难论。由于基督教文化承认人的原罪，所以为了避免原罪，就出现了一个非常重要的人类与上帝之约，就是著名的十诫。也就是上帝给人类立了十个不准，以遏制其原罪。但人类终因原罪深重而难以遵约，因而总是违诫。这就使人类不断受到惩罚而陷入苦难之中。因此，基督教文化之中的苦难、包括自然灾害一类的生态灾难都是上帝为了惩罚人类而制造的，属于目的论范围的苦难。当然，上帝的这些惩罚都是由于人类的违约而引起。《圣经·利未记》记载上帝对于人类的警告："但如果你们不听从我，不遵行这一切的诫命；如果你们弃绝我的律例，你们的心厌弃我的典章，不遵行我的一切诫命，违背我的约，我就要这样待你们：我必命惊慌临到你们，痨病热病使你们眼目昏花，心灵憔悴；你们必徒然撒种，因为你们的仇敌必吃尽你们的出产……"[②]正因为人类由于原罪的驱使一次次的违约，所以面临上帝惩罚的

---

① 《圣经》(新译本)，香港天道书楼1993年版，第1052页。

② 同上书，第159页。

一次次灾难。首先是被赶出伊甸园,被罚“终生劳苦”。接着,又被特大的洪水淹没。《圣经》说,通过滔滔洪水,“耶和华把地上所有的生物,从人类到牲畜,爬行动物,以及空中的飞鸟都除灭了”①。同时,上帝还使人类面临其他灾难。“他使埃及水都变成血,使他们的鱼都死掉。在他们地上,以及君主的内室,青蛙多多滋生。他一发命令,苍蝇就成群而来,并且虱子进入他们的四境。他给他们降下冰雹为雨,又在他们的地上降下火焰。他击打他们的葡萄树和无花果树,毁坏他们境内的树木。他一发命令,蝗虫就来,蚱蜢也来,多的无法数算,吃尽了他们地上的一切植物,吃光了他们土地的出产……”②上帝还把可怕的旱灾和地震带给人类。旱灾的情形是“土地干裂,因为地上没有雨水,农夫失望,都蒙着自己的头”③。地震的情形是“大山在他面前震动,小山也都融化”④。《圣经》所列的这些苦难绝大多数都是一些自然灾害,而且大都是一些天灾。但今天的灾害,诸如核辐射、艾滋病、癌症、非典、禽流感等等却大多是人祸,是人对环境破坏的结果。这难道不更加惊心动魄吗?《圣经》似乎有所预见一般,在《新约》提摩太后书中专讲到末世的情况:“你应当知道,末后的日子必有艰难的时期到来。那时,人会专爱自己,贪爱钱财、自夸、高傲、亵读、背离父母、忘恩负义、不圣洁、没有亲爱良善、卖主卖友、容易冲动、傲慢自大、爱享乐过于爱上帝,有敬虔的形式却否定敬虔的能力……”上述所言自私贪欲、追求享受等等恰是现代社会滋生蔓延的人性之弊病。这样的弊病引起的惩罚应该更大。事实证明,当今人类生存状态美化和非美化之二律背反的严重事实不恰恰证明了这一点吗?

基督教文化把救赎放在一个十分突出的位置。所谓救赎,即上帝和基督耶稣对人类苦难的拯救。基督教文化认为,这种救赎完全是由上帝和基督耶稣慈爱的本性决定的。《圣经》第三十篇写道,“耶和华,我的上帝啊!我曾向你吁求,你也医治了我。耶和华啊!你曾把我从阴间救上来,使我存活,不至于下坑。耶和华的圣民哪!你们要歌颂耶和华,赞美他的圣名。因为他的怒气只是短暂的,他的恩惠却是一生一世的;夜间虽然不断有哭泣,早晨却欢呼。”第三十一篇又说:“因为你是我的岩石,我的坚垒,为你名的缘故,求你带领我,引导我。求你救我脱离人为我暗设的网罗,因为你是我的

---

① 《圣经》(新译本),香港天道书楼1993年版,第11页。

② 同上书,第797页。

③ 同上书,第1048页。

④ 同上书,第1284页。

避难所。我把我的灵魂交在你手里,耶和华,信实的上帝啊!你救赎了我。"[①]由此可见,《圣经》认为,上帝对人类的救赎,成为人类的避难所,完全是由于上帝永恒的恩惠、万世的圣名、信实的品格、慈爱的本性。基督教文化中上帝对于人类的救赎不同于一般的扶危济困之处在于,这种救赎是对人类前途命运之终极关怀,是在人类生死存亡之关键时刻伸出拯救人类之万能之手。按照《圣经》记载,在人类的初期,因罪恶而被洪水吞没之际,上帝命义人诺亚建造方舟,躲过了这万劫之难。其后,在人类又要面临大难之际,上帝又让独子耶稣基督降生接受痛苦的赎罪祭,并复活传福音,以"把自己的子民从罪恶中拯救出来"[②]。并且,《圣经》还预言了在未来的世界末日基督耶稣将重临大地拯救人类。基督教文化的救赎,不仅是对人类的救赎,而且也是对万物的救赎。因为,各种灾害既是人类的苦难,也是万物的苦难。所以,在拯救人类的同时也必须拯救万物。《圣经》所载人类初期,大洪水到来淹没了人类和万物,上帝命诺亚建造方舟,既拯救了人类也拯救了万物。《圣经》记载上帝对诺亚说:"我要和你立约。你可以进方舟,你和你的儿子、妻子和儿媳,都可以和你一同进方舟。所有的活物,你要把每样一对,就是一公一母,带进方舟,好和你一同保存生命。"[③]因此,在基督教文化和《圣经》之中,人与万物一样都是被上帝救赎的。正是从人与万物被上帝同救的角度,人与万物之间也具有某种平等性。而且,在基督教文化和《圣经》当中,上帝不仅救赎了人类和万物,并将其慈爱之情倾注于整个自然,有着浓浓的热爱自然与大地的情怀。上面谈到,《圣经》有安息日和安息年规定人与自然休养生息的戒律,而且上帝造人就是用地上的尘土造成人形。上帝还对人类说,"你既是尘土,就要归回尘土"[④]。更为重的是,《圣经》提出了著名的"眷顾大地"的伦理思想,突出了大自然作为存在者之应有的价值。《圣经·诗篇》第六十六篇写道:"你眷顾大地,普降甘霖,使地甚肥沃;上帝的河满了水,好为人预备五谷;你就这样预备了大地。你灌溉地的犁沟,润平犁脊,又降雨露使地松软,并且赐福给地上所生长的。"[⑤]也就是说,基督教文化的救赎论中包含上帝将大地、雨露、阳光、五谷等美好丰硕的大自然赐给人类,使人类得以美好生存。也由此说明,在基督教文化中,人类的生存

---

① 《圣经》(新译本),香港天道书楼 1993 年版,第 716、717 页。

② 同上书,第 1388 页。

③ 同上书,第 10 页。

④ 同上书,第 7 页。

⑤ 同上书,第 752 页。

同自然万物须臾难离。

总之，基督教文化中的“藉道救赎”论是一种极具悲剧色彩的神学存在论生态审美观。它不仅以巨大的不可抗拒的灾难给人以惊惧威慑，而且以强烈的自谴给人的心灵以特有的震撼，并以对未来更大灾难的预言给人以深深的启示。《圣经》以生动形象、震撼人心的笔触为我们刻画了一幅幅灾难与救赎的画面，渗透着浓郁的悲剧色彩。从诺亚方舟颠簸于滔滔洪水，到耶稣基督被钉在十字架的苦难画面，乃至对未来世界七个惩罚的可怖描绘，都以其永恒的震惊的形象留在世人心中。这确是一种具有崇高性的悲剧美。正如康德所言，这是对象物质之巨大压倒了人的感性力量，最后借助于理性精神压倒感性之对象，唤起一种崇高之美。在基督教文化之中，就是借助基督耶稣之救赎这一强大的理性精神，战胜自然获得精神之胜利，唤起一种崇高之美。一般的生态之美主要是表现人与自然和谐之美好图景，或是以艺术的手段对破坏自然恶行之抨击。但唯有基督教文化，以原罪—苦难—救赎的特有形式，以浓郁的悲剧色彩，表现“上帝中心”前提之下人与自然之关系，突出了面对自然灾难人类应有更多自责并遵神意“眷顾大地”的核心主题，给我们以深深的启发。

“因信称义”之内在美。“因信称义”，即是对人的信仰的凸现与强调，这是基督教文化与《圣经》十分重要的组成部分，也成为神学存在论生态审美观的十分重要的内容。它是达到神学存在论美之真理敞开的必由之途，也使其成为具有高度精神性的内在美。“因信称义”是基督教文化不同于通常认识论之信仰决定论的神学理论。正如《圣经·加拉太书》所说：“既然知道人称义不是靠律法，而是因信仰耶稣基督，我们也就信了基督耶稣，使我们因信基督称义。”[①]所谓称义，即得到耶稣之道。《圣经》认为，它不是依靠通常的诉诸道德理性之律就可达到，而必须凭借对于基督耶稣之信仰。而信仰是一种属灵的内在精神之追求，必须舍弃各种外在的物质诱惑和内在的欲念，甚至包括财产，乃至生命等。正如《圣经·加拉太书》所说：“属基督耶稣的人，是已经把肉体和邪情私欲都钉在十字架上了，如果我们是靠圣灵活着，就应该顶着圣灵行事。我们不可贪图虚荣，彼此浊怒，互相嫉妒。”[②]而这种“义”所追求的是耶稣的“爱”，正如耶稣回答法利赛人所说：“你要全心、全性、全意爱主你的上帝。这是最重要的第一条诫命。第二条也和它相似，就

① 《圣经》(新译本)，香港天道书楼1993年版，第1588页。

② 同上书，第1593页。

是要爱人如己。全部律法和先知书,都以这两条诫命作为根据。"[①]做到以上诸条的人,就是"除去身体和心灵上的一切污秽",同耶稣合一的"新造的人"[②]。而要做到这一点,则要依靠基督教文化中特有的灵性的修养过程,包括洗礼、祷告、忏悔等等。最后实现上帝之道与人的合一,即"道成肉身"。正如《圣经·约翰福音》所记,耶稣在为门徒所作的祷告中所说:"我不但为他们求,也为那些因他们的话而信我的人求,使他们都合而为一,像父你在我里面,我在你里面一样;使他们也在我们里面,让世人相信你差了我来。你赐给我的荣耀,我已经赐给了他们,使他们合而为一,像我们合而为一。"[③]在这里,基督教文化的"因信称义"及与之相关属灵的修养过程,实际上成为一种神学现象学。也就是通过属灵的因信称义、道成肉身的祈祷、忏悔的过程,人们将各种外在的物质和内在的欲念加以"悬搁",进入一种内在的神性生活的审美的生存状态。诚如德国神学现象学家M·舍勒(Max Scheler)所说:"这种想法似乎宏观地表现下述学说之中:基督的拯救行动不仅赎去了亚当之罪,而且由此将人带离罪境,进入一种与上帝的关系,较之于亚当与上帝的关系,这种关系更深,更神圣,尽管在信仰和追随基督之中的获救者不再有亚当那种极度的完美无瑕,并且总带有尚未清醒的欲望(肉体的欲望)。沉沦与超升初境的循环交替一再微妙地显示在福音书中:在天堂,一个忏悔的罪人的喜悦甚于一个个义人的喜悦。"[④]写到这里,不仅使我想起中国古代老庄道家思想中之"坐忘"与"心斋",即所谓"堕肢体,默聪明,离形去知,同于大通"(《庄子·大宗师》)。这也是一种古代形态的现象学审美观,同基督教文化的"因信称义"有许多相似之处,说明中西古代智慧之相通。

"新天新地"之理想美。基督教文化与《圣经》从神学存在论出发,对生态审美观之理想美作了充分的论述。当然,伊甸园是天地神人合一的理想之美地。但人类因原罪被逐出了伊甸园,从而也就失去了这样一个美地。但基督教文化与《圣经》中的上帝还在为人类不断的创造新的美地。在《圣经·申命记》中曾写道:耶和华上帝快要将人类领进那有橄榄树、油和蜜,不缺乏食物之"美地"。《圣经·以赛亚书》具体的描写了上帝将要创造的新天新地将是一个人与万物、人与人、物与物协调相处的美好的物质家园与精神

---

① 《圣经》(新译本),香港天道书楼1993年版,第1368页。

② 同上书,第1578页。

③ 同上书,第1480页。

④ [德]M·舍勒:《爱的秩序》,林克译,三联书店香港有限公司1994年版,第137页。

家园。书中具体写道："因为我的子民的日子像树木的日子，我的选民必充分享用他们亲手做工得来的。他们必不陡然劳碌，他们生孩子不再受惊吓，因为他们都是蒙耶和华赐福的后裔，他们的子孙也跟他们一样。那时，他们还未吁求，我就应允，他们还在说话，我便垂听。豺狼必与羔羊在一起吃东西，狮子要像牛一样吃草，蛇必以尘土为食物。在我圣山的各处，它们都必不作恶，也不害物。这是耶和华说的。"①《圣经·启示录》专门对理想的新天新地作了描绘："我又看见了一个新天新地，因为先前的天地都过去了，海也再没有了。我又看见圣城，新耶路撒冷，从天上由上帝那里降下来，预备好了，好像打扮整齐等候丈夫的新娘。"②这个新天新地真是美妙非凡：城墙是用碧玉造的，城是用纯金造的，从上帝的宝座那里流出一道明亮如水晶的生命河，河的两边有生命树，结十二次果子，树叶可以医治列国……总之，这也是一个天地神人和谐相处、美丽富庶的家园。这些叙述，表达了基督教文化和《圣经》神学存在论生态审美观的美学理想：天地神人统一协调、美好和谐的物质家园与精神家园。

综上所述，我们从因道同在之超越美、藉道救赎之悲剧美、因信称义之内在美、新天新地之理想美四个层面阐述了基督教神学存在论生态审美观之基本内涵。这是一种力主人与万物同样被造、同样存在、同样有价值、同样被救赎，并具有超越性、内在性、理想性与充满自我谴责之原罪感的特殊悲剧美，具有其特定的内涵与不可代替之价值。

三

基督教文化之神学存在论审美观的提出，无疑是在新的社会历史形势下，从崭新的视觉对基督教文化和《圣经》的一种新的研究，具有重要的意义与价值。

从基督教文化本身来看，我们的这种研究是在新形势下对基督教文化与《圣经》的一种新的阐释。当代阐释学的视界融合理论为我们提供了对所有文化形态在原有文本的基础上，结合新的形势进行新的解读和阐释的理论方法。正是在这个意义上，我们说所有的历史都具有当代的意义与价值。

---

① 《圣经》(新译本)，香港天道书楼 1993 年版，第 1016 页。

② 同上书，第 1711 页。

《圣经》从诞生之日起就不断地面对各种阐释，而每种阐释又必然地同时代的背景和历史的状况有关。从文艺复兴至启蒙运动，再到资本主义的工业化和现代社会的发展，各种理性主义和实证主义思潮相继勃兴。在这种情况下，对基督教文化和《圣经》作出“人类中心主义”的阐释是一点也不奇怪的。事实证明，欧洲近代以来对基督教文化起着重大影响的是哲学上的理性宗教观念。反对人性毁于教条，努力使宗教合理化，强调宗教的人本主义性质，强调人的自由意志、人的尊严、人的解放等等人道主义思想。[①] 这种对于基督教文化的人道主义阐释必然会突出其“人类中心主义”的内涵。从这个角度说，怀特对基督教文化“人类中心主义”的批评也不是没有一点根据的。但今天的时代，从 20 世纪 60 年代以来即已逐步进人以信息技术为标志的后工业时代，社会发生了巨大的变化。在这样的形势下，我们应该对基督教文化和《圣经》进行新的解读和阐释。当然，这种解读和阐释应该以原有的前见，特别是作为原典的《圣经》文本作为基础，不能随意附会。同时，要根据时代与社会的形势做两方面的工作。一方面是努力发掘原典之中未曾被重视的内涵与视角，例如，本文力图从神学存在论的视角发掘基督教文化和《圣经》特有的生态审美观内涵。另一方面，就是结合时代的需要突出原典之中有关内容的价值和意义。本文根据当代生态问题突出的现实，突出了基督教文化与《圣经》之中有关上帝、人类和自然万物之关系的论述，阐释其现实价值和意义。在这一方面，当代许多神学家和宗教哲学家已经做出了自己的努力。例如，上面提到的德国神学家莫尔特曼所提出的“生态的创造论”神学，美国神学理论家大卫·雷·格里芬(Grifin. D. R)提出“生态论的存在观”[②]。本文所提出的基督教文化神学存在论生态审美观就是在新时代的形势下，在前人研究的基础上，对基督教文化特别是其原典的一种新的解读与阐释，试图在基督教文化诸多生态观之中提出一种由神学存在论出发的生态审美观。作为对基督教文化多种当代阐释之一杯，参与到建构新时期基督教文化生态理论的行列之中。

从社会需要的层面来看，我们的研究试图发挥基督教文化在疗治现代社会疾病中的重要作用。众所周知，自 18 世纪工业化以来，人类社会发生了巨大的变化，出现了人的生存状态美化与非美化二律背反之现实情况。一方面，人类的物质生活空前的富裕，生活条件大为改善，人的生存状态走向

---

① 尹大贻：《基督教哲学》，四川人民出版社 1987 年版，第 221 页。

② [美]大卫·雷·格里芬：《后现代精神》，中央编译出版社 1998 年版。

空前的美化之境。但另一方面,生态环境恶化,战争连续不断,新的疾病蔓延,精神焦虑问题严重等等也越来越迫切地需要解决。这一系列现代社会疾病又极大的威胁到人类,使其生存状态出现空前的非美化倾向。在这种形势下,对当前社会疾病之疗治成为十分迫切的课题。特别是生态危机的严重性正日益迫近人类。人类由其欲求扩张之需要,仍在继续掠夺地球,破坏环境,加重生态灾难。著名当代历史学家阿诺德·汤因比(Arnold Joseph Toynbee)将其比作人类所犯的一种弑母之罪。他说:“在1763—1973年这200多年间,人们获得了征服生物圈的力量,这一点就是史无前例的。在这些使人迷惑的情况下,只有一个判断是确定的。人类,这个大地母亲的孩子,如果继续他的弑母之罪的话,他将是不可能生存下去的。他所面临的惩罚将是人类的自我毁灭。”①

对于人类现代社会疾病之疗治需求助于政治、道德、法律等各种手段。但人类确立一种正确的态度却是首要的。因此,不少理论家指出,与其说当代社会面临着经济、社会与生态的危机,还不如说是面临着思想观念的危机,关键是人们的思想观念不正确,不能以正确的态度去处理当代社会经济与未来的发展问题。正是从这个角度,可以说态度决定一切,态度决定了人类的前途命运。那就要借助于文化,特别要借助人类悠久的历史智慧。它们包含在东西方古代优秀的文化传统之中,基督教文化就是极为重要人类智慧和文化传统。关于当代人类的文化和世界观的缺失,有许多有识之士发表过非常有见识的看法。著名的罗马俱乐部发起人贝切伊(Aurelio Peccei, 1905—1954)指出:“一般地说人类增长和人类发展的极限问题,主要是一种文化上的极限。就事实而论,人类正在经历一个巨大的物质扩张阶段,并获得了对于自己栖息地的决定性力量,但人类并不知道自己能在其中安全地启动的星球的负荷能力和人类个人的生物心理能力的极限是什么,然而,不预先承认和估计这些外部极限和内部极限,却正是人类文化发展的一个巨大过失。”②目前许多哲学家和神学家都十分关注如何运用基督教文化资源参与纠正当代人类生态态度之缺失。诚如香港中文大学宗教系主任赖品超博士所说:“宗教与生态关怀是有着一种辨证的关系:一方面,对于生态问题的觉醒会导致宗教上的生态转向,例如基督教在思想和实践上20世纪70年代出现了明显的变化;而另一方面,生态问题也会导引出宗教和灵性

① [英]阿诺德·汤因比:《人类与大地母亲》,上海人民出版社1992年版,第726页。

② 徐崇温:《全球问题与“人类困境”》,辽宁人民出版社1986年版,第165页。

上的问题，而这在深度生态学的讨论中尤为明显，可以说生态关怀是有一灵性之向度，而宗教是可以对环保有重大的帮助。”[①]美国水利专家罗得米克(W. C. Lowdermilk)于1939年就水土保持问题发表演说时认为，应在《圣经》中增加摩西第十一诫之条文。唐佑之先生也认为，在当前环境遭受生态危机之时应考虑增加第十一条诫命：“不可误用地土。自然环境是属主的，我们应尽管家职分。凡有损自然的必遭拒绝，应该明辨慎思，同时谨慎应用，对大自然有尊重的心，珍惜自然资源。”[②]本文则从神学存在论的角度概括总结基督教文化之生态审美观。其基本观点是：第一，人类对自己和地球之前途命运应有终结关怀的情怀、强烈的悲剧意识和危机感，包括基督教文化之“原罪论”的自遣意识；第二，要牢固树立《圣经》所论述的人与万物同造、同在、同存、同有价值、相互依存之生态观；第三，最重要的是要超越物欲，确立一种“眷顾大地”的审美态度。

从学术的层面看，我们的研究试图对当前的生态理论和美学理论的建设做出些微的贡献。从20世纪60年代以来，与环境问题的恶化同步，生态理论逐步发展，方兴未艾。人类中心主义、弱人类中心主义、生态中心主义——等各种理论层出不穷。本文着重阐述基督教文化之神学存在论生态审美观。一方面是因为，本人认为基督教文化是人类优秀文化传统之一，理应很好的研究阐发。同时，本人也认为，生态问题归根结底是人类的生存问题，而且当前十分重要的是应以审美的态度对待自然、社会和人生，获得审美的诗意生存。所以，本人努力倡导生态存在论审美观。而基督教文化之神学存在论特质及其特有的神学美学特性恰是对生态存在论审美观的丰富。而从美学的角度看，我国美学学科从20世纪90年代以来，有关实践美学和后实践美学之争论以后，目前处于停滞状态，同生活与艺术的实际脱离较远。而对神学美学，特别是欧洲中世纪美学的研究又一直十分薄弱。在这种情况下，探索美学、生态与基督教文化的结合应该讲是一种十分有意义的工作。这样做，一方面可以突破美学学科自身的沉寂及其与现实的脱离，使之进人生态问题的关注和对神学美学资源的吸收这种新的领域；同时，也具有在新形势下重新研究神学美学之意义。瑞士神学家巴尔塔萨(Hans Urs Balthasar)自20世纪60年代以后即力图同“世俗美学”相区别，“用真正的神学方法从启示自身的宝库中”建立具有当代意义的“神学美学”理论。

---

① 赖品超：《生态神学》，《道风基督教文化评论》第18期，道风书社2003年。

② 唐佑之：《教会在后现代的反思》，香港卓越书楼1993年版，第30—40页。

他指出，基督教创世论中创造出来的存在范围的敞开性和公开性之中包含着审美因素在内的丰富内容，值得人们很好的研究与开拓。他说："这片敞开的领域一开始就埋藏着丰富的神圣财富，诸如上帝身上的和平、极乐和神化、罪的消除、悄悄在场的天堂，以及真的美用于安慰我们的一切。"[①]我们的粗浅研究发现，基督教神学美学的确具有同古希腊美学不同的风貌。基督教神学美学是属于存在论的，而不包含古希腊作为认识论的"模仿论"美学内涵。其次，基督教神学美学的以原罪与救赎为内涵的悲剧色彩，导向人类对苦难的恐惧和深深的自谴之情，同古希腊美学的"和谐"内涵完全不同。总之，基督教神学美学的研究对于建设当代的美学学科具有重要的借鉴意义。

而从当代多元文化的交流对话的角度来看。基督教文化之神学存在论生态审美观无疑是一种十分重要的文化资源。当代社会，经济逐步走向一体化，但文化却更加走向多元对话共存。以多民族、多形态的文化智慧来丰富当代人类的精神生活。基督教文化就是这多元文化之重要方面，必将在交流对话中起到特有的作用。从西方文化自身来看，基督教文化之神学存在论生态审美观无疑是对现代西方文化之"人类中心主义"是一种重要的补正。而从中西文化来看，基督教文化之神学存在论不仅同我国古代道家"万物齐一"之存在论思想有共同之处，而其强烈的终结关怀精神和悲剧意识也会对我国文化的当代发展以借鉴。而从古今文化的对话来看，基督教文化生态审美观对超越美之强调，对于当代社会对物欲之过分追求、对金钱之过分崇拜和对技术之过分迷信，都是一种有力的纠正和警示。当然，《圣经》作为基督教神学经典，在世界观上与我们无神论者之间的差距是不言自明的。因此，对其文化上的解读、运用仍需坚持"批判地分析"的立场。

（原载《基督教文化学刊》第 13 辑，中国人民大学出版社 2006 年版）

① [瑞士]巴尔塔萨：《神学美学导论》，三联书店香港有限公司 1998 年版，第 167、24—25 页。

梭罗所给予我们的真理的启示：人类要永远与自然友好为邻

亨利·戴维·梭罗(Henry David Thoreau, 1817—1868)，美国著名的生态理论和生态文学的先驱，他的作品《瓦尔登湖》是现代生态哲学、生态伦理学与生态文学的启示式的作品，梭罗也成为“浪漫主义时代最伟大的生态作家”。梭罗的经历十分简单，他就学于哈佛大学，毕业后在家乡的中学执教两年，然后又为著名作家爱默生当门生与助手。从1845年3月到1847年5月，他拿着借来的一把斧子走进家乡的瓦尔登湖，借助最简单的劳动独立生活了26个月，思考人生，感悟自然，探索哲理，写出不同凡响的，并交织着散文、哲理与科学观察的《瓦尔登湖》。该书于1854年出版后，取得很大反响。梭罗1862年因肺病辞世，终年44岁。

《瓦尔登湖》是一部不同凡响的奇书。在19世纪中期，工业革命进行的如火如荼之际，在人们都沉浸在物质的狂欢之时，梭罗却独具慧眼，预见了工业革命所造成的破坏自然的灾难，洞察了人与自然的本真关系，倡导一种简洁原始、以自然为友的生活。他以其独特的哲人玄思、诗人敏感、博爱情怀、细腻笔触体验自然、对话自然，留下一系列千古名言，警示后代，造福人类。美国著名的生态批评家劳伦斯·布伊尔是梭罗研究专家，写过多篇研究论著，颇有创获。我们根据自己的体会，将梭罗在《瓦尔登湖》中所给予我们的真理的启示概括为：人类要永远与自然友好为邻。

第一，倡导一种尊重自然、爱惜自然的简洁健康的生活方式。

梭罗的时代还是美国资本主义工业化的高潮时期，人们对物欲的追求不断发展，追求金钱富裕，向往城市，向往文明，成为一种时尚和趋势。梭罗毕业于名校哈佛大学，也有追求物欲的条件，但他恰恰相反，放弃了这一切，毅然手持一柄斧头，走进茫茫的瓦尔登湖区，伐木建屋，开荒种地，泛舟钓鱼。他说：

> 我工作的地点是一个怡悦的山侧，满山松树，穿过松林我望见了湖

水，还望见林中一块小小空地，小松树和山核桃树丛生着。[①]

他之所以这样做，是出于对当时物欲横流的生活的一种反抗，从而选择一种原始简洁、爱惜自然、健康简单的生活。他还说：

虽然生活在外表的文明中，我们若能过一过原始性的、新开辟的垦区生活还是有益处的。[②]

梭罗认为，在物欲膨胀、金钱拜物潮流之中，人类"生病"了。他试图通过这种原始的本真的生活来疗救人类：

所以，如果我们要真的用印第安式的、植物的、磁力的或自然的方式来恢复人类，首先让我们简单而安宁，如同大自然一样，逐去我们眉头上垂挂的乌云，在我们的精髓中注入一点儿小小的生命。[③]

他的简单的生活究竟是什么样的生活呢？那就是仅凭一把刀、一柄斧子、一把铲子、一辆手推车和一双辛劳的双手，每年只需工作六个星期，就足够支付一切生活的开销，其余的大部分时间全都用来读书和体验自然。梭罗认为：

大部分的奢侈品，大部分的所谓生活的舒适，非但没有必要，而且对人类进步大有妨碍。所以，关于奢侈与舒适，最明智的人生活得甚至比穷人更加简单和朴素。[④]

而且非常可贵的是，在那样一个以钱财为生活目标的社会中，梭罗放弃任何私有财产。他热爱美丽的田园风光，但却不想购买田园作为自己的私有财产，而是将美丽的田园作为公有财产，与众人一样去流连忘返。他说：

执迷于一座田园，和关在县政府的监狱中，简直没有分别。[⑤]

这样的思想境界在当时可谓是超凡脱俗。

第二，以自然为邻，以自然为友，体验自然，对话自然。

梭罗《瓦尔登湖》的主要篇章是细腻地描写自己26个月中在瓦尔登湖湖畔、在他的独特的木屋中与大自然为邻、与大自然对话，直接体验大自然的

---

① [美]亨利·梭罗：《瓦尔登湖》，徐迟译，上海译文出版社2004年版，第36页。
② 同上书，第10页。
③ 同上书，第72页。
④ 同上书，第12页。
⑤ 同上书，第79页。

种种深邃的感悟。首先,他道出了对大自然的热爱,与自然为邻、为友的情怀。他在书中大量地写了他的各种邻居。他在回答古代圣哲的话时说过:

寒舍却并不如此,因为我发现我自己天然跟鸟雀做起邻居来了。①

他还写了其他的邻居:鼹鼠、草木、麋鹿和熊等等。当然,在他看来,瓦尔登湖是他最重要的邻居。他生活在瓦尔登湖畔,生于斯,养于斯,对瓦尔登湖充满了深情。他说:

八月里,在轻柔的斜风细雨暂停的时候,这小小的湖就做我的邻居,最为珍贵。②

他以饱沾情感的笔触对瓦尔登湖做了深情的描绘。梭罗这样说过:

就是在那时候,它已经又涨,又落,纯清了它的水,还染上了现在它所有的色泽,还专有了这一片天空,成了世界上唯一的一个瓦尔登湖,它是天上露珠的蒸馏器。谁知道,在多少篇再没人记得的民族诗篇中,这个湖曾被誉为喀斯泰里亚之泉?在黄金时代里,有多少山林水泽的精灵曾在这里居住?这是在康科德的冠冕上的第一滴水明珠。

它是大地的眼睛;望着它的人可以测出他自己天性的深浅。③

他以大自然为母体,接受大自然无私的馈赠,因而怀着一颗感谢大自然的心:

到秋天里就挂起了大大的漂亮的野樱桃,一球球地垂下,像朝四面射去的光芒。它们并不好吃,但为了感谢大自然的缘故,我尝了尝它们。④

梭罗正是怀着这样一颗感恩的心、友善的心、平等之心来真正地体验自然、对话自然。他在静静的黄昏和夜晚,侧耳倾听大自然的各种声音,并将这些声音看做美妙无比,人间未有的"天籁"。他以细腻的听觉和情感分辨各种声音,享受这美妙无比的音乐。他在描写夜莺的啼叫时提到:

有时,我听到四五只,在林中的不同地点唱起来,音调的先后偶然

① [美]亨利·梭罗:《瓦尔登湖》,徐迟译,上海译文出版社2004年版,第80页。
② 同上书,第80页。
③ 同上书,第170、175页。
④ 同上书,第108页。

地相差一小节，它们跟我实在靠近，我还听得到每个音后面的咂舌之声，时常还听到一种独特的嗡嗡的声音，像一只苍蝇投入了蜘蛛网，只是那声音较响。[①]

他甚至能够分辨出夜莺鸣叫的含义：

呕—呵—呵—呵—呵—我要从没—没—生—嗯！湖的这一边，一只夜鹰这样叹息，在焦灼的失望中盘旋着，最后停落在另一棵灰黑色的橡树上。[②]

梭罗已经成为能辨鸟语的自然之友了，诚如他自己所言，“我突然感觉到能跟大自然作伴是如此甜蜜如此受惠”[③]。总之，梭罗完全将自己融入了自然，将自己作为自然的一部分。他说：“我在大自然里以奇异的自由状态来去，成了她自己的一部分。”[④]正因为如此，他从大自然中领悟到一种甜蜜温暖与健康向上的情感：

只要生活在大自然之间而还有五官的话，便不可能有很阴郁的忧虑。对于健全而无邪的耳朵，暴风雨还真是伊奥勒斯的音乐呢！[⑤]

第三，对与自然以及人为敌的过度工业化和人类中心主义的批判。

19 世纪中期，美国已经经过了残酷的资本原始积累，工业有了蓬勃的发展，但梭罗以其敏锐的眼光看到了工业化背后人与自然为敌、疯狂掠夺自然的行径。他说，“生活现在是太放荡了”，而且，“无论在农业、商业，文学或艺术中，奢侈生活产生的果实都是奢侈的。”这种放荡奢侈生活的重要表现就是与自然为敌，对于自然疯狂掠夺，滥伐树木，破坏大地。同时，也是对于人的血淋淋的剥削。他以横贯美国东西的大铁路为例，认为这实际上是以无数劳工的鲜血和生命换来的交通的便捷。

他说：

你难道没有想过，铁路底下躺着的枕木是什么？每一根都是一个人，爱尔兰人，或北方佬。铁轨就铺在他们身上，他们身上又铺起了黄

---

① [美]亨利・梭罗：《瓦尔登湖》，徐迟译，上海译文出版社 2004 年版，第 117 页。

② 同上书，第 118 页。

③ 同上书，第 124 页。

④ 同上书，第 122 页。

⑤ 同上书，第 124 页。

沙，而列车平滑地驰过他们。①

他本人就看透了资产阶级代表少数富人压迫剥削多数人的事实，所以他有意采取不合作主义，拒交人头税，并因而被捕。他在文中写道：

> 我拒绝赋税给国家，甚至不承认这个国家的权力，这个国家在议会门口把男人、女人和孩子当牛马一样买卖。②

当然，梭罗由于过分地站在生态主义的立场，所以对作为历史发展趋势的现代化有许多不理解之处，这应该是他的片面性和局限所在。他说：

> 人们认为国家必须有商业，必须把冰块出口，还要用电报来说话，还要一小时奔驰 30 英里，毫不怀疑它们有没有用处。③

但梭罗作为生态理论和生态文学的先驱，他对自然的亲和态度，他极力主张的“简单、简单、简单啊”④的生活方式，无疑对于处于人与自然极度对立的当今时代是极具启示意义的。

第四，借鉴中国古代儒家“仁爱”思想，阐发他的人类与自然友好为邻的观点。

梭罗借鉴了东方古代智慧，特别是中国古代儒家的“仁爱”思想来阐发他的人类应与自然为邻的观点。他在著名的《春天》的篇章中，运用孟子的“性善论”来阐释其大自然之美是自然本性之美，而善待自然则是人之善良本性。他引用《孟子·告子上》中有关人性善的一段话：“牛山之木尝美矣，以其效于大国也，斧斤伐之，可以为美乎？是其日夜之所息，雨露之所润，非无萌蘖之生焉。牛羊之从而牧之，是以若彼之濯濯也。人见其濯濯也，以为未尝有材焉，此岂山之性也哉？虽存乎人者，岂无仁义之心哉？其所以放其良心者，亦犹斧斤之于木也。旦旦而伐之，可以为美乎？其日夜之所息，平旦之气，其好恶与人相近也者几希？则其旦昼之所为，有梏亡之矣。梏之反复，则有夜气不足以存，夜气不足以存，则其违禽兽不远矣。人见其禽兽也，而以为未尝有才焉，是岂人之情也哉？”这里主要借助孟子“性善论”思想阐释其自然之美以及人之善待自然都由其善良之本性所决定。为此，梭罗自

---

① [美]亨利·梭罗：《瓦尔登湖》，徐迟译，上海译文出版社 2004 年版，第 86 页。

② 同上书，第 162 页。

③ 同上书，第 86 页。

④ 同上书，第 85 页。

然还写了一首诗来阐发孟子的思想:

> 高山上还没有松树被砍我下来,
> 水波可以流向一个异国的世界,
> 人类除了自己的海岸不知有其他。
> ……
> 春光永不消逝,徐风温馨吹拂,
> 抚育那不需播种自然生长的花朵。

这是一个人类世纪初创之时,春风荡漾,微风徐吹,自然的花朵自由开放,人与自然和谐相处,友好为邻,是梭罗的理想时代,是他心中的"乌托邦"。他还借鉴孔子的"仁爱"思想,来阐释自己的人与自然以及人与人和谐相处的理想。他引用《论语·颜渊》中季康子问政于孔子,孔子的回答:"子为政,焉用杀。子欲善,而民善矣。君子之德风,小人之德草。草上之风必偃。"用以说明一种简单的与自然社会为邻、为友的生活应该是来源于出于仁善心的仁政。与此相应的是蒲伯译的古代希腊荷马的史诗:

> 世人不会战争,
> 在所需只是山毛榉的碗碟时。

第五,这种人类与自然为邻的思想应该成为当代生态存在论美学的重要来源。

梭罗的人类与自然友好为邻的思想是倡导一种全新的人的生活与生存的方式,这种生活与生存的方式是与工业化时代人的生活与生存方式是不一样的。工业化时代人类过的是一种主体与客体二分对立的生活与生存方式,而梭罗所倡导的则是人与自然为友的此在与世界紧密相连的生活与生存方式。前一种是认识论的生活与生存方式,而后一种则是存在论的生活与生存方式。前一种方式必然导致人与自然的对立,从而使人的生存状态逐步恶化,而后一种方式则是在人与自然的友好相处中逐步获得美好的生存。这种"此在与世界紧密相连"的生存方式,就是海德格尔所说的"在世界之中存在"。这种"在之中"不是指空间意义上的一个在另一个之中,而是指"我居住于世界,我把世界作为如此这般熟悉之所而依寓之、逗留之"①。这

① [德]马丁·海德格尔:《存在与时间》,三联书店 1987 年版,第 67 页。

就说明,人与自然不是一种对象性关系,而是一种依寓性关系,人与自然是一个整体,须臾不可分开。人正是在这种依寓性关系中得以生存并逐步展开自己的本真性,走向诗意地栖居。这就是一种生态存在论的审美的生存。梭罗正是这种生态审美的生存方式与美学观念的先驱。

(2008 年 10 月 8 日清华大学“超越梭罗:美国及国际文学界对自然的反应”国际学术研讨会参会论文)

人类掠夺自然的残酷记录

——从生态维度对小说《白鲸》的重评

《白鲸》(Moby Dick)是美国著名小说家赫尔曼·梅尔维尔(Herman Melville, 1819—1891)的代表作。该书于1851年10月出版后并没有引起足够的重视,只是在作者诞生100周年纪念和1921年出版第一本传记之时才受到社会的广泛关注和高度评价,被誉为英语言文学的一座丰碑,美国的史诗。[①] 但进入20世纪后期,学术界对于《白鲸》的评价又有了一些变化,美国当代著名生态文学批评家劳伦斯·布依尔在《环境想象》一书中指出,"《白鲸》这部小说比起同时代任何作品都更为突出地……展现了人类对动物界的暴行"[②]。《纽约时报》曾说,我们文学中一个具有讽刺意味的事情是,最伟大的美国小说《白鲸》写的是一种已经在美国彻底消灭了的职业和生活方式。的确,从该书写作的19世纪中期工业革命蓬勃发展之时到今天已经进入后工业革命的"生态文明"新时期,对于该书的评价必然地会有一个转变。而今天的文学批评,无论站在什么立场都应包含着生态的维度。如果从生态的维度考虑,对于《白鲸》就应该有一个重新的评价。但这种重新的评价并不等于对于它的全盘否定。因为,任何成功的作品所提供给我们的都是活生生的艺术形象,从形象大于思想的规律着眼,《白鲸》以其特有的审美意象不仅给我们提供了人类残酷掠杀自然的恐怖图景,而且给人类如何正确对待自然以有力地警示。梅尔维尔在新兴国家美国的文化氛围中,打破常规,在《白鲸》中运用特有的现实主义、科学主义与象征主义相结合的创造方法,不仅生动地记录了人类掠杀鲸鱼的残酷过程,而且以其特有的复杂情怀思考了人类与自然的复杂关系,并以其浓郁的悲剧气氛和象征笔触给我们以有力地警示。《白鲸》是一部十分复杂同时也是有其特有价值与意义的文学作品。

---

① 吴富恒等主编:《美国作家论》,山东教育出版社1999年版,第170—193页。

② 王诺:《欧美生态文学》,北京大学出版社2003年版,第164页。

一、真实地再现了资本主义前期捕鲸业畸形发展所造成的对鲸鱼等自然资源的残酷掠夺

《白鲸》是以美国捕鲸业的为其创作题材的。小说的描写以美国的南塔克特与新贝德福为其陆地基点，而以捕鲸船披谷德号为其最重要的海上基地。这些捕鲸业的陆海基地都极为形象地说明了美国资本主义前期蓬勃发展的捕鲸业对于当时盛行一时的掠杀鲸鱼等自然资源行为的巨大推动作用。南塔克特是马塞诸塞州科特角以南48公里处的岛屿，其捕鲸业于18世纪美国独立前夕达于鼎盛，曾经是125艘捕鲸船的基地。《白鲸》一书描写到："这些出生在沙滩上的南塔克特人到海上讨生活又有什么奇怪的呢！……并且在所有大洋上一年四季向那经过大洪水存留下来的最强大的也是最骇人最像大山的生物永久宣战"，"他们瓜分了大西洋、太平洋和印度洋，如同那三个海盗国家瓜分了波兰一样"。也就是说，在那样一个煤气和电力出现之前人们以鲸油为主要照明能源的时代，美国已经与其他资本主义国家为掠夺鲸油而瓜分世界。南塔克特就是其最早的捕鲸业基地。其后，则由新贝德福取代，迅速成为规模巨大的新的捕鲸基地。《白鲸》一书指出，该城市是一座从垃圾堆般的石头上拔地而起的豪华新城，"一块富得流油的土地"，"就在全美国你也找不出比新贝德福的贵族味更足的屋宇，更豪华的公园和私人花园。它们是打哪儿来的呢？它们是如何被安置到这方曾是贫瘠得有如火山熔岩的土地上来的呢？只要到前边那座巍峨的邸宅去瞧瞧它周围树立的当做标记的铁标枪，你的问题就有了答案。不错，所有这些气象万千的房屋和繁花似锦的园林都来自大西洋、太平洋和印度洋。它们没有一件不是用标枪射得，从海底拖到岸上这儿来的"。又说，"在新贝德福，父亲嫁女儿，陪嫁的是鲸鱼。他们的侄女成婚时，每人得的是几头海豚。只有在新贝德福，你才能见到灯火辉煌的婚礼。因为据说那儿每户人家都有一池池的鲸油，每晚都可以毫不在乎的点着鲸油蜡烛到天明"。由此可见，新贝德福凭借捕鲸业得以发展繁荣的盛况。书中还具体描写了当时人们不仅对于鲸油有着惊人的需求，而且对于鲸骨、鲸脑、鲸角，乃至鲸鱼特有的龙涎香等都大量需求。捕鲸的巨大利润更是推动其发展的强大动力，甚至城市建设也到处需要鲸鱼。历史告诉我们，在1861年人类大量提炼石油

之前,照明能源依靠的是鲸油,因此捕鲸业成为那时的支柱产业。而美国作为新兴的海洋国家则在捕鲸业中迅速崛起。捕鲸业在当时已经成为美国经济起飞的引擎,帮助一个年轻的国家由被压榨的殖民地迅速变成全球的霸主。美国成为世界上最主要的捕鲸国家,1846 年全世界有 900 艘捕鲸船,美国就有 755 艘。仅 1853 年,美国就捕获了 8000 头鲸鱼,获利 1100 万美元。《白鲸》一书曾将美英在捕鲸方面的规模作了一个比较:"美国佬一天总共宰的鲸比英国人十年总共宰的还要多。"可见美国当时捕鲸业的巨大规模。而且,当时美国的捕鲸业已经成为国家行为,由国家直接介入并绘制鲸鱼回游的海图。作者在该书的注释中专门说明,他有幸得到 1856 年 4 月 16 日华盛顿气象局的由莫瑞中尉签署的一项官方通告,说明美国国家气象局正在完成绘制一张鲸鱼洄游的海图,"海图将大洋分成经纬度各五度的若干区,每区垂直划分代表十二个月份的十二栏,又有三道横线将每区划分为三小区,最上面的一个小区标明在每区每个月中逗留的天数,另两个小区标明看到抹香鲸或露脊鲸出水的天数。"这里明确地记录了国家直接介入捕鲸的事实。正是在这种大规模的举国体制的捕鲸行动中极大地推动了捕鲸业的迅猛发展。正是这种情况,造成了对于鲸鱼的残酷掠杀。《白鲸》告诉我们,大量的捕获与掠杀已经使得鲸鱼再不敢单独行动而选择集群行动。以上就是《白鲸》一书所写人类大量捕杀鲸鱼等自然资源的动因,也是本书有关事件发生的背景。

二、真实地再现了捕鲸船具体掠杀鲸鱼的过程

《白鲸》是一本独具美国特色的文学作品,它不仅是现实主义的文学作品,而且还包括了许多科学的实证内容。比如,该书详细地向读者介绍了鲸鱼的分类学与各种捕鲸工具的用途,特别是真实地再现了捕鲸船捕鲸、掠鲸、杀鲸与炼油的完整过程。这种实证式的写法在一般小说创作中十分少有,而且会对作品的文学性造成一定冲击。确实,也有批评家将这种写作方法归结为"粗俗、冗长",甚至有的批评家认为这是"一锅用罗曼司、哲学、自然史、美文、优美感情和粗俗语言熬成的文字粥"[①]。但这种方法也真实地再

① 《白鲸》中译本"前言",人民文学出版社 2001 年 12 月版。

现了事件的详细过程，成为可贵的历史的记录。《白鲸》对于捕鲸过程的详细描写，为我们提供了人类掠杀鲸鱼的真实记录。在作者的笔下，“披德谷号”捕鲸船就是一个海上的猎鲸基地、杀鲸屠宰场与熬炼鲸油的工场，其残忍性是触目惊心的。

先说捕鲸船是残忍猎鲸的基地。鲸鱼是海洋中一种非常温顺的动物，除了觅食，它一般不会攻击其他生物，而且其本性是遇到袭击时尽量不反击。通常鲸鱼都是结队游弋，群体性较强，捕到一条其他不离，捕到幼鲸母鲸不离。因此，对于鲸鱼的猎杀完全是人类功利的需要。而且这种猎杀是极为残酷。我们现在来看看《白鲸》给我们描写的一场完整的猎鲸的过程，这就是该书的第六十一章“斯德布宰了一头鲸鱼”。该章是说“披德谷号”在爪哇岛附近洋面游弋，突然发现了抹香鲸，立即放艇追赶，二副斯德布得以靠近该鲸。先是投出锋利的标枪，然后通过曳鲸索拉紧鲸鱼，逐步靠近后再投出一支支标枪。对于被刺中受伤的鲸鱼，书中这样描写道：“此时，血水从这海怪周身各处犹如泻下的山泉一般喷出来。它的受折磨的躯体不是在海水中而是在血水中滚动，这红色的水像开了锅似的沸腾，吐着沫子，伸展在后面有好几里长。”最后，鲸鱼走向死亡。书中写道：“它辗转反侧，喷水孔一抽一抽地时而扩张，时而收缩，发出尖厉的、仿佛有什么东西迸裂似的痛苦的呼吸声。最后，一柱柱凝成块的鲜血直射到空中，像是红葡萄酒的紫色渣滓，然后落下，顺着它的一动不动的两侧流到海中，它的心脏迸裂了！”请看，这是一幅多么残忍的画面啊，血水喷涌，痛苦挣扎，一个活活的生灵就这样在人类利益的追求中被扼杀了！不仅如此，捕鲸船还不放过幼鲸。《白鲸》描写了该船一次捕获幼鲸的过程。那是大副斯塔勃克在一次捕鲸中连母鲸与幼鲸一起捕获的情况。书中写道：“他看到鲸鱼太太长长的一圈圈的脐带，它似乎仍然连结着幼鲸和它的妈妈。在旋风般变化无常的追猎中，脱离了母体的脐带和索子绞到一起，那并不是少有的事。这样一来，幼鲸就被捉住了。”对母鲸和幼鲸的捕获本身就是违背生态规律的。中国古代《论语》中就有“钓而不纲，弋不射宿”的保护幼小动物的思想。《白鲸》还形象地记录了“披德谷号”掠鲸的过程。该书写到，当一头鲸鱼已经被刺中，筋疲力尽之时，人们还要围着它加以掠杀、蹂躏。小说写道：“一支支长矛已经刺进它的鼻子，它的新的伤口不停地迸射出鲜血，而它的头上的天生的喷水孔，只是忽停忽作地向空中喷出受了惊的水雾。”“这条鲸鱼在那原来是眼睛的地方鼓出两个什么也看不见的包，看了十分可怜。可是眼下没有什么怜悯心可说。哪怕它上了年纪,只有一条胳膊(一支鳍),双眼已瞎,它还是得死,被乱枪刺死,好让人有油来照亮兴高采烈的婚礼,好让人有灯火去寻欢作乐,好使庄严肃穆的教堂大方光明,来劝诫人人都要彼此无条件地不去伤害对方。这时它还在自己的血泊中翻滚,最后终于部分地袒露出侧腹底下一个形状奇怪、变了色的笆斗大的疙瘩。”这种在鲸鱼已经濒临死亡之时还要对其掠杀使其“在血泊中翻滚”的行径已经不是什么捕鲸,而是地地道道的掠鲸了,完全与包含怜悯之心的“人道主义”背离了。可见,在资本主义“利润第一”的经济追逐中,其所倡导的“博爱”等伦理道德必然走向虚空。《白鲸》还明确地向我们展示了,为了最大地追求经济效益,“披谷德号”捕鲸船实际上成为一个海上的鲸鱼屠宰场和鲸油的加工厂。当然,首先是鲸鱼的屠宰场。该书的第六十七章,写到鲸鱼捕获后处理鲸鱼的情形:“那是个星期六晚上,而第二天是这样一个安息日!所有捕鲸人本来就是违背安息日规矩的大师。这镶牙骨的“披谷德号”变成了一片屠场,每一个水手变成了一个屠夫。你会以为我们是在给各位海神上一万头血淋淋的公牛的供。”其实,这哪里是给海神上供,而完全是为了高额利润的追求。接着,书中给我们具体地描写了屠宰鲸鱼的整个过程,包括对于死鲸的分割、割膘、掏鲸脑窝、挖龙涎香以及最后对于整个剩余鲸鱼部分的抛弃等等,十分具体详尽。接着是对鲸油的提炼,《白鲸》的第九十六章就是写的“炼油间”:“从外表上识别一条美国捕鲸船标识,除了它的吊起的小艇之外,便是它的炼油间了。炼油间是最坚固的砖石建筑,放在由橡木和大麻造成的船上,形成了全船的一个不协调的怪异部分。它像是从野外搬到船上的一座砖窑”,“到了夜半时分,炼油间已是开足了马力在炼油了。我们已经远离鲸尸,已经扯起风帆;一阵阵好风令人神清气爽,茫茫大洋上一片漆黑。可是这黑暗却被熊熊火光吞没了,它时不时地从充满煤烟的通道中串出来。”炼油过后就是装桶,当整个捕鲸船都装满了鲸油桶,便满载而归,获得高赢利。诚如书中说道:“捕鲸人出海去猎鲸,为的是可以有保障地得到新鲜地道的鲸油,有如旅人在大草原上打猎,为的是晚餐可以有自己的猎物充饥。”猎鲸基地、屠宰场与炼油间,这就是《白鲸》对于捕鲸船的形象描写,使之成为与海洋以及海洋生物敌对的前哨阵地。

三、真实地再现了特定时代捕鲸人疯狂与鲸鱼为敌的行动与心理

《白鲸》的中心线索是以埃哈伯为代表的捕鲸人与白鲸莫比·狄克之间的不共戴天的矛盾斗争,最后以人鲸双亡作结。小说告诉我们,捕鲸人选择捕鲸这种危险的职业其主要目的除了好奇心与探险等原因外,主要是出于经济上获取利润的目的。当时的美国捕鲸业采取了将捕鲸人利益与捕鲸效益挂钩的份额制的分配制度。对此,《白鲸》第十六章作了比较详细地描写。它借叙述人以实玛利的口说道:"我已经知道,干捕鲸这一行,东家是不付工资的。不过所有人手,包括船长在内,每人都可以从获利中拿到一份钱,叫做份子。这份子的多少要看自己在全船人中间干的什么活儿,它有多重要。我也知道自己在捕鲸这一行中是个新手,我的份子不会很大。……也就是这次出海挣的钱的二百七十五分之一。"这样的分配制度就必然导致捕鲸越多越获利的结果,使得捕鲸人拼命地去捕鲸。而《白鲸》对于捕鲸人与鲸鱼关系的表现没有停留在简单的经济的层面,而是深入到人与自然关系的层面。捕鲸人参与捕鲸不仅是为了牟利,而是在那特定的工业革命时代,人类与自然对抗,力图战胜自然,甚至与自然为敌的行为与心理。这集中反映在"披谷德号"捕鲸船船长埃哈伯身上。据书中介绍,埃哈伯是借用了《圣经旧约·列王记上》中遭到上帝惩罚的以色列国王的名字。他是一个孤儿,其寡母在他生下后一年便去世。他是在海上历经了 40 多年捕鲸生涯的捕鲸人,生活在波涛汹涌的大海之上,40 年中在岸上生活不到 3 年,直到 50 多岁才迎娶了一位年轻的姑娘做妻子。他勇敢坚定,是远近闻名的捕鲸人,曾因与莫比·狄克搏斗而失去了一条腿,但仍然奋战在捕鲸的第一线。这样一位船长使"披谷德号"捕鲸船具有了几分神秘色彩,但他迟至小说的中间才出场,却又是未见其人,已闻其声。叙述人以实玛利一到船上就听到船东之一法勒对于埃哈伯的介绍:"埃哈伯不是平常人,埃哈伯念过不止一家大学堂,也在食人生番中呆过,比海浪更深奥的希罕事儿他常见,他那支烈火般的长矛投中过比鲸鱼更威猛、更奇怪的敌人。他的长矛呀,在咱们全岛上数它最锋利,百发百中! 啊,他可不是比勒达船长;他也不是法勒船长,他是埃哈伯。伙计,古时的埃哈伯,你知道,那是戴上王冠的国王啊!""而且是个心狠

手辣的国王。”在这里，已经将埃哈伯非凡的、心狠手辣的捕鲸人首领的地位与性格作了基本的刻画。直到小说的第二十八章，“披谷德号”已经离开南塔克特航行了好几天，埃哈伯才首次露面。他的露面先是通过各种专横的命令使人感觉到他的存在。小说写道，船上的一、二、三副“从房舱出来时，发出的命令是如此的突如其来，如此专横，叫人不能不感到：他们分明不过是代人传令。不错，他们的最高主子和独裁者就在那儿，虽然在不准进入房舱去一窥那神圣隐秘场所的人中至今还没有谁见过他。”接着才是他的正式出场，在一个灰蒙蒙的早晨，叙述者以实玛利在甲板上看到了巍然屹立的埃哈伯。“他活像一个从火刑柱上放下来的人，火焰虽说烧伤了所有的四肢，却没有毁了他们，也丝毫没有影响它们的久经风霜的结实程度。他的整个高大魁伟的形象像是用实实在在的青铜在一个无可更改的模子里铸成，犹如切利尼雕刻的‘帕尔修斯’像，从他的花白头发里舒出来一条细长棍子般的青白色的印痕，它自上而下穿过他的干枯的茶色的半边脸和脖子，最后消失在衣服之中。”这段出场是非同寻常的。首先，作者将埃哈伯描写成为了真理而受火刑但又不妥协的殉道者；同时，作者又将他描写成希腊神话中的英雄帕尔修斯。帕尔修斯是希腊神话中的英雄，是阿尔戈斯公主达那埃与宙斯之子，他杀死了海怪美杜萨，成为梯林斯国王，最后升天为英雄座，代表了勇敢、正义与坚持。这就说明，在作者眼中，埃哈伯是帕尔修斯式的杀死海怪莫比·狄克的英雄，是一个不畏惧任何困难的殉道者。这已经为主要人物埃哈伯奠定了誓与白鲸莫比·狄克决一死战的基调。在捕鲸船深入鲸鱼集中地之时，埃哈伯以临战的姿态召集全船的人员集合，实际上是一种与白鲸决一死战的誓师大会。小说第三十六章写道，埃哈伯猛地停下来叫道：

> “你们大家见到了一头鲸鱼，你们怎么办？”
>
> “招呼大家去逮它！”约莫有二十个人的怪声怪气的做出了这种冲动性的反应。
>
> “好！”埃哈伯叫道，他看到自己的突如其来的问题居然如此有吸引力地激起了他们由衷的兴奋，口气中不禁大为赞许。
>
> “那么下一步怎么办，伙计们？”
>
> “放下小艇去追它！”
>
> “那时候你们是个什么劲头，伙计们？”
>
> “不是鲸死就是艇亡！”

在这里已经点出了“不是鲸死就是艇亡”的誓言，但埃哈伯并没有罢休，而是进一步将矛头指向了他的真正的死敌——白鲸莫比·狄克。他说：

> “我的全船的伙计们，打断我的这根桅杆的是莫比·狄克。莫比·狄克害得我如今站在这里只剩下一截断头。对，对！”他一声呜咽，可怕而又响亮，像是一只被打中了心脏的大角虎发出的。“对，对！是那头该死的白鲸废了我，让我从此永远变成了一个可怜的装假腿的水手！”然后他双臂往外一摔，用无限怨毒的口气喊道，“对，对！我要追它到好望角，到霍恩角，到挪威的大旋涡，不追到地狱之火眼前我绝不罢休。伙计们，这就是雇你们上船来要干的活儿！在东西两个大洋中追猎那头白鲸，在地球的四面八方追猎它，直到它喷出黑血来，直到它的尾巴摆平为止。伙计们，你们有什么说的，你们愿意从今以后一起动手干吗？我看你们都像是好样儿的。”“对，对！”标枪手和水手们喊道，他们走得离这个处于亢奋状态中的老头儿更近了。“睁大眼睛留神那白鲸，握紧标枪对准莫比·狄克！”

到此，以埃哈伯为代表的披谷德号捕鲸人此次出海的目的已经十分明确地聚焦到一个目标：与白鲸莫比·狄克决一死战！其深层的原因除了经济利益之外，已经包括人类与自然为敌与报仇雪恨这样的缘由，从而使《白鲸》的主题进一步明确，也让我们深思人类与自然的最根本的关系到底是什么？从决定了以捕杀莫比·狄克为最终的目标之后，尽管“披谷德号”已经捕获几头鲸鱼，炼到足够的鲸油，完全可以返航了，但埃哈伯就是不罢休，仍然在大洋上游弋，等待捕捉莫比·狄克。故事情节的转折发生在“披谷德号”航行到日本海的一个雷雨大作台风肆虐的晚上，当东风刮起之时，这时如果顺风航行，“披谷德号”就会顺利返航回到南塔克特，而逆风航行则会走向死亡。诚如书中所说：“朝上风头走，前途是一片黑暗，而顺着风走呢，是回家的路。”这时，一直力主与自然和解的大副斯塔勃克向埃哈伯说道：“老伙计，你要克制啊！这次航行主凶哟！开头不吉利，一路不吉利。趁现在还办得到，让我们把帆调整过来，老伙计，顺着风儿返航吧。以后再来一次，会比这次吉利。”但埃哈伯断然否决了大副的意见，几乎是采取暴力措施强迫船只逆风而行，走上了毁灭之路。在《白鲸》一百一十九章的最后写道：

> 可是埃哈伯把那叮当乱响的避雷针的环链往甲板上一仍，捡起那燃烧着的标枪，把它当火把似的在水手们中间挥舞，发誓说那个水手首先解开了一根索子上的结，他就用标枪捅他一个窟窿。大伙儿给他那副神气吓愣了，他手里拿的火热的枪更使他们后退不抵，大家垂头丧气

> 地缩回去了。于是埃哈伯又说道：
>
> “你们都发过誓要追捕白鲸，这誓言和我的誓言都是有约束力的。我老埃哈伯，我的心，我的灵魂，我的肉体，我的五脏六腑和我的生命都受它的约束，为了让你们知道我这颗心为什么而跳动，我现在吹灭这最后的恐惧！”他鼓足了气吹灭了那火焰。

此后，“披谷德号”直接朝着抹香鲸经常群居游弋的日本海继续航行，寻找莫比·狄克。在终于遭遇后，连续与莫比·狄克死战了三天。第一、二两天都是人鱼同时受伤，到了决战的第三天中，双方都是拼尽全力，形势非常险恶，埃哈伯让其他人全部上船，他亲自率艇搏斗，尽管给了莫比·狄克致命打击，但最后关头大鲸也将“披谷德号”掀翻，全船在滔滔海水覆没，埃哈伯也被曳鲸索缠绕拖入海中而葬身海底。最后落得人鱼双亡，只剩下叙述人以实玛利凭借棺材改成的救生器而得以逃生。

在这出人鱼双亡的悲剧之中，作者虽然有着某些游移，但总的倾向还是明显的，那就是对于以埃哈伯为代表的捕鲸人的歌颂，对莫比·狄克这头巨鲸的否定。《白鲸》对埃哈伯的歌颂之处很多，现在我们只举该书第四十四章写到埃哈伯为实现捕获莫比·狄克而寝食不安时有这样一段描写：

> 上帝保佑你，老人家，你的欲念已经在你身体中创造了另一个生物，于是这个有着炽烈的欲念的人使自己成了一个普罗米修斯；一只兀鹰永远啄食着他的心，这兀鹰正是他自己所创造的那个生物。

相反，作者却将白鲸莫比·狄克在神秘化的同时将其进一步妖魔化，该书不仅描写了捕鲸人将莫比·狄克看做是“无所不在，长生不死”神怪之物，而且将其描写成“恶毒力量的偏执狂的化身”。该书在第四十一章写道：

> 然而使这头鲸鱼生来令人望而生畏的，主要不是它的异乎寻常的伟岸的身躯，也不是它的令人瞩目的颜色，也不是它的伤残的下巴，而是它在攻击猎捕人一而再地表现出来的无与伦比的又乖巧又歹毒的心计，这是有确切的案例可查的。尤为可恨的，则是它的那种艰险的退却，这种退却比起一些其他动作来也许更令人为之丧胆。因为，在它的得意洋洋的追捕者面前泅过时，它装出一副担惊受怕的模样，可是人家说就在这时，它有好多次突然掉过头来，扑向追捕人，不是把他们的小艇打得粉碎，便是赶得他们气愤难消地逃回到船上。

在这里，我们可以看到作者鲜明的态度：一方面将捕鲸人埃哈伯蓄意与鲸鱼为敌,到处搜寻,必欲捕杀而后快的行为看做是偷火给人类的天神与英雄普罗米修斯,另一方面则将温顺的被动受敌的鲸鱼看做具有"歹毒心计"的"恶毒力量"的化身。很显然,小说《白鲸》的主题与思想倾向是对以埃哈伯为代表的捕鲸人与掠鲸行为的歌颂,对以莫比·狄克为代表的所谓"罪恶化"的自然力量的鞭挞。本书着力塑造的英雄人物是代表美国海洋拓荒精神的捕鲸奇人埃哈伯。

四、真实地再现了导致捕鲸业疯狂发展的西方特别是美国的捕鲸文化

捕鲸业的发展与特殊的捕鲸人的形成以及对于鲸鱼等海洋生物的疯狂掠杀,都是有着一定的文化支撑的。这就是《白鲸》产生之时美国的特殊的捕鲸文化,如果说《白鲸》的可贵之处在于向我们提供了一个惊心动魄的捕鲸故事的话,倒不如说让我们从中体认到特殊时代的特殊的捕鲸文化。人鲸相战的故事情节尽管生动曲折扣人心弦,但毕竟是表层的东西,甚至已经成为历史的尘烟。但文化却是更深层的内容,不仅向我们揭示了事件的动因,而且会给我们今天进一步思考人与自然的关系以深深的启示。《白鲸》告诉我们,美国18、19世纪捕鲸业的空前发展,首先是美国特殊的拓荒文化推动的结果。众所周知,美国是一个移民国家,也是一个殖民国家。欧洲移民到达美洲之后,不仅要驱赶土著居民进行殖民统治,而且要开拓疆域,发展实业。梅尔维尔的时代正是美国从俄亥俄山谷向太平洋迅速推进的时代,同时也是一个继续向海洋拓展的时代,是一个与老牌帝国主义争夺殖民地的时代。这种拓荒文化造就了人向自然开战索取的精神。其优点是发扬了一种艰苦奋斗的精神,勇往直前的精神,而其问题则是只看成果而不计后果,并且是无尽地向自然索取。以埃哈伯为代表的捕鲸人就具备这种拓荒的精神。《白鲸》的第二十四章"为捕鲸辩"就是这种美国式拓荒精神的体现。该章主要针对某些批评捕鲸业"多余""污秽"以及"恐怖"等等说法,作者进行批驳。在他看来,捕鲸不仅有着明显的经济效益,"因为在全球燃点的所有小蜡烛和灯盏,与燃点在许多圣殿前的巨蜡一样都得归功于我们"。而且,更为重要的是捕鲸业开拓了疆界,使资本主义可以获得更多的殖民地。小说告诉我们:

> 许多年来，捕鲸船成为搜寻出地球最僻远最不为人知的部分的先锋。它探测了没有画成地图，连库克或温哥华也不曾航行过的海洋和群岛。如果说美国和欧洲的战舰可以平安地驶进一度是蛮荒的港口，那么它们应该向原来为它们指明了道路并最先为它们和那些蛮子作了沟通的捕鲸船致敬。
>
> 澳大利亚等于是地球那一边的伟大美国，它是由捕鲸人交付给文明世界的。它在被荷兰人歪打正着的发现以后，除了捕鲸船到此停留之外，所有其他船只都把它看做疫病流行的蛮荒之地而长久躲着它。捕鲸船乃是这块如今了不起的殖民地的真正的母亲。

《白鲸》第八十九章“有主的鱼与无主的鱼”，主要讨论在茫茫大海之中鲸鱼的财产所有权的问题，是以谁对鲸鱼进行了有效的控制为标准。但作者由此生发出殖民地的开拓这样的问题。书中说道：

> 美洲在1492年不是一头无主鲸又是什么？当时哥伦布打出了西班牙的国旗，为他的国王和娘娘在美洲插上浮标，表明它已经有主。波兰在沙皇眼中又是什么？希腊之于土耳其又是什么？印度之于英国呢？墨西哥对美国来说最终将是什么？全都是些无主鲸。

作者甚至说道：“这整个茫茫地球岂不是一头无主鲸？”这样一种开拓、占有、殖民、统治的“拓荒文化”，正是埃哈伯等捕鲸人要尽力捕获到莫比·狄克，将其臣服，使其成为他们的“有主鲸”的非常重要的动因。而其拓荒文化的名言即为“宁可丧生，也不苟活”。对此，第二十三章有一段重要的叙述语言：

> 然而无边无岸，如上帝一般的最高真理仅仅存在于一片汪洋之中，因此宁可在狂风怒号的大海中丧生，也不愿被奴役到背风处腆颜苟活，即令那便是平安也罢！因为谁愿意如蚂蚁般畏畏缩缩地爬到陆地上去！

《白鲸》给我们提供的另外一种捕鲸文化就是当时美国式的基督教文化。《白鲸》第七、八、九三章就是介绍这种美国式的与捕鲸密切相关的基督教文化。为了捕鲸人的心灵慰藉，专门在新贝德福建造了一个捕鲸人教堂。这个教堂的奇特之处在于，其施教的讲堂建造的与捕鲸船的桅楼相像，而扶梯与船上的绳梯差不多，讲堂后面墙上的壁画也是正在破浪前进的大船。教堂承担着与捕鲸的精神慰藉有关的所有职责。首先是教堂的墙上贴满了

捕鲸失事者的石碑,寄托着亲人的哀思。再就是牧师布道讲的是与捕鲸有关的内容。先是运用圣歌来抚慰捕鲸人。牧师唱道:

> 鲸鱼的骨架和威力,罩我在令人心悸的阴影里,阳光下上帝的波涛翻卷而去,将我留在末日的谷底。
>
> 我见到地狱张开血盆大口,那里有说不尽的痛苦辛酸;
>
> 只有亲身感受到的人才能道出——
>
> 啊,我陷入了绝望的深渊。
>
> 大祸临头,我呼唤我的上帝,这时我几乎不信他会将我庇佑,可他俯耳倾听我的哀诉……
>
> 鲸鱼只得就此罢休。
>
> ……

显然,在这里牧师是企图用圣歌来抚慰捕鲸人,让他们相信自己会得到上帝的保佑。尽管大海波涛汹涌,鲸鱼展开血盆大口,捕鲸人大祸临头,但万能的上帝却倾听捕鲸人的哀诉,鲸鱼也只好罢休。牧师在讲经的过程中则结合捕鲸人的实际进一步为其进行精神的抚慰。先是通过《旧约·约拿书》先知约拿的故事来进行说教和启示。先知约拿违背上帝,但却试图逃脱,被上帝让大鲸将其吞食,但他却在鱼腹中诚心悔罪而得到赦免。更为重要的是,牧师在讲经中宣扬了一种强者的哲学,实际上包含了美国的"拓荒精神"的内涵。牧师说道:

> 可是,船友们呀,每一灾祸的背面必有一种幸福,而幸福之高超过灾祸之深。难道桅杆之高不是有过于内龙骨之深吗?谁能挺身而出,吾行吾素,而与现世的傲岸的诸神和首领对立,谁就有直薄云天而又出自内心的幸福。谁在这卑鄙险诈的世界之船在其脚下沉没时还能用自己的强壮的臂膀支撑自己,谁就会有幸福。

这里牧师在布教中所言"幸福之高超过灾祸之深"就是鼓励捕鲸人不怕灾祸追求幸福,是一种美国式的基督教箴言。

在当时的捕鲸文化中最为有力的,应该是"人类中心主义"。这是工业革命时期最为流行的理论观念,也是当时人类对待自然的态度的基本依据。这种"人类中心主义"最根本的内涵就是,"人类为大,无所不能,必胜万物"。这样的思想在《白鲸》中的体现就是:人优越于鲸鱼及万物,而且人定胜鲸,并且在精神上也会取得胜利。在第九十九章"且说金币"中写到,埃哈伯曾说谁先发现白鲸谁就得到金币。就在与白鲸生死搏斗的关键时刻，埃哈伯又盯着那金币图案中的景色之时，书中插进了这样一段话：

> 山巅、高峰以及其他崇高壮丽的事物，总有某些以自我为中心的意识在内。瞧这三个高峰。犹如魔王一般高傲。这坚实的高塔，那是埃哈伯；这只勇敢无畏、一副得胜者神气的公鸡，那也是埃哈伯。这些都是埃哈伯，而这圆圆的金币乃是更圆的地球的形象，它像一个魔术师手里的镜子，轮流照出每个人的神秘的自我。

这一段插白明确说出了自然景色都是以人为中心的理论，无论是坚实的山峰、神气的公鸡，还是圆圆的地球，都映照出神秘的自我，这个自我就是埃哈伯，它成为万物之"自我"也就是"中心"。其实，前面说到的"拓荒文化"与美国式的捕鲸人基督教文化在很大程度上也是一种"人类中心主义"，是为人类掠杀鲸鱼提供理论支撑的。将梅尔维尔的《白鲸》与其同时代的梭罗在《瓦尔登湖》中提出的"人类应该与自然为友"的思想相比，梅尔维尔虽是与工业革命时代同步的，但随着历史的发展，他所宣扬的"人类中心主义"及其有关的捕鲸文化却被证明是错误的。

五、通过现实主义与象征主义相结合的艺术手法所营造的悲剧气氛给人类发出强烈的警示

梅尔维尔通过现实主义与象征主义相结合的艺术手法在《白鲸》中给我们描写了人鲸俱亡的悲剧场景，给人类以强烈的警示。首先，他巧妙地运用了现实主义的写作手法，真实地记录了最后三天人鱼相斗并走向双亡的悲剧场景。他基本上是一天一天的如实记述。第一天，发现鲸鱼并与之展开搏斗，结果是埃哈伯的小艇被莫比·狄克咬断，埃哈伯落水被救；第二天，出现少有的鲸跳，也就是鲸鱼从海底最深处以最快的速度跃出海面，产生翻浆倒海式的波涛，导致两船相撞并毁坏，埃哈伯的小艇也被折断，他的假腿折断；第三天是最后的决战，造成人鱼双亡的悲惨结局。小说写道：

> 大船的侧影消失在仙女摩根式的海市蜃楼之中，只剩下桅杆的顶尖在海面上。那几个异教徒标枪手，不知出于恋恋不舍的感情，还是忠于职守或命运使然，依然守着沉下海去的曾是高耸在空中的瞭望哨。最后，那只孤零零的小艇连同所有它的水手，每一支漂着的桨，每一根

> 长矛杆，都像陀螺似的打起转来，活的死的，全都转成一个涡流，把“披谷德号”的最小碎木片也卷了进去，不见了。

梅尔维尔除了运用现实主义的艺术手法之外，还较好地运用了象征主义的艺术手法。首先是隐喻的手法。《白鲸》在人名上运用了隐喻：叙述人以实玛利，借用了《旧约·创世纪》中被逐出家门的以实玛利遭遇坎坷受社会不公正待遇之意；主人公埃哈伯，借用《旧约·列王纪上》中以色列王埃哈伯背叛上帝而被降临灾祸之意。至于船名“披谷德号”，是借用马塞诸塞地方一个已经灭绝无存的印第安部落的名称。在地名上也包含许多寓意，例如南塔克特捕鲸人用餐的“油锅客栈”、客栈门前立着的绞架式的旧中桅以及附近的掌柜姓“考芬”（棺材）的客店等等，都是包含某种悲剧的寓意。其他方面的隐喻在《白鲸》中几乎比比皆是。例如，第一百二十六章所写前桅杆瞭望者的突然落水，救生器的丧失以及用棺材代替救生器等等，都被“看做已经预见到的一件坏事的应验”，从而带有隐喻的性质。其他诸如在大海上与拉谢号以及双喜号的相遇，也带有隐喻的性质。因为所谓“双谢”乃是运用《旧约·耶利米书》雅谷妻子拉谢对丧失的子女的啼哭，而双喜号为与莫比·狄克搏斗中遇难的五位水手的海葬，都是不祥的预兆。

作品还使用了一些预言。这些预言也带有某种神秘色彩，起到营造某种悲剧气氛的作用。第九十九章黑人水手比普在落海疯癫后对于埃哈伯说了一段预言：

> 哈，哈！埃哈伯老头呀！白鲸，它要把你钉在那儿！这是棵松树。我的父亲从前在托兰乡下砍翻了一棵松树，一看那里面有一只银戒指，那是一个黑人老头儿的结婚戒指。它怎么会在那里的呢？有一天，人家捞起这支旧挽杆，见到桅杆上钉着的金币，桅杆皮外面长着一层毛，裹着一些牡蛎。他们在复活过来以后也会这样问。啊，这金子！这多么贵重的金子啊！

这显然是预言着“披谷德号”终被颠覆的悲剧结局。

第一百零五章“它将趋于灭亡吗？”对于鲸鱼将因过度捕捞而走向绝灭的问题做出了预言：

> 鲸鱼是否经受得住如此无所不至的追猎，如此绝情的摧残；它们是否最终会受到种族灭绝的荼毒而从此在海洋中绝迹；最后一头鲸鱼是否会像最后一个人一样，抽完最后一口烟，然后他自身也随着最后一阵

> 轻烟消失得无影无踪。

这种有关过度捕榜导致物种绝灭的议论的确是具有警示价值的重要预言。

《白鲸》还运用了象征的手法。第一百一十九章所写雷电击中桅杆上燃起的三支巨大的火焰,就是死者祭礼的象征,营造出浓浓的悲剧色彩。小说写道:

> 所有那些帆桁的臂肩上都闪着青白的火光,每一根避雷针尖端的三股也冒着三道尖细的白焰;三支高高的桅杆支支都在那充满了硫横的空气中静静地燃烧,像点在祭坛前的三支巨大的蜡烛。

而末尾所写兀鹰被沉没的“披谷德号”信号旗卷进大海的描写,也为人鱼俱亡的结局增添了具有神话色彩的最后一笔。

最为重要的是,《白鲸》运用的这些现实主义与象征主义的艺术手法都是为了营造整个作品的悲剧基调。《白鲸》最大的贡献就是通过捕鲸人埃哈伯与白鲸莫比·狄克的殊死的悲剧冲突以及人鱼双亡的悲剧结局,向人类昭示了人对自然的掠杀最后必然导致双毁的悲剧结果。应该说,《白鲸》还是运用了传统的悲剧理念。诚如黑格尔所说:“这就是说,通过这种冲突,永恒的正义利用悲剧的人物及其目的来显示出他们的个别特殊性(片面性)破坏了伦理的实体和统一的平静状态。随着这种个别特殊性的毁灭,永恒正义就把伦理的实体和统一恢复过来了。”①《白鲸》塑造了埃哈伯与莫比·狄克两个特殊的形象,埃哈伯代表着人类对于自然的掠取与复仇,而莫比·狄克则通过拟人化的描写代表了自然对于人类的惩罚。在这两种各有其道理而又片面的伦理观念,在其殊死冲突中最后以双亡告终。但这揭示给人类的却是一种更具永恒性的理念,那就是人与自然的和解,只有和解才能共存。这也许是作者没有明确意识到的,但艺术形象及其营造的浓浓的悲剧气氛却给了我们这样的启发。并且,“披谷德号”唯一的清醒者大副斯塔勃克也向我们诉说了这样的观念。就在埃哈伯追猎白鲸第三天的最后关头,他向埃哈伯说道:“就是此刻,为时也还不算太晚。这是第三天啦,罢手吧。你瞧莫比·狄克没有找你一决输赢。是你,你在发疯式的找它算账!”但埃哈伯却拒绝了这种和解的要求,最后走向双亡。小说的最后写道:

> 如今,小小的水鸟在这依然张着大口的海湾之上叫嚣飞翔。一个

---

① 黑格尔:《美学》第3卷(下),商务印书馆1981年版,第287页。

> 忿忿不平的白浪一头撞在它的峭壁上,终于大败而归。那片大得无边无际的尸布似的海洋依然像它在五千年前那样滚滚向前。

一场人鱼之间的激烈争斗终于化作烟尘,只有无边的大海仍然滚滚向前。小说以其特有的形象的力量告诉我们,只有人与自然的和解才真正符合宇宙的规律。这就是《白鲸》的艺术形象所提供给我们的启示,正是作品的最大贡献所在。

(原载《广西民族大学学报》2009 年第 3 期)

对小说《查泰莱夫人的情人》的生态美学解读

对于劳伦斯的《查泰莱夫人的情人》，学界有多种解读，其中也包括从生态审美角度的解读。林语堂曾说：劳伦斯此书是骂英人，骂工业社会，骂机器文明骂理智的——劳伦斯要归于自然的艺术与情感的生活。西人玛载·戴卫德指出："D. H. 劳伦斯是又一个能被称之为早期生态批评的'作家'。因为，他对于原始自然持积极肯定态度。"

一、劳伦斯的生态审美观产生的条件

劳伦斯生态审美观的产生有其历史的与个人的条件。劳伦斯（1885—1930）出生于英国中部城市诺丁汉郡附近的一个矿山小镇伊斯特伍德。其时，英国的第一次工业革命基本完成，成为欧洲工业最发达的国家。当然，污染也是最严重的。据记载，1789 年英国煤的年产量为 1000 万吨，而法国只有 70 万吨。与此同时，随着"圈地运动"的发展，英国的保存林逐渐被耗尽，环境污染严重，出现了著名的"伦教雾"。而且，由空气污染形成的肺结核与肺炎空前严重，戕害着人们的健康。劳伦斯的家乡伊斯特伍德镇就是一个煤矿矿山，他的父亲是煤矿工人，长年在地下挖煤。劳伦斯的哥哥在 23 岁，正值青春年少时死于肺炎，他本人一出生就身体虚弱，患有支气管炎，在他哥哥逝世六个星期前，他也被肺炎击倒。此后一生也没有摆脱肺病的困扰。而劳伦斯的一生是和妻子弗里达为了自己的健康与兴趣而逃离城市文明，寻找"乡村避难所"和"心灵的故乡"漫长的旅程。他曾在给友人的信中说："我不敢去伦敦，为了保命。到了那里就像走进了毒气室，肺受不了。"这就决定了劳伦斯很早就确立了自己初步的生态观念。他曾高呼："大自然，希望我能够把他写得更大。"

二、对工业文明所造成的生态病症的批判

劳伦斯在《查泰莱夫人的情人》中对资本主义的批判是全面的，特别是在对其工业化所造成的生态后遗症的批判上更为深刻。批判首先从对自然环境的破坏开始。该书的第二章写了康妮和克利夫的老家勒格贝——这是一个煤矿区，是个环境被严重污染的地方。作品通过康妮的眼睛写道："那是令人难以置信的可怕的环境，最好别去想它。从勒格贝那些阴郁的房子里，她听见矿坑里筛子机的铄铄声，起重机的喷气声，载重车换轨的响声，和火车头粗哑的汽笛声。达哇斯的煤矿在燃烧着，已经有数年了，要熄灭它非花笔大钱不可，所以任它烧着。风从那边来的时候——这是常事——屋里便充满了腐土经燃烧后的硫磺臭味。空气里也带着地窖下的什么恶臭味。甚至在毛茛花上，也铺着一层煤灰，好像是恶天降下的黑甘露。"不仅如此，他还将资本主义对利润的追逐所造成的对环境与社会的破坏看成是对一切美好事物的"奸污"。在该书的第八章，劳伦斯写了康妮与克利夫的一段对话，这段对话借主人公之口对当时资本主义、对自然生态、社会生态与精神生态的破坏进行了全面的批判，并将其归结为"把空气里的生气都毁灭了""是人类把宇宙摧毁了""他们把自己的巢窝摧毁了""是人类把一切事物奸污了"，由此造成了人的"家园"的丧失。该书第六章写康妮从污浊的工人村社返回自己令人窒息的家时，有一段心理独白。书中写道："康妮慢慢地走回家去……用'家'这个温暖的字眼去称这所郁闷的大房子。但这已经有些过时的字，并没有什么多大的意义了。康妮觉得所有伟大的字眼，对于她的同时代人，好像皆失掉意义了。爱情、幸福、家、父、母、丈夫，所有这权威的伟大字眼，在今日都呈半死状态，而且一天天地死下去了。"

三、对大自然的热情歌颂

劳伦斯受尽家乡污浊环境的危害，加上自己在恶劣环境中身体所受到的戕害，因而对于美丽的特别是原生态的大自然有着天然的向往与热爱。他从小就将初恋女友杰茜家的农场"黑格斯"看作是自己逃脱"伊斯特伍德

丑陋环境的避难所”。在小说中,树林也是康妮逃避勒格贝这窒息人的老屋的“唯一的安身处,她的避难所”。在她的眼中,这是最美好净化的大自然福地,对其歌颂有加。

劳伦斯在该书第十二章写道:“午餐过后,康妮到树林去了。那真是可爱的日子,蒲公英开着太阳似的花,新出的雏菊花是这样洁白。榛树的茂林,半开的叶子中杂着尘灰颜色的垂直花絮,好像是一束花边。盛开的黄燕蔬满地簇拥,像黄金似的闪耀。这种黄色是初夏最有力的黄色。樱草花花枝招展的,再也不萎缩了。绿油油的玉簪花,像似个沧海,向上举着一串串的蓓蕾,跑在路上。忘忧草乱蓬蓬地繁生着,楼斗菜乍开着紫蓝色的花苞,在那边矮丛林的下面,还有些蓝色的鸟蛋的壳。处处都是生命的跳跃!”

四、对符合人的生态本性的性爱的歌颂

该书最受争议的部分就是有关性爱的描写。现在看来,这种描写是富有深意的。那就是对于资本主义机械化生活剥夺人的性爱生态本性的有力批判,和对于符合人的生态本性的性爱的热情歌颂。之所以说性爱符合人的生态本性,是因为在其哲学理念上进行了必要的调整。如果从主客、身心二分的角度出发,当然要得出否定性爱的结论。但如果从“人”之作为整体生存于世界之中的角度出发,那么性爱就是符合人的生态本性的,更何况人的繁衍也是生态得以延续的前提。但在资本主义社会中,由于工具理性的泛滥和对金钱的追逐,出现了一方面是腐化的蔓延,另一方面则是对正常的性爱的否定。在金钱与利益至上的社会中,人的自然本性被扼杀,人的生殖能力也被残酷“阉割”了。该书的第七章再现了克利夫家客厅中所进行的一场有关性爱的绝妙讨论,令人吃惊的是,参与这场讨论的若干上层阶级人士居然对于性爱进行了彻底的否定。克利夫说:“我实在觉得,如果文明是名副其实的话,便应该将肉体的弱点加以排除。”又说:“就拿性爱来说,这便是可以不必要的。”另一位贵夫人班纳利说:“只要你能忘掉你的肉体,你便快活。”“所以,假如文明有点什么用处的话,它便要帮助我们忘掉肉体。”还有一位文达斯克说:“现在正是时候了,人类得开始把他本性改良了,尤其是肉体方面的本能。”他所谓的这种“改良”,实际上就是“阉割”了。正是在这种身心二分的“阉割”理论的指导下,克利夫提出了个生殖与家庭区分的所谓

“计划”。鉴于自己没有生育能力，而又想拥有个所谓的财产继承人，因此，他建议康妮找一个人生一个孩子，作为他的继承人！这是多么不可思议的想法！由于对此荒谬想法的不可理解，正值青春年少的康妮陷入了极端的苦闷与痛苦之中，“必然”发生了与守林人梅乐士的缠绵性爱。作品对这种性爱进行了热情的歌颂。劳伦斯把性爱看成“生命的原始处”。书中着重描写了康妮的心理感受，劳伦斯写道：“现在的她，觉得她已经到了天性真正的原始处了，并且觉得她原来就是毫无羞惧的，是她原来的、有肉体的自我，毫无羞惧的自我，她觉得胜利差不多光荣起来！原来如此！生命原来是如此的！”康妮在对其姐姐描述她对性爱的看法时，更将其说成是“那使你觉得你是生活着，你是在创造的过程中。”作者还借艺术家霍布斯之口，将性爱说成是自然的重要的机能。在第十八章，作者借梅乐士的心理活动对性爱的人性的、创造的本性进行了深刻的表述：“他心里想着：我拥护人与人之间的肉体的醒悟的接触和温情的接触，她是我的伴侣……多谢上帝，我得了个女人！我得了个又温柔又了解我的女人，和我相聚！……多谢上帝，她是个温柔而理性的妇人。当他的生命在她身体里播种的时候，在这种创造行为中——那是远甚于生殖行为的——他的灵魂也向她播种着。”

五、对与机械生存相对的生态审美生存的追求

作品的核心内容是克利夫与梅乐士对康妮的一场争夺战，这实际上体现了两种文明、两类人与两种社会理想的尖锐斗争，由此也表明了作者的明确立场。具体说，就是日渐勃兴的工业文明与未来形态的生态文明、凭借工业机器生存的人与自然和谐相处的生态状态的人，以及拜金主义理想与建造人类生存家园理想之间的尖锐斗争。显然，作者的立场与态度是明显地倾向于后者的。这恰恰表明了作者伟大的前瞻性，表明了该书极为重要的价值与意义。作者在作品中为我们展示了两个决然不同的世界：一个是机器轰鸣、污染严重、劳工苦难的所谓“工业文明”世界，那便是克利夫的勒格贝；另一个世界则是梅乐士的树林，那里远离尘嚣与世俗，繁花似锦、百鸟齐鸣，“处处都是生命的跳跃”。而在这两个世界中生活着两类人，一个是克利夫——这是上层社会人士、庄园主、煤矿主，他是个以追逐金钱与名利为生活目的的资产阶级人士，虽有着发达、牟利的头脑，但却是一个双肢残废靠

轮椅生活、没有生殖力的“机器人”;另一个则是“守林人”梅乐士——一个下层人士,受雇于克利夫。虽也曾以中尉身份跻身于上流社会,但却因为厌恶现代文明而将自己放逐于树林之中。梅乐士作为“人”,有着常人的爱心、正常的生活能力,包括俊美的外表和健康的体魄,是一个与自然融为一体的生态人。在克利夫与梅乐士对康妮的争夺过程中,康妮也经过了“安居——思想的动摇——行动的动摇——彻底出走”的心路历程。一开始,她跟着克利夫回到勒格贝建于18世纪的古朴老屋,过着单调乏味无性的主妇生活。此时的康妮在总体上是安居的,过着“很恬静的生活”。直到有一天,她二十几岁青春生命的躁动,“那肉体深深不平的感觉,燃烧着了她灵魂的深处”。她的思想开始动摇了,她要“反抗”了。作品第十章细致描写了她在树林里与梅乐士的结合,并感到这种结合“把她常年积压的苦闷减轻了,有种宁静安舒的感觉”,“那是爱情,”是“生命的复活”。但在面对上层社会苦闷但却富裕的生活,与回归自然的但却艰苦的生活之间,康妮还是犹豫了。经过最后的抉择,她还是选择了彻底出走,与克利夫离婚,与梅乐士结婚,共同经营着一个小农场。这也许就是劳伦斯所谓回归“心灵的故乡”之路。这条道路导向了人类物质与精神“家园”的重建,是对审美生存生活理想的追求。但机器文明的世界毕竟强大无比,作品的最后并没有给人们什么结论,而只是给人们一种期待。

(原载《生态美学导论》,商务印书馆2010年版)

图书在版编目(CIP)数据

文艺美学的生态拓展/曾繁仁著. —上海:复旦大学出版社,2016.6
(当代中国文艺学研究文库)
ISBN 978-7-309-11402-7

Ⅰ. 文…　Ⅱ. 曾…　Ⅲ. ①文艺美学-研究②生态学-美学-研究　Ⅳ. ①I01②Q14-05

中国版本图书馆 CIP 数据核字(2015)第 080483 号

文艺美学的生态拓展
曾繁仁　著
责任编辑/陈沛雪

复旦大学出版社有限公司出版发行
上海市国权路 579 号　邮编:200433
网址:fupnet@fudanpress.com　http://www.fudanpress.com
门市零售:86-21-65642857　团体订购:86-21-65118853
外埠邮购:86-21-65109143
上海市崇明县裕安印刷厂

开本 787×960　1/16　印张 18.25　字数 284 千
2016 年 6 月第 1 版第 1 次印刷

ISBN 978-7-309-11402-7/I·915
定价: 45.00 元